HANDBUCH KLEBTECHNIK 2022

adhäsion KLEBEN & DICHTEN
Industrieverband Klebstoffe e. V.

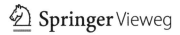

Herausgeber:

adhäsion KLEBEN & DICHTEN
Abraham-Lincoln-Straße 46
D-65189 Wiesbaden
Tel.: +49 (0) 6 11-78 78-2 62
www.adhaesion.com
E-Mail: adhaesion@springer.com

mit Unterstützung des:
Industrieverband Klebstoffe e. V.
Völklinger Straße 4 (RWI-Haus)
D-40219 Düsseldorf
Tel.: +49 (0) 2 11-6 79 31 10
Fax: +49 (0) 2 11-6 79 31 33

Verlag:

Springer Vieweg | Springer Fachmedien Wiesbaden GmbH
Abraham-Lincoln-Straße 46
D-65189 Wiesbaden
www.springer-vieweg.de

| Österreich (A) | Schweiz (CH) | Deutschland (D) | Niederlande (NL) |

Einbandabbildung: Hermann Otto GmbH

Layout/Satz: satzwerk mediengestaltung · D-63303 Dreieich

Gedruckt auf säurefreiem und chlorfrei gebleichtem Papier

Die Springer Fachmedien Wiesbaden GmbH ist Teil der Fachverlagsgruppe SpringerNature.
www.springer-vieweg.de

ISBN 978-3-658-38493-7   Schutzgebühr: € 25.90

Liebe Leserinnen und Leser,

das Jahr 2022 wird uns wohl allen in Erinnerung bleiben. Der unvorstellbare und schreckliche russische Krieg in der Ukraine, die damit verbundene Energiepreisexplosion, die anhaltende unsichere Rohstofflage und die Angst vor einen Gasembargo stellen unsere Industrie erneut vor ungeahnte Herausforderungen. Und das, nachdem wir uns nach zwei Pandemiejahren so sehr auf ein „normales" Leben gefreut hatten. Umso wichtiger ist es für die deutsche Klebstoffindustrie, einen starken Verband an ihrer Seite zu haben.

Als der Industrieverband Klebstoffe vor gut 75 Jahren durch damals 14 Gründungsmitglieder als „Fachverband Leime, Klebstoffe und Gelatine" in Düsseldorf gegründet wurde, stand die damalige Klebstoffindustrie vor nicht mindergroßen Herausforderungen. Kreativität und Unternehmergeist hat damals nicht nur bei der Bewältigung der gewaltigen Herausforderungen geholfen. Die überwiegend mittelständisch geprägte deutsche Klebstoffindustrie hat in der Folgezeit die vielfältigen neuen Opportunitäten gesehen und genutzt.

Es gibt heutzutage kaum mehr einen Industrie- oder Handwerkszweig, der auf den Einsatz der Klebtechnik als innovative und verlässliche Verbindungstechnologie verzichten kann. Sie ist essenziell, wenn es darum geht, verschiedene Werkstoffe unter Erhalt ihrer Eigenschaften langzeitbeständig zu kombinieren. Nur durch den Einsatz innovativer Klebstoffsysteme sind die Möglichkeiten für neue, prozesssichere Bauweisen gegeben. Über das eigentliche Verbinden hinaus können auch weitere Funktionalitäten in geklebte Bauteile integriert werden – so z. B. Ausgleich unterschiedlicher Fügeteildynamiken, Strom- und Wärmeleitfähigkeit, Korrosionsschutz, Schwingungsdämpfung oder Abdichten gegen Flüssigkeiten und Gase. Wie keine andere Verbindungstechnik erlaubt das Kleben die Umsetzung fortschrittlichen Designs durch eine optimale Kombination technologischer, ökonomischer und ökologischer Aspekte. Insofern gilt die Klebtechnik unbestritten als die Schlüsseltechnologie des 21. Jahrhunderts.

Der deutschen Klebstoffindustrie kommt dabei eine ganz besondere Bedeutung zu. Sie steht einschließlich der Umsätze ihrer Auslandstöchter mit Produkten „erfunden in Deutschland" mit einem Umsatz von rund 12 Mrd. EUR weltweit für fast 20 % des globalen Klebstoffmarktes. Sie beschäftigt rund 18.000 Menschen in Deutschland und mehr als 50.000 Menschen weltweit. Durch den Einsatz etablierter und innovativer Klebstoffsysteme wird ein Wertschöpfungspotential von mehr als 400 Mrd. EUR generiert. Diese enorme Wertschöpfung entspricht etwa 50 % des Beitrags des produzierenden Gewerbes und der Bauwirtschaft am deutschen Bruttoinlandsprodukt – oder anders ausgedrückt: rund 50 % der in Deutschland produzierten Waren stehen mit Kleb- und Dichtstoffen in Verbindung – das auch im wahrsten Sinne des Wortes.

Der Industrieverband Klebstoffe repräsentiert die technischen und wirtschaftspolitischen Interessen von derzeit 152 Klebstoff-, Dichtstoff-, Rohstoff- und Klebebandherstellern, wichtigen Systempartnern und wissenschaftlichen Instituten. Er ist der weltweit größte und im Hinblick auf sein Service-Portfolio auch der weltweit führende Verband im Bereich der Klebtechnik.

In Kooperation mit seinen Schwesterverbänden – dem Fachverband Klebstoffindustrie Schweiz, dem Fachverband der Chemischen Industrie Österreichs und dem niederländischen Verband Vereniging lijmen en kitten – gibt der Industrieverband Klebstoffe in diesem Handbuch einen Einblick in die Welt der Klebstoffindustrie.

Es zählt zu den zentralen Aufgaben der Verbände, regelmäßig über die Schlüsseltechnologie „Kleben", die Hersteller von innovativen Klebstoffsystemen und über die Aktivitäten der Branchenorganisationen zu informieren. Dieses Handbuch enthält wichtige Fakten über die Klebstoffindustrie und ihre Verbände, und es informiert über die umfangreichen Liefer- und Leistungsprofile der Klebstoffhersteller, wichtiger Systempartner sowie wissenschaftlicher Institute.

Gemeinsam mit der Redaktion „adhäsion KLEBEN & DICHTEN" freuen wir uns, die nunmehr 15. Ausgabe des Handbuch Klebtechnik präsentieren zu können. Das Handbuch Klebtechnik wird jährlich aktualisiert und erscheint im Wechsel in deutscher und englischer Sprache.

Dr. Boris Tasche
Vorsitzender des Vorstandes des
Industrieverband Klebstoffe e. V.

Dr. Vera Haye
Hauptgeschäftsführerin des
Industrieverband Klebstoffe e.V.

German
Adhesives
Association
Industrieverband Klebstoffe e.V.

adhäsion KLEBEN+ DICHTEN

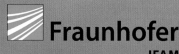Fraunhofer
IFAM

GEV
EMICODE®

Industrieverband Klebstoffe e. V.
Völklinger Straße 4 (RWI-Haus)
D-40219 Düsseldorf
Phone +49 (0) 2 11-6 79 31 10, fax +49 (0) 2 11-6 79 31 33

*Industrieverband*
Klebstoffe e.V.
Innovationen erkleben

Inserentenverzeichnis

Titelbild: Schematische Darstellung des Vergusses von elektronischen und elektromechanischen Bauteilen und Geräten, wie Platinen und Antennen (Quelle: Hermann Otto GmbH)

Nachhaltigkeitsstrategie

Wie Klebstoffe und recycelte Materialien zur Kreislaufwirtschaft beitragen

In der Transformation hin zur klimaneutralen Kreislaufwirtschaft kommt der Klebstoffindustrie eine bedeutende Rolle zu. Einerseits sollten langzeitstabile und verlässliche Klebstoffe unter bestimmten Bedingungen lösbar sein, um so das Recycling zu unterstützen. Andererseits können Klebstoffe auch selbst Teil des Werkstoffkreislaufs werden. Um die Umweltverträglichkeit neuer Klebstofflösungen zu bewerten, bedarf es aber noch belastbarerer Daten für die Lebenszyklusanalyse.

Seit die EU-Kommission 2019 den „Green Deal" ausrief, der festlegt, dass der CO_2-Ausstoß bis 2030 auf das Niveau von 2010 (– 55 %) und bis 2050 auf null reduziert werden muss, hat sich Europa auf den Weg gemacht, als erster Kontinent im Jahr 2050 klimaneutral zu sein. Dies ist jedoch nur ein Teilaspekt des bislang komplexesten Programms zur Umgestaltung der europäischen Industrie, denn ein wichtiger Teil des Programms ist es auch, von der heute noch weitestgehend linearen Wegwerfwirtschaft zu einer Kreislaufwirtschaft zu kommen, deren Ziel es ist, die Ressourcen unseres Planeten zu schonen.

Kreislaufwirtschaft

Kreislaufwirtschaft kann entsprechend der weltweit anerkannten Butterfly-Darstellung der Ellen MacArthur Foundation / 1 / grundsätzlich in zwei Kreisläufen verwirklicht werden, dem der erneuerbaren Materialien auf der einen Seite, und dem der endlichen Materialien auf der anderen Seite (Bild 1). Für die Realisierung von beiden kommt dem Design der Produkte eine zentrale Rolle zu, da es von grundlegendem Interesse ist, die jeweilige Materie in beiden Zyklen zukünftig möglichst komplett im Kreis zu führen und den Anteil der Verluste so gering wie möglich zu halten.

Biologischer Stoffkreislauf mit erneuerbaren Rohstoffen

Auf den ersten Blick erscheint es deutlich einfacher, eine Kreislaufwirtschaft auf der Basis von erneuerbaren Rohstoffen zu organisieren, denn die Biosphäre übernimmt die Regeneration. Der Mensch muss sich weder um die Müllsammlung, ihre Sortierung und Aufbereitung kümmern noch sich um Qualitätseinbußen durch Alterung und Abbauprozesse Gedanken machen, denn der biologische Kreislauf funktioniert. Konsequent zu Ende gedacht hieße das, man könnte Produkte, die zu 100 % aus erneuerbaren Rohstoffen gemacht sind, einfach zu Boden fallen lassen und der Natur den Abbau überlassen.

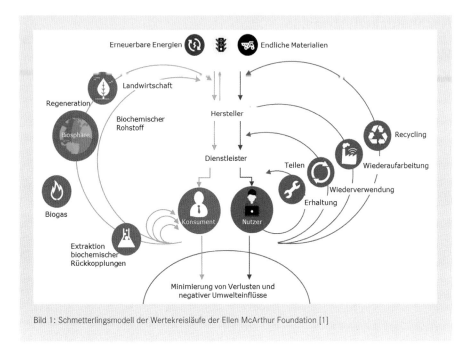

Bild 1: Schmetterlingsmodell der Wertekreisläufe der Ellen McArthur Foundation [1]

Dies ist jedoch ein Trugschluss. Durch den vermehrten Einsatz biobasierter Rohstoffe für die industrielle Warenproduktion droht der Mensch massiv in die biologischen Kreisläufe einzugreifen, die zum Teil noch unzureichend verstanden sind. Daraus können Veränderungen der Biotope und Artenvielfalt resultieren, deren Folgeerscheinungen nur in beschränktem Maße vorhersehbar beziehungsweise durch den Menschen steuerbar sind. Dies könnte möglicherweise zu einer weiteren Zerstörung natürlicher Lebensräume und damit zum Gegenteil dessen führen, was erreicht werden soll, nämlich den globalen CO_2-Ausstoß zu senken. Im Folgenden werden einige Tendenzen genannt, die sich derzeit abzeichnen, wenn biobasierte Produkte verstärkt in die industriellen Kreisläufe einbezogen werden:

- Derivatisierung und Degeneration biologischer Rohstoffe
- Biologischer Abbau unter Rahmenbedingungen, die in der Natur beziehungsweise der jeweiligen geographischen Zone nicht vorkommen
- Unvollständiger biologischer Abbau, Stimulation neuer Metabolismen
- Mangelnde Abgrenzbarkeit gezüchteter Lebensformen vom Wildbestand
- Niedergang der Biodiversität und Gefährdung von Biotopen durch Monokulturen
- Abholzung, Überdüngung und Konkurrenz zur Lebens- und Futtermittelherstellung.

Der Versuch, die industrielle Produktion auf eine „natürlichere" Basis zu stellen, läuft demnach eher Gefahr, die industriellen Prozesse noch weiter auf die natürliche Umwelt auszudehnen und diese zu zerstören.

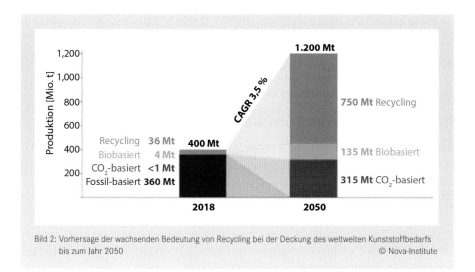

Bild 2: Vorhersage der wachsenden Bedeutung von Recycling bei der Deckung des weltweiten Kunststoffbedarfs
bis zum Jahr 2050   © Nova-Institute

Darüber hinaus ist es fraglich, wie der Kunststoffbedarf des 21. Jahrhunderts mengenmäßig durch erneuerbare Rohstoffe gedeckt werden soll. Die Nachfrage nach Kunststoffen ist mit einer jährlichen Zuwachsrate von 3,5 % weiterhin ungebrochen, was einem Bedarf für das Jahr 2050 von 1.200 Millionen Tonnen entspricht. Das Nova-Institut /2/ sagt voraus, dass dieser Bedarf nicht aus erneuerbaren Rohstoffen gesättigt werden kann. Stattdessen muss der überwiegende Anteil durch das Recyceln von bereits vorhandenen endlichen Materialien gedeckt werden (Bild 2). Selbst der heute noch in den Kinderschuhen steckenden CO_2-basierten Technologie zur Erzeugung von Kunststoffen wird ein weit bedeutenderer Beitrag zukommen als der Produktion von Kunstsoffen aus biobasierten Materialien.

Technischer Stoffkreislauf mit endlichen Materialien

Es ist daher an der Zeit, sich im Kontext der chemischen Industrie dem Kreislauf der endlichen Materialien zu widmen. Dabei können am Ende der Nutzungsphase eines Produkts verschiedene Wege eingeschlagen werden, um die Produkte und Materialien im Kreislauf zu halten, wie aus dem Schmetterlingsdiagramm hervorgeht:

a) Produkterhaltung
b) Wiederverwertung
c) Wiederaufbereitung
d) Recycling

Allerdings können heutzutage erst sehr wenige Kreisläufe der endlichen Materialien als geschlossen betrachtet werden. Ein Großteil der für die Herstellung von Neuprodukten eingesetzten Stoffe landet immer noch im Müll. Von den 29,1 Millionen Tonnen Hausmüllaufkommen in Europa im Jahr 2018 waren es nur 9,4 Millionen Tonnen Kunststoffabfälle, die durch Mülltrennung und Sortierung für Recyclingprozesse bestimmt waren, wovon wiederum nur circa 5 Millionen Tonnen als Rezyklate wieder in die Wertschöpfungskette zurückfanden. Die Gründe dafür sind vielfältig. Neben Müllexport außerhalb Europas und prozessbedingten Ausbeuteverlusten werden von der Koalition für Chemisches Recycling auch Verluste durch Verunreinigungen und Rückstände angeführt, bei denen neben nassen und biologischen Verunreinigungen, Textilien, Verbundwerkstoffen, Papier und Metallen auch explizit Klebstoffe angeführt werden.

Die Koalition für Chemisches Recycling wurde von den Verbänden Plastics Europe (Europäischer Verband der Kunststoffhersteller) und Cefic (European Chemical Industry Council) ins Leben gerufen. Sie hat sich zum Ziel gesetzt, den Anteil an rezyklierten Kunstoffen in Europa bis 2025 auf 10 Millionen Tonnen zu erhöhen /3/. Damit kommt dem Recycling ein besonderer Stellenwert zu. Klebstoffe sollten deswegen so konzipiert werden, dass sie nicht länger als störend, sondern vielmehr als Schlüssel und Impulsgeber zu mehr Kreislauffähigkeit verstanden werden können. Dabei liegt das Hauptaugenmerk für Klebstoffhersteller nicht auf der Recyclingfähigkeit des Klebstoffs selbst, da dieser oft nur einen geringen Masseanteil an einem gefügten Endprodukt ausmacht, sondern im Zugänglichmachen der gefügten Substrate.

Anforderungen an Klebstoffe für die Kreislaufwirtschaft

Technische Klebstoffe sind so konzipiert, dass sie besonders das langlebige Fügen von verschiedensten Materialien ermöglichen. Zu den am häufigsten verwendeten Materialien zählen dabei technische Kunststoffe, Metalle und mineralische Werkstoffe, Glas, Holz und Faserverbundwerkstoffe, deren Herstellung mit vergleichsweise großem Energieaufwand verbunden ist. Um Ressourcen zu schonen, sowohl bei der Herstellung von Bauteilen, die aus verschiedensten Materialien bestehen, als auch bei der Auswahl der Fügetechnik, ist der Einsatz von technischen Klebstoffen unverzichtbar.

Technische Klebstoffe dienen dabei vielfältigsten Funktionen bei der Herstellung von zum Beispiel Fahrzeugen, elektrischen und elektronischen Geräten, weißer Ware und vielem mehr. Neben der eigentlichen Lastenübertragung tragen sie beispielsweise auch zur Leichtbauweise bei, die, wie im Falle von Faserverbundwerkstoffen, erst durch Strukturklebstoffe möglich wird. Die Langlebigkeit solcher Klebungen stellt demnach bereits seit Jahren eine bedeutende Qualität der technischen Klebstoffe und bleibt auch unter dem Blickwinkel der Bekämpfung der Erderwärmung der stärkste Hebel in Bezug auf Energie- und Materialeffizienz. Haltbare Produkte müssen in längeren Abständen neu produziert werden und liefern damit einen wesentlichen Beitrag zur Vermeidung von CO_2-Emissionen.

Die Klebstoffindustrie arbeitet gerade mit Hochdruck daran, die Reparatur und Recyclingfähigkeit von Klebverbindungen noch stärker in den Mittelpunkt zu rücken und zwar ohne dabei Kompromisse bei der Langzeitstabilität und Verlässlichkeit einzugehen. Die Anforderung, die Klebungen bei Bedarf lösen zu können, entsteht dabei aus dem Wunsch, die zum Teil wertvollen

Materialien am Ende des Lebenszyklus wieder zurückzugewinnen. Neben der damit noch weiter-gehenden Ressourcenschonung stellt sich dabei auch eine positive Auswirkung auf eine Lebens-zyklusanalyse eines Endproduktes ein, da sich durch die Nutzung von Recyclingmaterial nicht nur der CO_2-Fußabdruck eines Produkts deutlich verringert, sondern auch die verwendeten Materialien später wieder in einen neuen Produktlebenszyklus einfließen.

Um die gefügten Teile sauber voneinander trennen zu können, muss der Klebstoff daher bei Be-darf wieder lösbar sein, unter Bedingungen, die nicht schon während der Nutzungsphase eintre-ten. Der Klebstoff soll während der Beanspruchung verlässlich Kraft übertragen (kohäsives Ver-sagen), sich am Ende aber möglichst rückstandslos (adhäsives Versagen) entfernen lassen. Diese Anforderung stellt einen nicht leicht zu überwindenden Widerspruch dar, auf den es keine allgemeingültige technische Antwort gibt. Es muss vielmehr für jede Klebstoff-Substrat-Kombi-nation eine spezifische Lösung gefunden werden, die dem jeweiligen Bedarfsfall gerecht wird. Oft werden hier spezifische Auslöser, sogenannte Trigger, notwendig. Die Forschung steckt hier noch in den Anfängen, um Material und Triggersysteme zu entwickeln, die auch den bereits ausgeführten ökologischen Anforderungen gerecht werden und ökonomisch sinnvoll sind. Eine Systematik der lösbaren Verbindungen findet sich in der DIN TS 54405:2020-12 /4/.

Als längerfristiges Ziel, das eine enge Zusammenarbeit mit allen Partnern entlang der Lieferkette erfordert, muss die Ermöglichung der Reparaturfähigkeit und Rückgewinnung von Materialien definiert werden. Dafür müssen Klebstoffhersteller bereits in die Konzeption und das Design der Produkte frühzeitig einbezogen werden, um das Schließen der Produktkreisläufe am Ende des Lebenszyklus bereits im Entwurf mitzudenken. Nur so kann eine sinnvolle Wiederverwertung erreicht und ein Downcycling, also die Wiederverwendung von Materialien nach dem ersten Produktzyklus in einer Anwendung von geringerer Qualität beziehungsweise Wertschöpfung, ver-hindert werden.

Recycelte Rohstoffe für Klebstoffe

Klebstoffe können aufgrund ihrer Vielfalt und Anpassungsfähigkeit vom zunehmenden Angebot an Rezyklaten profitieren, da diese helfen, den CO_2-Ausstoß bei der Herstellung eines Produktes zu senken. Die bekanntesten Kunststoffe, die sich zum Recycling eignen und dabei nur geringfü-gige Qualitätseinbußen aufweisen, sind wohl PVC und PET, wobei im Falle des PVC sogar zum Teil ein Upcycling, also die Wiederverwendung von Materialien nach dem ersten Produktzyklus in einer Anwendung von höherer Qualität beziehungsweise Wertschöpfung, durch erhöhte Stabili-sierung beobachtet werden kann. Verschiedenste Unternehmen im Bereich der PU-Schaumher-stellung machen derzeit mit Recyclingmaßnahmen im Bereich von Matratzen auf sich aufmerk-sam. Der Einsatz der dabei gewonnenen OH-funktionellen Oligomere zur Formulierung von Klebstoffen wird derzeit diskutiert. Darüber hinaus sind sowohl im Bereich der Textilklebstoffe als auch bei Bodenbelägen Bestrebungen zu beobachten, Recyclingquoten einzuführen, womit Hersteller gezwungen werden sollen, einen bestimmten Anteil des Produkts aus Rezyklaten her-zustellen. Aus diesen Beispielen ist zu erkennen, welches Potenzial aus dem Recycling für kleb-stoffrelevante Märkte erwächst.

Unter der Voraussetzung einer konstanten Qualität und Verfügbarkeit können Rezyklate auch in Klebstoffformulierungen Verwendung finden. Da Klebstoffe im Allgemeinen auf einer höheren Wertschöpfungsstufe als Massenkunststoffe stehen, entspricht diese Vorgehensweise laut Mayer und Gross /5/ sogar einem Upcycling. Die Verwendung von pulverisierten Kunststoffabfällen als Leichtbaufüllstoff wird dort ebenfalls genannt. Grundsätzlich kann zwischen physikalischem und chemischem Recycling unterschieden werden. Welches Verfahren zum Einsatz kommt, hängt dabei stark vom Volumenaufkommen der jeweiligen Kunststoffabfälle sowie deren Reinheit ab. Es ergeben sich Unterschiede für die Qualität und Einsetzbarkeit der daraus gewinnbaren Rezyklate für den Einsatz als Rohstoffe für Klebstoffformulierungen.

Physikalisches Recycling

Das weithin bekannte mechanische Recycling, das zur Gruppe der physikalischen Verfahren gehört, bezieht sich im Wesentlichen auf die Formgebung. Daraus wird ersichtlich, dass es nur für schmelzbare Kunststoffe, also thermoplastische Materialen, eingesetzt werden kann. Dabei ist jedoch meistens ein Downcycling des Materials zu beobachten, da die Kunststoffe aus ihrem ersten Produktzyklus bereits Additivierungen, wie Weichmacher, Pigmente oder Katalysatoren, enthalten, beziehungsweise durch wiederholte thermische Belastungen bereits ein Abbau der Polymerkette eingesetzt hat. Daher muss die chemische Zusammensetzung durch das Abmischen mit frischem, reinem Material ausgeglichen werden.

Mechanisches Recycling erfordert daher eine möglichst sortenreine Rückgewinnung, die nur in begrenztem Maße durch Mülltrennung beziehungsweise lokale Stoffströme abgebildet werden kann. Dennoch ist es möglich, gerade beim Recycling von Verpackungsmaterialien, sowohl aus Industrieabfällen als auch von Konsumentenabfällen, wie zum Beispiel PET, PP und PE aus Trinkflaschen, Umverpackungen und Schrumpffolien, qualitativ hochwertige und stabile Produkte zu gewinnen. Diese Polyolefin-basierten Materialien eignen sich zum Beispiel als Basis für thermoplastische Hotmelts, PSAs oder feuchtigkeitshärtende, reaktive Hotmelt-Formulierungen.

In den allermeisten Fällen ist die Zusammensetzung des Kunststoffmülls jedoch komplexer, sodass eine weitere Aufbereitung, zum Beispiel durch den Einsatz von Lösemitteln, notwendig wird. Dabei bleibt das Polymer im Allgemeinen erhalten und es wird lediglich das Abtrennen von Fasern und Füllstoffen aus beispielsweise Verbundwerkstoffen vorgenommen. Dieses ebenfalls zu den physikalischen Verfahren zählende werkstoffliche Recycling /6/ kann bereits zu höherwertigen, weniger kontaminierten Rezyklaten führen, da das Auflösen der Kunststoffmatrix bereits einen Reinigungsschritt darstellt. Derartige Rezyklate können in entsprechend größeren Mengen frischem Material zugesetzt werden, ohne dessen Qualität zu stark zu dezimieren. Dieses Verfahren findet zum Beispiel für die Rückgewinnung von PVC und PA Anwendung, die als Rohstoffe für thermoplastische Hotmelts, lösemittelbasierte Klebstoffe oder Dichtstoffe in Frage kommen.

Chemisches Recycling

Wo die physikalischen Recyclingmethoden versagen, zum Beispiel bei Duromeren und Elastomeren, aber auch bei durch vernetzte Klebstoffe verbundenen Fügeteilen, können chemische Zusatzstoffe helfen, einen gezielten Abbau der Polymerketten vorzunehmen. Bei diesen meist auf Hydrolyse und Katalyse basierenden chemischen Rückgewinnungsprozessen werden die Kunststoffe in die Oligomere beziehungsweise Monomere zerlegt, aus denen wieder Polymerketten derselben Kunststoffklasse aufgebaut werden können. Das bereits erwähnte Beispiel des Recyclings von Matratzen aus Polyurethan- oder Polyesterschäumen fällt in diese Kategorie. Die dabei entstehenden Oligomere haben sicher Potenzial für die Verwendung in Polyurethan-basierten 1K- und 2K-Reaktivklebstoffen, allerdings setzen diese Verfahren entweder ein möglichst sortenreines Ausgangsmaterial voraus (Monomaterialansatz), oder es müssen entsprechende Trennungs- und Reinigungsstufen nachgeschaltet werden. Daher werden die so gewonnenen Oligomere meist sehr konsequent im Kreislauf geführt und zum Beispiel wieder zur Herstellung von Matratzen eingesetzt. Damit stehen sie derzeit nur in begrenztem Maße anderen Wertschöpfungsketten zur Verfügung.

Die sogenannte Thermolyse, die im Wesentlichen auf Pyrolyseverfahren beruht, geht noch einen Schritt weiter. Hier werden die Materialien am Ende ihres ersten Lebenszyklus wieder in ihre molekularen Bestandteile zerlegt. Das entstehende Pyrolyseöl kann anschließend der Naphta-Fraktion der Dampf-Cracker zugegeben und somit in den klassischen Stoffstrom der chemischen Grundstoffchemie zurückgeführt werden. Der Vorteil besteht darin, dass unsortierte Kunststoffgemische variabler Zusammensetzung der Rückgewinnung zugeführt werden können und auch Kontaminationen in gewissem Maße tolerabel sind.

Die entstehenden Monomere können unabhängig von ihrer Herkunft zu neuen Polymeren aufgebaut und die so hergestellten Produkte völlig kontaminationsfrei beispielsweise den Anforderungen der Lebensmittelverpackungsindustrie gerecht werden, da sie qualitativ exakt die gleichen Merkmale wie die aus fossilen Rohstoffen hergestellten Materialien aufweisen. Rohstoffe, die aus dieser Art des Recyclings hervorgehen, sind daher für alle Klebstofftechnologien denkbar.

Chemisches Recycling ist ein bislang noch vergleichsweise wenig praktiziertes Verfahren und steht darüber hinaus aufgrund seines hohen Energiebedarfes und der möglichen Konkurrenz zu den bereits etablierten physikalischen Recyclingverfahren in der Kritik. Es ist aber mit einem schnellen und drastischen Aufbau von Kapazitäten zu rechnen, da dieser Weg am geeignetsten zu sein scheint, um die geforderte Qualität und Leistungsfähigkeit der Kunst- und Klebstoffe zu erhalten.

Information zu CO_2-Ausstoß und Transparenz der Daten

Der Einsatz von recycelten Rohstoffen kann dazu beitragen, den CO_2-Fußabdruck von Klebstoffen zu reduzieren. Diese produktbezogenen Lebenszyklusanalysen werden bereits als Cradle-to-Gate-Analysen, die den ökologischen Fußabdruck von der Entstehung bis zum Werkstor bilanzieren, von Kunden eingefordert und nach DIN ISO 14040 /7/ und DIN ISO 14044 /8/

vorgenommen. Diese Datenerhebung bietet die Möglichkeit, zusammen mit Kunden eine klimaneutrale Lieferkette aufzubauen, setzt jedoch die Bereitstellung der CO_2-Fußabdrücke der Rohstoffe, Verpackungen und Hilfsstoffe durch die Lieferanten voraus. Allerdings sind diese Daten derzeit noch nicht in dem notwendigen Maße verfügbar und werden zum Teil nur unter Geheimhaltungsregelungen herausgegeben.

Der CO_2-Fußabdruck kann für ein bestimmtes Produkt individuell ermittelt werden und ermöglicht es, die Anstrengungen zur Reduzierung des CO_2-Ausstoßes auch beim Kombinieren verschiedener nachhaltiger Rohstoffe in einer Formulierung aufzusummieren. Per Konvention wird biobasierten und CO_2-basierten Rohstoffen im Allgemeinen ein negativer PCF-Wert und fossilen Rohstoffen ein positiver CO_2- Abdruck zugeordnet. Für Rezyklate muss der CO_2-Fußabdruck entsprechend ermittelt werden, liegt aber in der Regel deutlich unter dem von fossilen Rohstoffen.

Diese Methode weist jedoch Schwächen auf, da die Systemgrenzen frei wählbar sind und die Datenqualität stark davon abhängt, wie genau die Energie- und Stoffströme entlang der Prozesskette gemessen werden können. Oft können so produktbezogene Daten nur durch Allokieren der standortbezogenen Daten auf das Produktvolumen ermittelt werden, oder es muss auf Datenschätzungen zurückgegriffen werden. Dies macht eine Vergleichbarkeit von Ergebnissen der Lebenszyklusanalysen (LCA) zum jetzigen Zeitpunkt unmöglich. Trotzdem könnten LCAs zu wettbewerbsrelevanten Auswahlkriterien werden, die die Klebstoffhersteller zu möglichst genauen Einzelanalysen zwingen.

Ihrem Wesen nach ist die LCA eine Bilanzierung der Stoff- und Energieströme und beinhaltet daher keine Aussagen zur Erschließung von Agrarflächen durch Abholzung oder deren Nutzung in Konkurrenz zu Nahrungsmitteln. Auch andere ethische Aspekte, die in Bezug zu einer fairen und sicheren Arbeitsumgebung der Beschäftigten stehen, werden dabei nicht berücksichtigt.

An dieser Stelle sei ein Blick darauf gestattet, an welchem Punkt eine Cradle-to-Cradle-Lebenszyklusanalyse gestartet werden sollte (Bild 3). Im Idealfall einer 100 %igen Kreislaufwirtschaft, bei der für jeden Stoffstrom, der aus dem ersten Produktzyklus austritt, ein weiterer Produktzyklus folgt, hat dieser Zeitpunkt keine Bedeutung mehr. Von diesem Zustand ist die derzeitig noch stark linear ausgerichtete Wirtschaft aber einerseits noch weit entfernt, und andererseits wird es eine 100 %ige Kreislaufwirtschaft aufgrund von thermodynamischen Gesetzmäßigkeiten auch in Zukunft nicht geben. Daher kommt der Wahl des Startpunktes der Lebenszyklusanalyse eine große Bedeutung zu, da die Gesamtbilanz entsprechend unterschiedlich ausfallen kann, je nachdem, wie weit die Systemgrenzen gefasst werden, das heißt welche Nebenprozesse zum Beispiel mit integriert werden oder welcher Weiternutzung dabei generierte Stoffströme zugutekommen.

Entlang einer Wertschöpfungskette kann und muss sich jeder Partner demnach besonders auf seinen eigenen Einflussbereich fokussieren und durch Transparenz gegenüber seinen Kunden dazu beitragen, dass Technologien in ihrer Gesamtwirkung auf die Umwelt und die Erderwärmung erfasst und beurteilt werden können. Die Übergabepunkte am Werkstor (Gate-to-Gate) müssen sauber definiert sein, sodass die Summe aus allen Gate-to-Gate-Elementen letztlich das Gesamtbild ergibt.

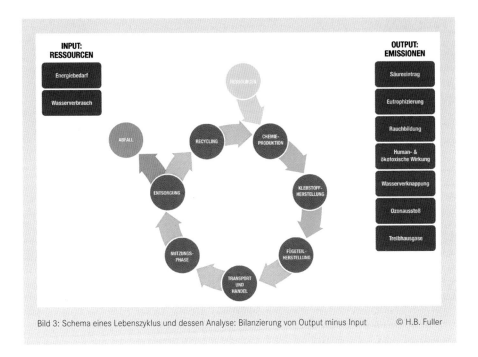

INPUT:
RESSOURCEN

Energiebedarf

Wasserverbrauch

OUTPUT:
EMISSIONEN

Säureeintrag

Eutrophizierung

Rauchbildung

Human- &
ökotoxische Wirkung

Wasserverknappung

Ozonausstoß

Treibhausgase

RESSOURCEN

ABFALL

RECYCLING

CHEMIE-
PRODUKTION

ENTSORGUNG

KLEBSTOFF-
HERSTELLUNG

NUTZUNGS-
PHASE

FÜGETEIL-
HERSTELLUNG

TRANSPORT
UND
HANDEL

Bild 3: Schema eines Lebenszyklus und dessen Analyse: Bilanzierung von Output minus Input   © H.B. Fuller

Die Schritte Nutzung, Entsorgung und Recycling müssen ebenso bewertet werden wie weitere Prozessschritte zur Wiederaufbereitung, falls diese notwendig sind, um den Kreislauf zu schließen. Endet ein Produktlebenszyklus nach der Entsorgung in Form von Abfall (Deponierung von Müll oder thermischer Behandlung durch Müllverbrennung), spricht man von Cradle-to-Grave, also von der Wiege bis zur Bahre. Die dabei erzeugten CO_2-Mengen schlagen bei einer produktspezifischen CO_2-Bilanzierung erheblich zu Buche, was langfristig einen Anreiz für den Übergang von der Linearwirtschaft zur Kreislaufwirtschaft bewirken wird.

Recycelte Rohstoffe können nur durch Massebilanzierung identifiziert und dokumentiert werden. Dieses Konzept beruht darauf, dass entsprechend der Menge an eingesetzten recycelten Rohstoffen einem Teil der so hergestellten Produkte diese Qualität zugeordnet werden kann. Die Zuteilung muss dabei anhand einer sauberen Buchführung nachweisbar sein und von Dritten auditiert und zertifiziert werden. Dazu stehen verschiedenste Zertifizierungsmodelle zur Verfügung, wobei hier beispielhaft ISCC Plus /9/ und REDcert2 /10/ genannt werden sollten, da diese derzeit bevorzugt bei den europäischen Rohstofflieferanten zur Anwendung kommen.

Eine besondere Herausforderung für Klebstoffformulierer besteht im Mischen von Rohstoffen, die nach unterschiedlichen Zertifizierungssystemen geprüft und mit deren Labels ausgestattet sind. Um den Klebstoff entsprechend zertifizieren lassen zu können, muss es möglich sein, dass sich die Zertifizierungssysteme untereinander anerkennen und die Überwachungskette in diesem Falle nicht als unterbrochen betrachtet wird.

Fazit

Der Green Deal umfasst nicht nur Klimaneutralität und Kreislaufwirtschaft, sondern auch neue und nachhaltigere Agrar- und Transportkonzepte, Zugang zu sauberer und erschwinglicher Energie, Verpflichtung der Unternehmen, naohhaltigere Produkte auf den Markt zu bringen (Ecodesign), die Stärkung der Verantwortung der Konsumenten durch informierte Entscheidungen (Ecolabel) zu den Klimazielen beizutragen, die Erhaltung der Biodiversität und vieles mehr. Von besonderer Bedeutung für die Klebstoffindustrie ist in diesem Zusammenhang die ebenfalls angestrebte Erarbeitung einer nachhaltigen Chemikalienstrategie.

Vor diesem Hintergrund gibt es großen Handlungsbedarf, die Kreisläufe der endlichen Materialien zu schließen. Die Klebstoffindustrie hat aufgrund ihrer Vielseitigkeit und Flexibilität nicht zuletzt in der Auswahl der Technologien und Rohstoffe viele Optionen, sich diesem Wandel zu stellen und sogar als Impulsgeber zu wirken. Als ein Spezialitätensegment ist sie jedoch darauf angewiesen, den Richtungen zu folgen, die von der global agierenden Großindustrie auf der Lieferseite wie auf der Kundenseite vorgegeben werden. Dabei ist zu beobachten, dass sich marktspezifische Herangehensweisen herauskristallisieren. Die Aufgabe der Klebstoffhersteller ist es daher, auf diese Anforderungen so einzugehen, dass Vertrauen und Partnerschaften für eine nachhaltige Transformation entlang der Lieferketten möglich werden. Für einen fairen Wettbewerb wäre es wünschenswert, verlässliche und anerkannte Normen, zum Beispiel für Massebilanzen oder LCA, zur Hand zu haben. Durch stärkere Standardisierung und ständige Verbesserung der Datenqualität könnte sich am Ende auch ein klareres Bild abzeichnen, welche Klebstofftechnologie das größere Potential zu mehr Nachhaltigkeit hat, wenn auch die Nutzungsphase und der zum Recycling notwendige Prozess- und Energieaufwand in Betracht gezogen werden.

Literatur

/1/ Ellen Mc Arthur Foundation, Online: https://ellenmacarthurfoundation.org/circulareconomy-diagram, aufgerufen am 21.01.2022; deutsche Version: https://www.capgemini.com/de-de/2020/02/invent-abschied-von-derwegwerfwirtschaft/

/2/ Nova Institut: The future of the chemical and plastics industry: Renewable Carbon. 2020

/3/ European Coalition for Chemical Recycling Online www.coalition-chemical-recycling.eu, aufgerufen am 21.01.2022

/4/ DIN TS 54405:2020-12. Konstruktionsklebstoffe – Leitlinie zum Trennen und Rückgewinnen von Klebstoffen und Fügeteilen aus geklebten Verbindungen. Beuth Verlag, 2020

/5/ B. Mayer, A. Groß (Herausg.): Kreislaufwirtschaft und Klebtechnik, Fraunhofer Verlag, 2020

/6/ M. Schlummer, T. Fell, G. Altgau: Die Rolle der Chemie beim Recycling – Physikalisches und chemisches Kunststoffrecycling im Vergleich. Kunststoffe 6, 2020, p. 51 – 54

/7/ DIN EN ISO 14040:2006-10. Environmental management – Life cycle assessment – Principles and framework. Beuth Verlag, 2006

/8/ DIN EN ISO 14044:2006-10. Umweltmanagement – Ökobilanz – Anforderungen und Anleitungen, Beuth Verlag, 2006

/9/ ISCC Plus, 2018, ISCC System GmbH, Version 3.1 2019, International Sustainability & Carbon Certification

/10/ REDcert 2, 2020, REDcert GmbH, Scheme principles for the certification of sustainable material flows in the chemical industry, Version RC2 1.1

Die Autorin:

Dr. Annett Linemann (annett.linemann@hbfuller.com)
Director Technology Outlook & Sustainability
Engineering Adhesives – EIMEA
H.B. Fuller Deutschland GmbH, Lüneburg

FIRMENPROFILE

Klebstoffhersteller
Rohstoffanbieter

Adtracon GmbH
Hofstraße 64
D-40723 Hilden
Telefon +49 (0) 21 03-2 53 17-0
Telefax +49 (0) 21 03-2 53 17-19
E-Mail info@adtracon.de
www.adtracon.de

Mitglied des IVK

Das Unternehmen

Gründungsjahr
2002

Größe der Belegschaft
15 Mitarbeiter

Gesellschafter
Dr. Roland Heider
Investitions- und Strukturbank
Rheinland Pfalz
KfW

Ansprechpartner
Dr. Roland Heider

Vertriebswege
direkt und Vertriebspartner

Weitere Informationen
Die Adtracon GmbH ist im Bereich der
Entwicklung, Produktion und dem Vertrieb
von reaktiven Schmelzklebstoffen tätig.
Die Adtracon GmbH bietet Know-how
und Laborkapazität für technische Fragestellungen.

Das Produktprogramm

Klebstofftypen
Reaktive Schmelzklebstoffe

Für Anwendungen im Bereich
Automobilindustrie
Holzverarbeitende Industrie
Buchbinderei
Textil-, Filter- und
Schuhindustrie
Allgemeine Industrie
Schaumverklebung

ALBERDINGK BOLEY

Alberdingk Boley GmbH
Düsseldorfer Straße 53
D-47829 Krefeld
Telefon +49 (0) 21 51-5 28-0
Telefax +49 (0) 21 51-57 36 43
E-Mail: info@alberdingk-boley.de
www.alberdingk-boley.com

Mitglied des IVK

Das Unternehmen

Gründungsjahr
1772

Größe der Belegschaft
500 (weltweit)

Ansprechpartner
Geschäftsleitung
Leiter Forschung und Entwicklung:
Dr. Gregor Apitz

Anwendungstechnik und Vertrieb
Leiter Technisches Marketing:
Markus Dimmers
Leiter Verkauf Dispersionen:
Johannes Leibl

Tochterfirmen
Alberdingk Boley Leuna GmbH, Leuna
Alberdingk Boley, Inc., Greensboro, USA
Alberdingk Italia SrL, Treviso, Italien
Alberdingk Resins (Shenzhen) Co., Ltd.,
Shenzhen, China
Alberdingk Resins (Zhuhai) Co. Ltd.,
Zhuhai, China

Das Produktprogramm

Rohstoffe
Polymere:
Polyurethan-Dispersionen
Acrylat-Dispersionen
Styrolacrylat-Dispersionen
Vinylacetatcopolymere
UV-vernetzende Dispersionen

Für Anwendungen im Bereich
Holz-/Möbelindustrie
Metall- und Kunststoffindustrie
Baugewerbe, inkl. Fußboden, Wand u. Decke
Textilindustrie
Klebebänder, Etiketten
Automobilindustrie
Elektroindustrie

ALFA
Klebstoffe AG

Vor Eiche 10
CH-8197 Rafz
Telefon: +41 43 433 30 30
Telefax: +41 43 433 30 33
E Mail: info@alfa.owioo
www.alfa.swiss

Mitglied des FKS

Das Unternehmen

Gründungsjahr
1972

Größe der Belegschaft
63 Mitarbeiter

Besitzverhältnisse
Aktiengesellschaft, im Familienbesitz

Tochterfirmen
ALFA Adhesives, Inc. (Partner)
SIMALFA China Co. Ltd.

Vertriebswege
Internationales Distributionsnetzwerk

Ansprechpartner
Management:
info@alfa.swiss
Applikationstechnologie und Verkauf:
info@alfa.swiss

Weitere Informationen
Die ALFA Klebstoffe AG ist ein innovativer
Familienbetrieb, der wasserbasierte Klebstoffe und Hot-Melts entwickelt, produziert
und vertreibt. Die Firma bietet ihren Kunden
wesentliche Vorteile bei der ökonomischen
und ökologischen Gestaltung des Klebeprozesses.

Das Produktprogramm

Klebstofftypen
Dispersionsklebstoffe
Schmelzklebstoffe
Haftklebstoffe

Anwendungen im Bereich
Schaumstoffverarbeitende Industrie
Herstellung von Matratzen
Polsterei
Papier/Verpackungen
Buchbinderei/Grafikdesign
Holz-/Möbelindustrie
Automotive-Industrie, Luftfahrtindustrie
Hygiene

APM Technica AG
Max-Schmidheiny-Strasse 201
CH-9435 Heerbrugg
Telefon: +41 (0) 71 788 31 00
Telefax: +41 (0) 71 788 31 10
E-Mail: info@apm-technica.com
www.apm-technica.com

Mitglied des FKS

Das Unternehmen

Gründungsjahr
2002

Grösse der Belegschaft
135 Mitarbeiter

Firmenstruktur
- APM Technica AG
- APM Technica GmbH, Deutschland
- APM Technica AG, Philippinen
- APM Academy
- Polyscience AG, Cham
- Abatech Ingénierie SA, La Chaux-de-Fonds

Weitere Informationen
Die APM Technica AG ist Full-Service-Anbieter auf den Gebieten Klebe- und Oberflächentechnologie und vertreibt daneben Handelsprodukte namhafter Hersteller.

Das Produktprogramm

Handel
- Klebstoffe und Silikone
- Feinkitte
- Schmierstoffe
- Lacke
- Lösungs- und Reinigungsmittel
- Equipment (Dosieren-Dispensing, UV-Aushärtegeräte, Wärmeschränke, Plasmareinigungsanlagen, Tiefkühlschränke, Speedmixer-Mischanlagen, Robotersysteme)
- tiefgekühlte Klebstoffe

Kundenspezifische Assemly
- Baugruppen im Bereich
  - Optronik-, Elektronik-, Automotive- und Medical- Anwendungen
- Gerätekomponenten:
  - Dosenlibellen
  - Glasfasern-Lichtleiter
  - Sensoren
  - Display's
- optische Beschichtungen
- funktionale Beschichtungen (Antikratz- & Antifog-Beschichtungen & Parylene Beschichtungen)

Testcenter
- Werkstoffprüfung und Werkstoffentwicklung
- Umweltsimulation

Beratung und Engineering im Bereich
- Oberflächen
- Klebstoffe
- Assembly

Seminare
- Klebeseminare
- Kundenspezifische Seminare

Zertifikate
ISO 9001, 14001, 13485, 17025 und IATF 16949

Arakawa Europe GmbH
Hafenstraße 2
D-04442 Zwenkau
Telefon +49 (0) 34206-79 90-10
Telefax +49 (0) 34206-79 90-11
E-Mail: info@arakawaeurope.de
www.arakawaeurope.com

Mitglied des IVK

Das Unternehmen

Gründungsjahr
1998

Größe der Belegschaft
< 100 Mitarbeiter

Gesellschafter
Arakawa Chemical Industries Ltd.

Stammkapital
52.000,- €

Besitzverhältnisse
100 % Tochtergesellschaft von Arakawa
Chemical Industries Ltd.

Ansprechpartner
Geschäftsführung: Uwe Holland

Anwendungstechnik und Vertrieb:
Dr. Ulrich Stoppmanns

Weitere Informationen
Herstellung und Vertrieb von hydrierten und
nicht hydrierten Kohlenwasserstoffharzen,
Naturharzderivaten und naphthenischen
Additiven

Das Produktprogramm

Rohstoffe
C9 Harze,
Naturharze

Für Anwendungen im Bereich Industrie
Papier/Verpackung
Buchbinderei/Graphisches Gewerbe
Holz-/Möbelindustrie
Fahrzeug, Luftfahrtindustrie
Klebebänder, Etiketten
Hygienebereich
Haushalt, Hobby und Büro
Kosmetik, Pharmazeutische Industrie
Oberflächenbeschichtungen

ARDEX GmbH

Friedrich-Ebert-Straße 45
D-58453 Witten
Telefon +49 (0) 23 02-6 64-0
Telefax +49 (0) 23 02-6 64-2 40
E-Mail: technik@ardex.de
www.ardex.de

Mitglied des IVK

Das Unternehmen

Gründungsjahr 1949

Unternehmensform
Konzernfreies, unabhängiges
Familienunternehmen

Geschäftsführung
Mark Eslamlooy (Vorsitzender der Geschäftsführung)
Dr. Ulrich Dahlhoff, Dr. Hubert Motzet,
Uwe Stockhausen, Dr. Markus Stolper

Umsatz/Gruppe 2021: 930 Mio. €

Mitarbeiter/Gruppe 2021: 3.900

**Schulungs- und Informationszentren in
Deutschland an 4 Standorten**
Parchim/Mecklenburg, Altusried/Allgäu
Bad Berka/Thüringen, Witten/Ruhr

Vertriebsorganisation Deutschland
70 Gebietsleiter und 5 Verkaufsleiter in den
Verkaufsgebieten Nord, West, Mitte, Süd und Ost

Vertriebsorganisation weltweit
LUGATO GmbH & Co. KG, Deutschland
GUTJAHR Systemtechnik GmbH, Deutschland
ARDEX Schweiz AG, Schweiz
The W. W. Henry Company L.P., USA
ARDEX L.P., USA
ARDEX UK Ltd., Großbritannien
Building Adhesives Limited, Großbritannien
ARDEX Building Products Ireland Limited, Irland
ARDEX Australia Pty.. Ltd., Australien
ARDEX New Zealand Ltd., Neuseeland
ARDEX Singapore Pte. Ltd., Singapur
QUICSEAL Construction Chemicals Ltd., Singapur
ARDEX Manufacturing SDN.BHD., Malaysia
ARDEX Taiwan Inc., Taiwan
ARDEX HONG KONG LIMITED, China
ARDEX (Shanghai) Co. Ltd., China
ARDEX Vietnam ARDEX Korea Inc., Korea
ARDEX Endura (INDIA) Pvt. Ltd., Indien
ARDEX Baustoff GmbH, Österreich
ARDEX Epitöanyag Kereskedelmi Kft., Ungarn
ARDEX Baustoff s.r.o.. Tschechien
ARDEX EOOD, Bulgarien
ARDEX Russia OOO, Russland

Das Produktprogramm

Rohbauprodukte für Betonkosmetik
und -reparatur

Schnellzement/Estriche

Untergrundvorbereitungen

Bodenspachtelmassen zum Ausgleichen
und Nivellieren von Unterböden

Abdichtungen unter Fliesenbelägen

Fliesenkleber für Fliesen, Natursteine und
Dämmstoffe

Fugenmörtel für Fliesen und Marmor

Silicon-Dichtstoffe für den Baubereich

Wandspachtelmassen zum Glätten von
Wandflächen

Bodenbelags- und Parkettklebstoffe
für Teppich, Parkett etc.

ARDEX Yapi Malzemeleri Ltd. Sti., Türkei
ARDEX s.r.l, Italien
ARDEX Romania s.r.l, Rumänien
DUNLOP Romania, Rumänien
ARDEX Middle East FZE, Dubai
ARDEX Skandinavia A/S, Dänemark
ARDEX Skandinavia AS, Filial Norge, Norwegen
ARDEX-ARKI AB, Schweden
ARDEX OY, Finnland
ARDEX Polska Sp.zo. o., Polen
ARDEX France S.A.S., Frankreich
ARDEX CEMENTO S.A., Spanien
SEIRE Products S.L., Spanien
ARDEX Cementos Mexicanos, Mexiko
Wakol GmbH, Deutschland
Knopp Gruppe, Deutschland
DTA Australia Pty. Ltd., Australien
Nexus Australia Pty. Ltd., Australien
Ceramfix Argamassas E Rejuntes, Brasilien
LOBA, Ditzingen
wedi GmbH, Emsdetten

Weiteres Vertriebsbüros
Belgien und Luxemburg, Niederlande

ARLANXEO Deutschland GmbH
Chempark Dormagen
Alte Heerstraße 2
D-41540 Dormagen
www.arlanxeo.com

Mitglied des IVK

Das Unternehmen

ARLANXEO ist ein weltweit führender An-bieter für synthetischen Kautschuk, der 2021 einen Umsatz von rund 3,5 Milliarden Euro erzielte, etwa 4.000 Mitarbeiter be-schäftigt und mit mehr als 20 Standorten in über zehn Ländern präsent ist. ARLANXEO wurde im April 2016 als Gemeinschaftsun-ternehmen von LANXESS und Saudi Aramco gegründet. Seit dem 31. Dezember 2018 ist ARLANXEO eine hundertprozentige Tochter-gesellschaft von Saudi Aramco.

Der Konzern mit Sitz in Den Haag, Nieder-landen, ist auf die Entwicklung, Herstellung und auf den Vertrieb von synthetischen Hochleistungskautschuken spezialisiert.

Ansprechpartner
Dr. Martin Schneider
Telefon: +49 221 6503 3413
E-Mail: martin.schneider@arlanxeo.com

Das Produktprogramm

Roh- und Hilfsstoffe zur Herstellung von Kleb- und Dichtstoffen

Aufgrund ihrer besonderen Eigenschaf-ten sind die Polymere aus den Baypren® (Chloropren-Kautschuk), Levamelt® (Ethylen-Vinylacetat Copolymer), Krynac®, Perbunan®, Baymod® N (Nitrilkautschuk) and X_Butyl™ (Butylkautschuk) Produkt-linien besonders geeignet für den Einsatz in Klebstoffanwendungen.

Die synthetischen Kautschuke bieten einzig-artige Eigenschaften hinsichtlich Elastizität, Polarität und Klebrigkeit, wodurch sie sich besonders für vielseitige Anwendungen in der Kleb- und Dichtstoffindustrie eignen:

- Baypren®, Krynac®, Perbunan® and Baymod® N: Erste Wahl für lösemittel-basierte Kontaktklebstoffe
- Levamelt®: Basispolymer für Haftkleb-stoffe und als Modifier für strukturelle Klebstoffe und Hot Melts
- X_Butyl™: Basis für Haftkleb- und Dichtstoffe

artimelt AG

Wassermatte 1
CH-6210 Sursee
Telefon +41 41 926 05 00
Telefax +41 41 926 05 29
E-Mail: info@artimelt.com
www.artimelt.com

Das Unternehmen

Das Produktprogramm

Gründungsjahr
1981
2016 umfirmiert in artimelt AG

Besitzverhältnisse
100 % im Familienbesitz

Tochterfirmen
artimelt Inc., Tucker, GA 30084, USA

Vertriebswege
Direkter Vertrieb

Ansprechpartner
Christian Fischer
Telefon + 41 926 05 35
E-Mail: christian.fischer@artimelt.com

Weitere Informationen
artimelt entwickelt, produziert und vermarktet Schmelzklebstoffe und beschäftigt weltweit 45 Mitarbeitende. Das Kompetenzzentrum ist in der Schweiz.

Klebstofftypen
Schmelzklebstoffe

Für Anwendungen im Bereich
Etiketten
Klebebänder
Verpackungen
Medizin Applikationen
Sicherheitssysteme
Grafische Anwendungen
Baugewerbe

ASTORtec AG
Zürichstrasse 59
CH-8840 Einsiedeln
Telefon +41 55 418 37 37
Telefax +41 55 418 37 38
E-Mail: info@astortec.ch
www.astortec.ch

Mitglied des FKS

Das Unternehmen

Gründungsjahr
1970

Größe der Belegschaft
45

Besitzverhältnisse
private Aktionäre

Tochterfirmen
ASTORPLAST Klebetechnik GmbH, POLYSCHAUM
Packtechnik und Isoliermaterial GmbH

Vertriebswege
Direktverkauf und Vertriebspartner

Ansprechpartner
Geschäftsführung: Roland Leimbacher

Anwendungstechnik und Vertrieb:
Guillaume Douard, Leiter Entwicklung

Weitere Informationen
Die ASTORtec AG entstand im 2019 aus der
Fusion der ASTORplast AG mit der Astorit AG,
beides Firmen mit über 50-jähriger Tradition. Die
Firma ist ein Schweizer KMU mit Fokus auf
Kundenlösungen mit dem Motto: klebt. dichtet.
schützt. – passt.

Die ASTORtec AG bietet folgende Lösungen an:
• MISCHEN im Lohn:
  Chargengrösse 15 bis 1.000 Liter
  Reaktionsharze, Klebstoffe, chemische
  Rohstoffe, ATEX Produkte (EX-1 Zone),
  UV-sensitive Produkte, Öle, inkl. Rohstoff-
  Beschaffung
• ABFÜLLEN im Lohn
  Kartuschen: 1-K, 2-K Systeme (1:1 bis 1:10)
  Kleingebinde bis IBC (1000 Liter): Tuben, Dosen,
  Flaschen, Kessel, Fässer, dünnflüssig bis
  fettartig, breite Palette an Standard-Gebinden,
  auch unter ATEX Bedingung, inkl. Etikettierung
  und Gefahrenstoffdeklaration, Versand:
  weltweit, Lagerung möglich

Das Produktprogramm

Klebstofftypen
Schmelzklebstoffe; Reaktionsklebstoffe (Epoxy,
1K-PU, 2K-PU, MMA); lösemittelhaltige Klebstoffe;
Dispersionsklebstoffe; Haftklebstoffe

Rohstoffe
Additive; Füllstoffe; Harze; Lösemittel; Öle

Für Anwendungen im Bereich
Baugewerbe, inkl. Fußboden,
Wand und Decke; Elektronik; Maschinen- und
Apparatebau; Fahrzeug; Luftfahrtindustrie
Textilindustrie; Klebebänder; Etiketten

• FORMULIEREN & ENTWICKELN
  kundenspezifische Anpassungen von
  Standardprodukten: Farbe, Viskosität,
  Füllstoffe, Verdünnen, Flexibilisieren,
  Beschleunigen, inklusive abfüllen in kunden-
  spezifische Gebinde, etikettieren und
  verpacken
• DICHTUNGEN
  Roboter applizierte Dicht-Schäume
  (RADS/FIPFG), als Lohnfertigung auf
  Spritzguss- und Blechteile inkl. Montageschritte,
  Dichtbänder & Kreuzspulen aus selbstklebenden
  Schaumstoffen, Stanzteile aus Schaumstoff,
  Klebebändern
• PRODUKTSCHUTZ
  Stapelscheiben aus Kork, Schaumstoff,
  Karton-Wabenplatten, Abstandhalter aus
  Schaumstoff, Bänder/Profile für Dämm- und
  Lärmschutz im Bau
• QUALITÄTSSICHERUNG & SERVICE
  Labortests zu Eigenschaften der Klebstoffe,
  Viskosität etc., Prüfzertifikate, Anwendungs-
  beratung & Eignungstests

Avebe U. A.

Prins Hendrikplein 20
NL-9641 GK Veendam
Telefon +31 (0) 598 66 91 11
Telefax +31 (0) 598 66 43 68
E-Mail: info@avebe.com
www.avebe.com

Mitglied des VLK

Das Unternehmen

Gründungsjahr
1919

Größe der Belegschaft
1.311 Mitarbeiter

Besitzverhältnisse
Genossenschaft von Bauern

Vertriebswege
Direkt und weltweit durch geschulte
Vertriebspartner

Weitere Informationen
Avebe U.A. ist ein internationaler Hersteller
von Kartoffelstärke und Kartoffelproteinen
mit Sitz in den Niederlanden. Die Stärke-
und Proteinprodukte finden Einsatz im
Lebensmittel-, Papier-, Klebstoff-, Textil-
und Baubereich sowie im Tierfutterbereich.

Das Produktprogramm

Rohstoffe
Dextrine und Stärkebasierte Klebstoffe
Stärke-Ether

Für Anwendungen im Bereich
Papier und Verpackung
Papiersack-Kleber
Hülsenwickel-Klebstoff
Briefumschlagkleber
Schutzkolloid in PVAc-Dispersionen
Gummierte Papiere (Wasseraktivierbar)
Tapetenkleister und Plakatkleber
Rheologische Additive für den Zement-,
Fliesenkleber- und Gispsbereich
Flockungsmittel für die Trinkwasser-
aufbereitung

Avery Dennison Materials Group Europe

Sonnenwiesenstrasse 18
CH-8280 Kreuzlingen
Telefon +41 (0) 71 68 68-100
Telefax +41 (0) 71 68 68-181
www.averydennison.com
Mitglied des IVK

Das Unternehmen

Gründungsjahr
1984

Größe der Belegschaft
100 Mitarbeiter

Besitzverhältnisse
GmbH

Das Produktprogramm

Klebstofftypen
Schmelzklebstoffe
lösemittelhaltige Klebstoffe
Dispersionsklebstoffe
Haftklebstoffe

Für Anwendungen im Bereich
Klebebänder, Etiketten

BASF SE
D-67056 Ludwigshafen
Telefon + 49 (0) 6 21 - 60 - 0
www.basf.com/adhesives
www.basf.com/pib

Mitglied des IVK, FINAT, Afera

Das Unternehmen

Gründungsjahr
1865

Mitarbeiter
111.047 (Stand 2021)

BASF bietet ein umfassendes und innovatives Sortiment an Klebrohstoffen und
Additiven an. Die Produkte der BASF ermöglichen die Herstellung leistungsstarker und
umweltfreundlicher Kleb- und Dichtstoffe für
unterschiedlichste Anwendungen. Fundierte
technische Unterstützung kombiniert mit
einer hohen Kompetenz in Toxikologie- und
Umweltfragen machen BASF zum bevor-
zugten Partner der Klebstoffindustrie.

Kontakt:
1-9: adhesives@basf.com
5:   info-pib@basf.com

Das Produktprogramm

1. Acrylat-Dispersionen (wasserbasiert)
2. Acrylat-Hotmelts (UV-härtend)
3. Polyurethandispersionen (PUD)
4. Styrol-Butadien-Dispersionen
5. Polyisobuten (PIB)
6. Polyvinylpyrrolidon (PVP)
7. Polyvinyl (PV)
8. Hilfsstoffe
   • Vernetzer
   • Entschäumer
   • Verdicker
   • Netzmittel
9. Additive
   • Antioxidantien
   • Lichtstabilisatoren
   • Andere

Anwendungsgebiete
Papier/Verpackungen
Buchbindung/Grafisches Design
Holz- und Möbelindustrie
Bauindustrie, inklusive Böden, Wände,
Decken
Maschinen- und Anlagenbau
Automobil- und Luftfahrtindustrie
Textilindustrie
Klebebänder und Etiketten
Hygiene
Haushalt, Freizeit und Büro
Klebdichtstoffe

BCD Chemie GmbH
Schellerdamm 16
D-21079 Hamburg
Telefon +49 (0) 40 77173 0
Telefax +49 (0) 40 77173-2640
E-Mail: info@bcd-chemie.de
www.bcd-chemie.de

Mitglied des IVK

Das Unternehmen

Größe der Belegschaft
>100 Mitarbeiter

Standorte
12 Verkaufsbüros europaweit

Ansprechpartner
Geschäftsführung:
Mike Dudjan (Vorsitzender), Christian Korr

Anwendungstechnik und Vertrieb:
Simone Jöhnk, Leitung Produkt- und
Marketingmanagement Performance
Chemicals

Das Produktprogramm

Rohstoffe
Additive:
Dispergiermittel, Entschäumer, Flamm-
schutzadditive, Haftvermittler, Hydrophobie-
rungsadditive, Netzmittel, Rheologieadditive,
Verdicker, Weichmacher

Bindemittel:
Acrylatharze, Reinacrylatdispersionen,
Styrolacrylatdispersionen, Vinylacetat-
dispersionen, Polybutadien

Lösemittel:
Ester, Ketone, Alkohole, Glycolether, Amine,
Benzine, Aliphaten, Aromaten u. v. m.

Pigmente:
Titandioxid

Reiniger:
PU-Löser, Silikonentferner, Entfetter,
Speziallöser

Stärke, Stärkeether

Für Anwendungen im Bereich
Papier/Verpackung
Buchbinderei/Graphisches Gewerbe
Holz-/Möbelindustrie
Baugewerbe, inkl. Fußboden, Wand und
Decke
Elektronik
Fahrzeug, Luftfahrtindustrie
Textilindustrie
Klebebänder, Etiketten
Hygienebereich
Haushalt, Hobby und Büro

BEARDOW ADAMS ™
Unique Adhesives

Beardow Adams GmbH
Vilbeler Landstraße 20
D-60386 Frankfurt/M.
Telefon +49 (0) 69-4 01 04-0
Telefax +49 (0) 69-4 01 04-1 15
E-Mail: info@beardowadams.com
www.beardowadams.com

Mitglied des IVK

Das Unternehmen

Gründungsjahr
1875

Größe der Belegschaft
35 Mitarbeiter

Gesellschafter
Beardow & Adams (Adhesives) Ltd.,
UK, (100 %)

Besitzverhältnisse
Tochtergesellschaft von Beardow & Adams
(Adhesives) Ltd, 32 Blundells Road,
Bradville, Milton Keynes, UK, MK13 7HF

**Tochtergesellschaft der Beardow
Adams GmbH**
Beardow Adams Hot Melt Werk GmbH
Kilianstädter Straße 8
D-60386 Frankfurt/M.

Vertriebswege
direkt und Vertretungen

Ansprechpartner
Geschäftsführung:
Janet Pohl, Adrian Day

Verkaufsleitung:
Janet Pohl

Das Produktprogramm

Klebstofftypen
Schmelzklebstoffe
Dispersionsklebstoffe
Kasein-, Dextrin- und Stärkeklebstoffe
Haftklebstoffe

Für Anwendungen im Bereich
Papier/Verpackung/Etikettierung
Buchbinderei/Graphisches Gewerbe
Holz-/Möbelindustrie
Baugewerbe, inkl. Fußboden, Wand und
Decke
Elektronik
Maschinen- und Apparatebau
Fahrzeugindustrie
Non-Woven-Industrie
Filterindustrie
Klebebänder, Etiketten
Hygienebereich

Berger-Seidle GmbH
Parkettlacke · Klebstoffe · Bauchemie

Maybachstraße 2
D-67269 Grünstadt
Telefon +49 (0) 63 59-80 05-0
Telefax +49 (0) 63 59-80 05-170
E-Mail: info@berger-seidle.de
www.berger-seidle.de

Mitglied des IVK

Das Unternehmen

Gründungsjahr
1926

Größe der Belegschaft
100 Mitarbeiter

Besitzverhältnisse
100 %ige Tochtergesellschaft der
Phil. Berger GmbH

Vertriebswege
Großhändler, Verkaufspartner, Handels-
vertreter, Vertreter im Ausland

Ansprechpartner
Geschäftsführung:
Thomas M. Adam, Markus M. Adam

Vertrieb:
Andreas Bel

Das Produktprogramm

Klebstofftypen
SMP-Klebstoffe
Leime
PU Klebstoffe
EP Klebstoffe
lösemittelhaltige Klebstoffe
Dispersionsklebstoffe

Für Anwendungen im Bereich
Holz-/Möbelindustrie
Baugewerbe, inkl. Fußboden, Wand u. Decke
Etiketten

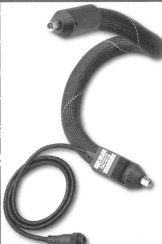

Biesterfeld Spezialchemie GmbH
Ferdinandstraße 41
D-20095 Hamburg
Telefon +49 (0) 40 320 08-4 89
Telefax +49 (0) 40 320 08-4 33
E-Mail: spezialchemie@biesterfeld.com
www.biesterfeld-spezialchemie.com

Das Unternehmen

Gründungsjahr
1998

Größe der Belegschaft
325 Mitarbeiter

Besitzverhältnisse
100%ige Tochter der Biesterfeld AG

Standorte
Europaweit in mehr als 20 Ländern

Geschäftsführung
Peter Wilkes

Ansprechpartner
Dr. Martin Liebenau
Business Manager

Das Produktprogramm

Klebstofftypen
Schmelzklebstoffe
Reaktionsklebstoffe
Lösemittelhaltige Klebstoffe
Dispersionsklebstoffe
Pflanzliche Klebstoffe
Dextrin- und Stärkeklebstoffe
Haftklebstoffe
UV-Klebstoffe

Rohstoffe
Additive:
Netzmittel, Entschäumer, Dispergiermittel,
Emulgatoren, PU-Katalysatoren, Schaum-
stabilisatoren, Haftvermittler, Trocknungs-
mittel, Acrylatverdicker, Rizinusöl-, Amid-
und PU-Verdicker, Xanthan Gum, CMC,
Antioxidantien, UV-Stabilisatoren, UV-Initia-
toren, Flammschutzmittel, Weichmacher,
Epoxidharzhärter, STP-Katalysatoren,
Crosslinker, Reaktivverdünner, Nanosilica,
Reaktivsiloxane

Polymere:
Acrylatharze, Polyesterpolyole, Polyetherpo-
lyole, Prepolymere, Biopolyole, UV-aushär-
tende Oligomere, Silanmodifizierte Polymere
Gelb- und Weißdextrin, Stärkeester,
Stärkeether

Für Anwendungen im Bereich
Papier/Verpackung
Buchbinderei/Grafisches Gewerbe
Holz-/Möbelindustrie
Baugewerbe, inkl. Fußboden, Wand und Decke
Maschinen- und Apparatebau
Textilindustrie
Klebebänder, Etiketten
Automobil, Elektronik, Luft- und Raumfahrt

Bilgram Chemie GmbH

Torfweg 4
D-88356 Ostrach
Telefon +49 (0) 7585-9312-0
Telefax +49 (0) 7585-9312-94
E-Mail: info@bilgram.de
www.bilgram.de

Mitglied des IVK

Das Unternehmen

Gründungsjahr
1971

Größe der Belegschaft
250

Besitzverhältnisse
Inhabergeführt

Vertriebswege
Direktvertrieb, Großhandel, Handelspartner

Anwendungstechnik
roland.opferkuch@bilgram.de

Vertrieb:
sebastian.ahner@bilgram.de

Weitere Informationen
www.bilgram.de

Das Produktprogramm

Klebstofftypen
PVAC – Dispersionen
Latexemulsionen (Kautschuk)
Harnstoff/Formaldehydleim
(flüssig/Pulver)
Spezialhärter (flüssig/Pulver) für Harnstoff/
Formaldehydleime
Polyvinylpyrrolidone

Rohstoffe
Formaldehydabsorber
Beschleuniger für U/F - Systeme
Verzögerer für U/F - Systeme
Vernetzter
Reinigungsmittel

Für Anwendungen im Bereich
Fugenfurnierklebstoffe
Kaschierung/Laminierung
Sperrholz bzw. Biegegeholz/Formteile
Türen (Brandschutz/Strahlenschutz)
Parkett/Laminat
Sportartikel (Tischtennis)
Medizintechnik/Kosmetik (Hautklebstoff)
Baustoffindustrie (Armierung)

Telefax +31 (0) 88 3 235 800
E-Mail: info@boltonadhesives.com
www.boltonadhesives.com
www.bison.net, www.griffon.eu

Bison International B.V.
Dr. A.F. Philipsstraat 9
NL-4462 EW Goes
Telefon +31 (0) 88 3 235 700

Hauptsitz: Bolton Adhesives
Adriaan Volker Huis – 14th floor
Oostmaaslaan 67, NL-3063 AN Rotterdam

Mitglied des VLK

Das Unternehmen

Gründungsjahr
1938

Größe der Belegschaft
Bolton Adhesives: >700 Mitarbeiter

Gesellschafter
Bolton Adhesives B.V./Bolton Group

Tochterfirmen
Bison International, Zaventem (B)
Griffon France, Compiègne (F)
Productos Imedio S.A., Madrid (E)

Vertriebswege
Technischer Handel
Eisenwarenhandel
Baumärkte
Lebensmittelhandel
Papier-, Büro-, Schreibwarenhandel
Drogeriemärkte
Kauf- und Warenhäuser

Ansprechpartner
Geschäftsführung:
Remko Tetenburg, Danny Witjes

Anwendungstechnik:
Wiebe van der Kerk, Mariska Grob,
Charlotte Janse

Vertrieb:
Professional Business: Egbert Willemsen
DIY: Frank Heus

Das Produktprogramm

Klebstofftypen
2K-Epoxidharzklebstoffe
Cyanacrylatklebstoffe
Lösungsmittelhaltige Klebstoffe
Dispersionsklebstoffe
Konstruktions-/Montageklebstoffe
MS/SMP Klebstoffe

Dichtstofftypen
Acrylatdichtstoffe
Butyldichtstoffe
PUR-Dichtstoffe
Silikondichtstoffe
MS/SMP-Dichtstoffe

Für Anwendungen im Bereich
Holzverarbeitung
Metallverarbeitung
Elektrotechnik
Automobil
Papier/Verpackung
Sanitär- und Installationstechnik
u.v.a.

BODO MÖLLER CHEMIE
Engineer chemistry

Bodo Möller Chemie GmbH
Senefelderstraße 176
63069 Offenbach am Main
Deutschland
Telefon +49 (0) 69-83 83 26-0
Telefax +49 (0) 69-83 83 26-199
E-Mail: info@bm-chemie.de
www.bm-chemie.com

Das Unternehmen

Gründungsjahr
1974

Größe der Belegschaft
über 250

Geschäftsführer
Korinna Möller-Boxberger, Frank Haug,
Jürgen Rietschle

Besitzverhältnisse
In Familienbesitz

Tochterfirmen
Deutschland, Österreich, Slowenien, Schweiz,
Frankreich, Benelux, Italien, Spanien, Groß-
britannien, Irland, Dänemark, Schweden,
Norwegen, Finnland, Estland, Polen, Litauen,
Lettland, Slowakei, Tschechische Republik,
Ungarn, Rumänien, Kroatien, Russland, Indien,
China, Südafrika, Subsahara-Region, Kenia,
Nigeria, Ägypten, Marokko, Vereinigte Arabische
Emirate, Israel, USA und Mexiko

Vertriebswege
Eigene Vertriebs- und Logistikstrukturen in Europa,
Afrika, Asien und Amerika.

Weitere Informationen
Führender Partner globaler Chemieunternehmen,
wie Huntsman, Dow, DuPont, BASF und Henkel,
mit fast 50 Jahren Erfahrung in der Anwendungstechnik. Globaler Distributor für leistungsstarke
Epoxidharze, polyurethan- und silikonbasierte Klebstoffe, Duroplaste, Pigmente, Additive, Textilhilfs-
mittel, Farbstoffe, Elektrogießharze, Werkzeug- und
Laminierharze sowie Verbundwerkstoffe. Eigene
Produktionsanlagen und Laboratorien für kundenspezifische Formulierungen und Anwendungstests
runden das Leistungsspektrum ab. Bodo Möller
Chemie ist für die Luftfahrt und Bahn zertifiziert.

Das Produktprogramm

Klebstofftypen
Epoxidharzklebstoffe, Polyurethanklebstoffe,
Methacrylatklebstoffe, Silikonklebstoffe,
Schmelzklebstoffe, Reaktionsklebstoffe
lösemittelhaltige Klebstoffe, Dispersionsklebstoffe, Haftklebstoffe, MS Polymere, Polykondensationsklebstoffe, UV-härtende Klebstoffe, Sprüh-
klebstoffe, Anaerobe Klebstoffe, Cyanoacrylate

Dichtstoffe
Butyl Dichtstoffe, Polysulfid Dichtstoffe,
Polyurethan Dichtstoffe, Silikondichtstoffe,
MS/SMP Dichtstoffe, Acryl Dichtstoffe

Rohstoffe
Additive: Stabilisatoren, Antioxidantien, Rheo-
logiemodifikatoren, Tackifier, Weichmacher,
Verdicker, Dispergiermittel, Flammschutzmittel,
Pigmente, Lichtschutzmittel: HALS und
UV-Stabilisatoren, Vernetzer
Füllstoffe: Bariumsulfat, Dolomit, Kaolin, Calcium-
karbonat, Zink, Talk, Aluminiumoxid
Harze: Acrylat Dispersionen, Polyurethan
Dispersionen, Epoxidharze, Kolophoniumharze,
Reaktivverdünner, Cobaltfreie Trocknungsmittel
Polymere: Formulierte Polymere LP, PU, PA

Für Anwendungen im Bereich
Papier/Verpackung, Buchbinderei/Graphisches
Gewerbe, Holz-/Möbelindustrie, Baugewerbe,
inkl. Fußboden, Wand und Decke, Elektronik,
Maschinen- und Apparatebau, Fahrzeug, Luftfahrt-
industrie, Textilindustrie, Sport, und Freizeit,
Marine, Klebebänder, Etiketten, Hygienebereich,
Haushalt, Hobby und Büro, Klebstoffanwen-
dungen für Leichtbau, Composite Verklebung

Bona GmbH Deutschland
Jahnstraße 12
D-65549 Limburg/Lahn
Telefon +49 (0) 64 31-4 00 80
Telefax +49 (0) 64 31-40 08 25
E-Mail: bona@bona.com
www.bona.com

Mitglied des IVK

Das Unternehmen

Gründungsjahr
1953

Größe der Belegschaft
106 Mitarbeiter

Gesellschafter
Bona AB, Malmö

Stammkapital
1 Mio. €

Verkauf
Bona Vertriebsgesellschaft mbH
Jahnstraße 12, 65549 Limburg

Vertrieb und Marketing
Christian Löher

Geschäftsführung
Magnus Anderssen
Dr. Thomas Brokamp
Christian Löher

Vertriebswege
Handwerk, Großhandel

Ansprechpartner
Anwendungstechnik: Marcel Schmidt
Labor: Dr. Antti Senf

Weitere Informationen
Die „Bona GmbH" ist in 3 Firmen
aufgesplittet worden.
Produktion Klebstoffe: Bona GmbH
Deutschland
Verkauf: Bona Vertriebsgesellschaft mbH
Logistik: Bona AB

Das Produktprogramm

**Klebstofftypen für Parkett-,
Holzböden**
Silanklebstoffe
2K-PU-KLebstoffe
Dispersionsklebstoffe
Spachtelmassen
Grundierungen

**Versiegelungslacke, Öle und
Pflegemittel für Parkett-, Holz- und
Korkböden**
wasserbasierte Versiegelungslacke
Öle
Pflegemittel

Parkettbearbeitung
Parkettschleifmaschinen
Zubehör
Werkzeuge
Schleifmittel

Für Anwendungen im Bereich
Parkett-, Holz- und Korkböden

Bostik GmbH
An der Bundesstraße 16
D-33829 Borgholzhausen
Telefon +49 (0) 54 25-8 01-0
Telefax +49 (0) 54 25-8 01-1 40
E-Mail: info.germany@bostik.com
www.bostik.de
www.facebook.com/bostikgermany

Mitglied des IVK

Das Unternehmen

Gründungsjahr
1889 – im Oktober 2000 fusionierte die
Ato Findley Deutschland GmbH mit der
Bostik GmbH

Größe der Belegschaft
Weltweit 6.000 Mitarbeiter

Gesellschafter
Arkema

Tochterfirmen in:
Global, in 55 Ländern

Umsatz 2021
2,3 Millarden Euro

Geschäftsführung
Olaf Memmen

Ansprechpartner
Anwendungstechnik: Wilhelm Volkmann
R & D: Frank Mende
Marketing: Markus Hildner
Business Manager: Richard Riepe

Vertriebswege
Industrie: direkter Vertriebsweg
Baubereich: Handel, industriefähige
Objekteure

Das Produktprogramm

Klebstofftypen:
Schmelzklebstoffe, Reaktionsklebstoffe,
Dispersionsklebstoffe, Haftklebstoffe,
Polyurethanklebstoffe, Klebemörtel,
SMP-Klebstoffe

Für Anwendungen im Bereich:
Baugewerbe
Abdichten, Kleben, Verfugen von keramischen und Natursteinbelägen; Verfugung
von keramischen Belägen im chemikalien-
und säurebelasteten Bereich; Sanieren,
Grundieren und Spachteln im Wand- und
Bodenbereich; Verlegen von Wand-/Boden-
belägen und Parkett; Kleb- und Dichtstoffe
für Dach und Fassade; Bautenschutz

Papier/Verpackung
Packmittel – Herstellung
Packmittel – Verschluss
Folienkaschierung
Coldseal – Beschichtung
Reseal – Beschichtung

Holz/Möbelindustrie
Kantenverklebung
Profilummantelung
Kantenbeschichtung
Herstellung von Doppelböden
Holzleimbau
Fenster und Türen
Bauelemente

Textilindustrie
Textil – Kaschierung, Klebebänder,
Etiketten, Hygienebereich

Botament
Systembaustoffe
GmbH & Co. KG

Tullnerstraße 23
A-3442 Langenrohr
Telefon +43 (0) 22 72-6 74 81
Telefax +43 (0) 22 72-6 74 81-35
E-Mail: info@botament.at
www.botament.at

Mitglied des IVK

Das Unternehmen

Gründungsjahr
1993

Größe der Belegschaft
15 Mitarbeiter

Vertriebswege
an den Großhandel

Geschäftsführung
Anja Spirres

Verkaufsleiter
Prok. Ing. Peter Kiermayr

Anwendungstechnik und Vertrieb
Robert Bognermayr

Das Produktprogramm

Klebstofftypen
Reaktionsklebstoffe
Dispersionsklebstoffe
Fliesenkleber, Natursteinkleber

Dichtstofftypen
Silicondichtstoffe

Für Anwendungen im Bereich
Baugewerbe, inkl. Fußboden,
Wand und Decke

Brenntag GmbH
Messeallee 11
D-45131 Essen
Telefon +49 (0) 201 6496-0
Telefax +49 (0) 201 6496-1010
E-Mail: alain.kavafyan@brenntag.de
www.brenntag.de

Mitglied des IVK

Das Unternehmen

Gründungsjahr
1874

Größe der Belegschaft
1.700

Geschäftsführung
Dr. Colin von Ettingshausen
Thomas Langer
Marc Porwol

Ansprechpartner
Business Manager Coatings & Construction
Alain Kavafyan

Anwendungstechnik und Vertrieb:
Deutschland:
Markus Wolff und Michael Hesselmann

Schweiz: Roland Oberhänsli

Österreich: Hannes Paller

Innovation Center Coatings,
Construction & Adhesives:
Julius Mühlenkamp

Das Produktprogramm

Rohstoffe
Additive:
Antioxidantien, Beschleuniger, Biozide,
Dispergiermittel, Entschäumer, Gleit- und
Verlaufsmittel, Haftvermittler, Kataly-
satoren, Mattierungsmittel, Molekularsiebe,
Polyetheramine, Rheologiehilfsmittel, Silane,
Steinwollfasern, Tenside, Verdicker, Weich-
macher, UV-Stabilisatoren

Bindemittel:
Acrylate (Dispersionen, Harze, Monomere,
Styrolacrylate)
Epoxid-Systeme (Harze, Härter, Modifizierer,
Reaktivverdünner)
Kohlenwasserstoffharze
PU-Systeme (Polyetherpolyole, aromatische
und aliphatische Isocyanate, Prepolymere,
PUR-Dispersionen)
Silkone (Emulsionen, Harze, Öle)
Phenolharze

Pigmente:
Eisenoxidpigmente
Organische Pigmente

Für Anwendungen im Bereich
Papier/Verpackung
Buchbinderei/Graphisches Gewerbe
Holz-/Möbelindustrie
Baugewerbe, inkl. Fußboden, Wand und
Decke
Elektronik
Fahrzeug, Luftfahrtindustrie
Textilindustrie
Klebebänder, Etiketten

)(BÜHNEN

BÜHNEN GmbH & Co. KG
Hinterm Sielhof 25
D-28277 Bremen
Telefon +49 (0)4 21-51 20-0
Telefax +49 (0)4 21-51 20-2 60
E-Mail: info@buehnen.de
www.buehnen.de

Mitglied des IVK

Das Unternehmen

Gründungsjahr
1922

Größe der Belegschaft
100 Mitarbeiter

Besitzverhältnisse
Privatbesitz

Tochterfirmen
BÜHNEN, Polska Sp. z o.o.
BÜHNEN, B.V., NL
BÜHNEN, Klebesysteme GmbH, AT
BÜHNEN, HU

Ansprechpartner
Geschäftsführung:
Bert Gausepohl, Jan-Hendrik Hunke

Vertriebsleitung D/A/CH:
Jan-Hendrik Hunke

Marketing:
Heike Lau

Vertriebswege
Außendienst-Fachberater, Distributoren

Das Produktprogramm

Klebstofftypen
Schmelzklebstoffe
Reaktionsklebstoffe

Anlagen/Verfahren/Zubehör/ Dienstleistungen
Auftragssysteme

Für Anwendungen im Bereich
Papier/Verpackung/Display
Buchbinderei/Graphisches Gewerbe
Holz-/Möbelindustrie
Baugewerbe, inkl. Fußboden,
Wand und Decke
Verguss von Bauteilen
Elektronik
Fahrzeug, Luftfahrtindustrie
Textilindustrie und Schaumverklebungen
Haushalt, Hobby und Büro
Schuhindustrie
Filterindustrie
Floristik

BYK
Abelstraße 45
D-46483 Wesel, Deutschland
Telefon +49 (0) 281-670-0
Telefax +49 (0) 281-6 57 35
E-Mail: info@byk.com
www.byk.com

Das Unternehmen

Gründungsjahr
1962

Größe der Belegschaft
rund 2.400 Mitarbeiter weltweit

Geschäftsführung
Dr. Tammo Boinowitz (Vorsitzender)
Alison Avery
Gerd Judith
Matthias Kramer

Besitzverhältnisse
BYK ist ein Mitglied der ALTANA AG, Deutschland

Niederlassungen
Brasilien, China, Deutschland, Großbritannien, Indien,
Japan, Korea, Mexiko, Niederlande, Singapur, Taiwan,
Thailand, USA, V.A.E., Vietnam
• Warenlager und Vertretungen in über 100 Ländern
• Technische Service-Labors in Brasilien, China,
  in Deutschland, Dubai, Großbritannien, Indien,
  Japan, Korea, Niederlande, Singapur und USA
• Produktionsstätten in Deutschland, China, Groß-
  britannien, Niederlande und USA

Vertriebswege
Weltweit – direkt (BYK) und indirekt (Vertretungen)

Nah am Kunden
BYK legt Wert auf die Nähe zum Kunden und den
kontinuierlichen Dialog. Nicht zuletzt deswegen ist das
Unternehmen in über 100 Ländern und Regionen der
Erde vertreten. In über 20 technischen Service-Labors
bietet BYK Kunden und Anwendungstechnikern Unterstützung bei konkreten Fragen.

Ansprechpartner
Herr Tobias Austermann
E-Mail: Tobias.Austermann@altana.com
Telefon: +49 281-670-2 81 28

Das Produktprogramm

Rohstoffe
Additive: Netz- und Dispergieradditive, Rheologie-
additive (PU Verdicker, organophile Schicht-
silikate, Schichtsilikate), Entschäumer und
Entlüfter, Additive zur Verbesserung der
Untergrundbenetzung und Verlauf, UV-Absorber,
Wachsadditive, Anti-blocking-Additive, Antistatik-
Additive, Wasserfänger, Haftvermittler

Für Anwendungen im Bereich
Papier- und Verpackungsbereich
Buchbinderei/Grafisches Gewerbe
Holz- und Möbelindustrie
Baugewerbe, inkl. Fußboden, Wand u. Decke
Elektronik
Dichtmassen
Fahrzeug-, Luftfahrtindustrie
Textilindustrie
Klebebänder, Etiketten
Hygienebereich
Haushalt, Hobby und Büro

Generelle Informationen über BYK
BYK ist ein weltweit führender Anbieter von Spezialchemie. Die innovativen Additive und differen-
zierten Lösungen des Unternehmens optimieren
Produkt- und Materialeigenschaften sowie Produk-
tions- und Applikationsprozesse. Zu den Kunden gehören Hersteller von Lacken und Druckfarben, von
Kunststoffen, Klebstoffen und Dichtungsmassen
sowie von Reinigungsmitteln, Fußbodenbeschich-
tungen und Schmierstoffen. Auch die Bauchemie,
die Öl- und Gas- sowie die Gießerei-Industrie setzen
BYK Additive erfolgreich ein.

Celanese Sales Germany GmbH

Industriepark Hoechst, C 657
D-65926 Frankfurt am Main
Telefon +49 (0) 69 -45009-2287
Telefax +49 (0) 69 -45009-52287
E-Mail: info.acetyls.emea@celanese.com
www.celanese.com

Mitglied des IVK

Das Unternehmen

Gründungsjahr
1863

Größe der Belegschaft
8.500 Mitarbeiter (Celanese weltweit)

Geschäftsführung
Andreas Oberkirch
Thomas Liebig

Ansprechpartner
Anwendungstechnik und Vertrieb:
Dr. Bernhard Momper
Dorothee Harre

Klebstofftypen
Dispersionsklebstoffe

Das Produktprogramm

Rohstoffe
Polymere:
VAE, PVAC

Für Anwendungen im Bereich
Papier/Verpackung
Buchbinderei/Graphisches Gewerbe
Holz- und Möbelindustrie
Baugewerbe, inkl. Fußboden, Wand u. Decke
Fahrzeug, Luftfahrtindustrie
Textilindustrie

certoplast
Technische
Klebebänder GmbH

Müngstener Straße 10
D-42285 Wuppertal
Telefon +49 (0) 2 02-2 55 48-0
Telefax +49 (0) 2 02-2 55 48-48
E-Mail: verkauf@certoplast.com

Mitglied des IVK

Das Unternehmen

Gründungsjahr
1991

Größe der Belegschaft
ca. 90 Mitarbeiter

Gesellschafter
Dipl.-Kfm. Peter Rambusch
Dr. René Rambusch

Geschäftsführung
Dr. René Rambusch
Dr. Andreas Hohmann

Ansprechpartner
Vertriebsleitung:
Dr. Andreas Hohmann

Leiter Forschung und Entwicklung:
Dr. Timo Leermann

Zertifiziert nach:
DIN EN ISO 9001
IATF 16949 2016

Das Produktprogramm

Klebebänder

Für Anwendungen im Bereich
Automobilindustrie
Papier/Verpackung
Baugewerbe inkl. Fußboden, Wand und Decke
Elektroindustrie
Maschinen- und Apparatebau
Haushalt, Hobby, Büro
Handwerk
Sonstige

CHEMETALL GmbH

Trakehner Straße 3
D-60487 Frankfurt
Telefon +49 (0) 69-71 65-0
Telefax +49 (0) 69-71 65-29 36

Mitglied des IVK

Das Unternehmen

Gründungsjahr
1982

Größe der Belegschaft
2.500 Mitarbeiter weltweit

Besitzverhältnisse
GmbH

Tochterfirmen
> 40 im In- und Ausland

**Vertriebsleitung
Aerospace Technologies**
Thomas Willems
Telefon +49 (0) 69 71 - 65 21 85
E-Mail: thomas.willems@basf.com

Anwendungstechnik und Vertrieb
Ralph Hecktor
Telefon +49 (0) 69 71 65 24 46
E-Mail: ralph-josef.hecktor@basf.com

Vertriebswege
Direktvertrieb mit technischer Beratung

Zertifiziert nach:
DIN EN ISO 9001, DIN EN 9100
ISO 14001, u. w.

Das Produktprogramm

Klebstofftypen
Reaktionsklebstoffe:
1 K-Klebstoffe auf Epoxidbasis,
2 K-PUR Klebstoffe und Gießharze,
2 K Polysulfid Kleb-, Dicht- und
Beschichtungsstoffe

Für Anwendungen im Bereich
Elektronik
Maschinen-, Fahrzeug- und Apparatebau,
Luftfahrtindustrie

SMART CHEMISTRY
WITH CHARACTER.

CHT Germany GmbH
Bismarckstraße 102
D-72072 Tübingen
Deutschland
Telefon +49 (0) 70 71-154-0
Telefax +49 (0) 70 71-154-290
E-Mail: info@cht.com
www.cht.com

Mitglied des IVK

Das Unternehmen

Gründungsjahr
1953

Größe der Belegschaft
2.200 Mitarbeiter weltweit

Vertriebswege
Mehr als 20 CHT
Gesellschaften und
Vertriebsvertretungen weltweit

Geschäftsführung
Dr. Frank Naumann (CEO)
Dr. Bernhard Hettich (COO)
Axel Breitling (CFO)

Ansprechpartner
Technische Beratung:
Dennis Seitzer (Textil, F&E Polymere)

Weitere Informationen
www.cht.com

Das Produktprogramm

Klebstofftypen
Reaktivklebstoffe
Lösemittelhaltige Klebstoffe
Dispersionsklebstoffe
High Solids Klebstoffe
Haftklebstoffe
Acrylatklebstoffe
PUR-Klebstoffe
Silikonklebstoffe

Dichtstoffe
Silikondichtstoffe

Rohstoffe
RTV-1/RTV-2 Silikone
LSR-Silikone
Acrylat-Dispersionen
PU-Dispersionen

Additive:
Haftvermittler und Primer
Rheologieadditive und Verdicker
Trennmittel
Vernetzer, Kettenverlängerer

Polymere:
Silanmodifizierte Polymere
Vinylmodifizierte Polydimethylsiloxane
Methoxymodifizierte Polydimethylsiloxane

Für Anwendungen im Bereich
Bauindustrie
Elektronik
Maschinen- und Apparatebau
Fahrzeug- und Luftfahrtindustrie
Textilindustrie/Technische Textilien
Papier und Verpackung
Klebebänder und Etiketten
Flock
Formenbau

CnP Polymer GmbH

Schultessdamm 58
D-22391 Hamburg
Telefon +49 (0) 40-53 69 55 01
Telefax +49 (0) 40-53 69 55 03
E-Mail: info@cnppolymer.de
www.cnppolymer.de

Mitglied des IVK

Das Unternehmen

Gründungsjahr
1999

Besitzverhältnisse
privat

Vertriebswege
Außendienst, europaweit

Ansprechpartner
Christoph Niemeyer

Das Produktprogramm

Rohstoffe
KW Harze
SIS, SBS, SEBS,
PiB
EVA
FT Wachse

Für Anwendungen im Bereich
Papier/Verpackung
Buchbinderei/Graphisches Gewerbe
Holz- und Möbelindustrie
Baugewerbe, inkl. Fußboden, Wand u. Decke
Fahrzeug-, Luftfahrtindustrie
Textilindustrie
Klebebänder, Etiketten
Hygienebereich
Haushalt, Hobby und Büro

Coim Deutschland GmbH
Novacote Flexpack Division
Schnackenburgallee 62
D-22525 Hamburg
Telefon +49 (0) 40-85 31 03-0
Telefax +49 (0) 40-85 31 03 09
E-Mail: info@coimgroup.com
www.coimgroup.com

Mitglied des IVK

Das Unternehmen

Das Unternehmen
Coim Deutschland GmbH

Niederlassungen
Coim zeichnet sich durch ein globales Netzwerk von Produktionsstätten, Verkaufsbüros
sowie Agenturen aus.

Vertriebswege
Die Novacote Flexpack Division gehört
zur Coim Gruppe und beschäftigt sich mit
der Entwicklung und dem Vertrieb von
Kaschierklebstoffen, Beschichtungslacken,
Folienglanzkaschierungen sowie Thermoplastischen Polyurethanen für die Druckfarben Industrie.

Ansprechpartner
Geschäftsführung:
Frank Rheinisch

Anwendungstechnik:
Oswald Watterott

Vertrieb:
Joerg Kiewitt

Weitere Informationen
Während der letzten Jahre zeichnete sich
die Novacote Flexpack Division durch ein
starkes Wachstum im Markt wie auch
organisatorisch aus. Hinsichtlich der
globalen Organisation ist das Novacote
Technology Center für die Entwicklung und
Anwendungstechnik der Kaschierklebstoffe
für flexible Verpackungen zuständig. Das
Novacote Technology Center hat seinen Sitz
in Hamburg/Deutschland.

Das Produktprogramm

Klebstofftypen
Reaktionsklebstoffe
Lösemittelhaltige Klebstoffe
Lösemittelfreie Klebstoffe
Wasserbasierende Klebstoffe

Anwendungen im Bereich
Papier/Verpackung
Buchbinden/Graphic Design
Etiketten
Hygiene
Technische-/Industrielle Verbunde

Collall B. V.

Electronicaweg 6
NL-9503 EX Stadskanaal
Telefon +31 (0) 599-65 21 90
Telefax +31 (0) 599-65 21 91

Mitglied des VLK

Das Unternehmen

Gründungsjahr
1949

Größe der Belegschaft
25

Besitzverhältnisse
Familienunternehmen

Ansprechpartner
Management:
Patrick van Rhijn

Das Produktprogramm

Klebstofftypen
lösemittelhaltige Klebstoffe
Dispersionsklebstoffe
pflanzliche Klebstoffe, Dextrin- und
Stärkeklebstoffe

Anwendungen im Bereich
Haushalt, Hobby und Büro
Buchbinderei/Graphisches Gewerbe
Holz-/Möbelindustrie

des Weiteren
Lieferant von verschiedenen kreativen
Materialien für Schule und Hobby

Collano AG
Neulandstrasse 3
CH-6203 Sempach Station
Telefon +41 41 469 92 75
E-Mail: info@collano.com
www.collano.com

Mitglied des FKS

Das Unternehmen

Gründungsjahr
1947

Besitzverhältnisse
Collano AG gehört zur
LAS Holding AG

Vertriebswege
Direkter Vertrieb und Handel

Ansprechpartner
Gianni Horber
Telefon +41 79 824 95 62

Das Produktprogramm

Klebstofftypen
Reaktive Klebesysteme
Dispersionsklebstoffe
Hotmelt

Für Anwendungen im Bereich
Holzbau
Fertigung
Montage
Innenausbau
Bauelemente Composites
Sandwichelemente
Baugewerbe (Baumaterialien)
Rohrsanierungen
Tiefbau
Transport

Coroplast Fritz Müller GmbH & Co. KG
Wittener Straße 271
D-42279 Wuppertal
Telefon +49 (0) 2 02-26 81-0
Telefax +49 (0) 2 02-26 81-3 80
www.coroplast-tape.com

Mitglied des IVK

Das Unternehmen

Gründungsjahr
1928

Größe der Belegschaft
(Coroplast-Gruppe) 8.300 Mitarbeiter

Ansprechpartner
Marcus Söhngen

Vertriebswege
Großhandel und Industrie

Das Produktprogramm

Klebstofftypen
individuelle Klebelösungen

Für Anwendungen im Bereich
Papier/Verpackung
Holz- und Möbelindustrie
Baugewerbe, inkl. Fußboden
Trockenbau und Dachausbau
Elektronik
Maschinen- und Apparatebau
Fahrzeug-, Luftfahrt-, Solarindustrie
Haushalt, Hobby und Büro

CSC JÄKLECHEMIE GmbH & Co. KG | CG COATING

Matthiasstrasse 10-12
D-90431 Nürnberg
Telefon +49 (0) 911 32 646-0
Telefax +49 (0) 911 32 646-111
E-Mail: info@csc-jaekle.de
www.csc-jaekle.de

Rubbertstraße 44
D-21109 Hamburg
Telefon +49 (0) 229 457-0
Telefax +49 (0) 229 457-99

Das Unternehmen

Gründungsjahr
1886

Größe der Belegschaft
138 Mitarbeiter

Gesellschafter
CG Chemikalien GmbH & Co. Holding KG,
Familie Späth

Stammkapital
7,5 Mio. Euro

Besitzverhältnisse
2/3 – 1/3

Tochterfirmen
CSC JÄKLECHEMIE Austria GmbH,
CSC JÄKLEKÉMIA Hungaria Kft.,
CSC JÄKLECHEMIE Czech s.r.o.

Vertriebswege
Direktvertrieb, Großhandel

Ansprechpartner
Geschäftsführung:
Robert Späth, Dr. Michael Spehr,
Dr. Heiko Warnecke

Anwendungstechnik und Vertrieb:
Uwe Goldmann, Harald Gebbeken,
Dr. Anett Mangold

Weitere Informationen
Anwendungsfelder: Kunststoffbeschichtungen, Industrielackierungen,Textilbeschichtungen, Bodenbeschichtungen, Automobillackierungen, Baubeschichtungen, Klebstoffe, Metallbeschichtungen, Dichtmassen,

Das Produktprogramm

Klebstofftypen
Schmelzklebstoffe; Reaktionsklebstoffe; Lösemittelhaltige Klebstoffe; Dispersionsklebstoffe; Haftklebstoffe

Rohstoffe
Additive; Füllstoffe; Harze; Lösemittel; Polymere

Anlagen/Verfahren/Zubehör/ Dienstleistungen
Oberflächen reinigen und vorbehandeln
Dienstleistungen

Für Anwendungen im Bereich
Papier/Verpackung
Buchbinderei/Graphisches Gewerbe
Holz-/Möbelindustrie
Baugewerbe, inkl. Fußboden, Wand und Decke
Elektronik
Maschinen- und Apparatebau
Fahrzeug, Luftfahrtindustrie
Textilindustrie
Klebebänder, Etiketten
Hygienebereich

Korrosionsschutz, Möbellacke, Holzbeschichtungen

Hauptprodukte: Bindemittel/Polyole/Polyamine/STP/Härter/Pigmente/Pasten/Slurries/Feuchtigkeitsfänger/Weichmacher/Additive/Modifizierer/Abtönpasten

Covestro Deutschland AG

D-51365 Leverkusen
Telefon +49 (0) 214 6009 7184
E-Mail: adhesives@covestro.com
www.adhesives.covestro.com

Mitglied des IVK

Das Unternehmen

Gründungsjahr
2015

Größe der Belegschaft
17.900 Mitarbeiter (Stand: 31. Dezember 2021)

Ansprechpartner
Covestro Deutschland AG
BE Coatings and Adhesives
Gebäude Q 24
D-51365 Leverkusen

Marketing Europa
Tel.: +49 (0) 214 6009 7184
E-Mail: adhesives@covestro.com

Das Produktprogramm

Rohstoffe/Polymere
Acryl-Dispersionen (Bayhydrol® A, Decovery®, NeoCryl®)
Halogeniertes Polyisopren (Pergut®)
Hydroxyl-Polyurethane (Desmocoll®, Desmomelt®)
Polyaziridine (NeoADD™)
Polychloropren-Dispersionen (Dispercoll® C)
Polyester (Uralac®)
Polyesterpolyole (Baycoll®)
Polyetherpolyole (Acclaim®, Desmophen®)
Polyisocyanate (Bayhydur®, Desmodur®)
Polyurethan-Dispersionen (Baybond® PU, Bayhydrol®, Dispercoll® U, NeoRez®)
Polyurethan-Prepolymere (Desmodur®, Desmoseal®)
Silanterminierte Polyurethane (Desmoseal® S)
Siliziumdioxid-Dispersionen (Dispercoll® S)

cph Deutschland Chemie GmbH

Chem. Prod. u. Handelsges. mbH
Heinz-Bäcker-Straße 33
D-45356 Essen
E-Mail: service@cph-group.com

Mitglied des IVK

Das Unternehmen

Gründungsjahr
1975

Das Produktprogramm

Klebstofftypen
Schmelzklebstoffe
Dispersionsklebstoffe
pflanzliche Klebstoffe, Dextrin- und Stärke-
klebstoffe
Haftklebstoffe

Für Anwendungen im Bereich
Papier/Verpackung
Holz- und Möbelindustrie
Klebebänder, Etiketten
Hygienebereich

Spezialität
Bio-based Produkte
umweltfreundliche Etiketten-Klebstoffe

CHEMIE | TECHNIK | ABFÜLLUNG | SEIT 1899

CTA GmbH
Voithstraße 1
D-71640 Ludwigsburg
Telefon +49 71 41-29 99 16-0
E-Mail: info@cta-gmbh.de
www.cta-gmbh.de

Mitglied des IVK

Das Unternehmen

Gründungsjahr
2005

Größe der Belegschaft
200 Mitarbeiter

Besitzverhältnisse
Tochtergesellschaft der Tubex Holding GmbH

Vertriebswege
Direkt

Ansprechpartner
Geschäftsführung:
Hans-Dieter Worch

Vertrieb:
Franco Menchetti

Weitere Informationen
Das Kerngeschäft der CTA beinhaltet eine
Vielzahl von Dienstleistungen in verschie-
denen Bereichen:
Die Produktherstellung umfasst die
Entwicklung oder Verbesserung von
Rezepturen sowie die Herstellung nach
Kundenvorgaben.
Die Abfüllung von nieder- bis hochviskosen
chemischen Produkten in unterschiedlichen
Primärverpackungen – in allen Tuben- und
Kartuschenvarianten, Flaschen, Dosen,
Siegelrandbeutel, Kanister und Tiegel.

Das Produktprogramm

Klebstofftypen
lösemittelhaltige Klebstoffe
Dispersionsklebstoffe
1K-Isocyanatbasierte Klebstoff
1K- und 2K-Epoxybasierte Klebestoffe
Haftklebstoffe

Für Anwendungen im Bereich
Papier/Verpackung
Holz- und Möbelindustrie
Baugewerbe, inkl. Fußboden, Wand
und Decke
Elektronik
Maschinen- und Apparatebau
Fahrzeug-, Luftfahrtindustrie
Textilindustrie
Haushalt, Hobby und Büro

Die Verpackung und Konfektionierung in
unterschiedliche Kartonagen, Blister, Displays
etc. für den „Point of Sales".

Die Entwicklung der geeigneten Verpackung
nach Produktanforderungen und in Abstimmung mit den Marketingzielen des Kunden.

**Die Beschaffungs- und Distributions-
Logistik** runden das Leistungspaket für die
unterschiedlichsten Wirtschafts- und
Industriebereiche ab.

Cyberbond Europe GmbH – A H.B. Fuller Company
Werner-von-Siemens-Straße 2, D-31515 Wunstorf
Telefon +49 (0) 50 31-95 66-0, Telefax +49 (0) 50 31-95 66-26
E-Mail: info@cyberbond.de, www.cyberbond.eu.com

Mitglied des IVK

Das Unternehmen

Gründungsjahr
1999

Größe der Belegschaft
24 Mitarbeiter

Gesellschafter
H. B. Fuller

Stammkapital
50.000 €

Tochterfirmen
Cyberbond France SARL, Frankreich
Cyberond CS s.r.o., Tschechische Republik

Vertriebswege
direkt in die Industrie und über exklusive
Landesvertretungen sowie ausgewähltes
Private Label Geschäft

Geschäftsführung
Holger Bleich
Gert Heckmann
Jamco Laot
Robert Martsching

Ansprechpartner
Anwendungstechnik:
Nora Grotstück
Vertrieb und Marketing:
Holger Bleich

Das Produktprogramm

Klebstofftypen
Cyanacrylatklebstoffe
Anaerobe Kleb- und Dichtstoffe
UV-und lichthärtende Systeme
2-K Methylmethacrylat Klebstoffe
Ergänzendes Beiprogramm
Aktivatoren, Primer, D-Bonder
Dosierhilfen

Geräte-, Anlagen und Komponenten
LINOP Baukastensystem für genaues
Applizieren von
1K-Reaktionsklebstoffen
LINOP UV LED Aushärte Equipment

Für Anwendungen im Bereich
Automobil-/Automobilzulieferindustrie
Elektronikindustrie
Luftfahrtindustrie
Elastomer-/Kunststoff-/
Metallverarbeitung
Maschinen- und Apparatebau
Medizin/Medizintechnik
Möbelindustrie
Schuhindustrie
Haushalt, Hobby und Büro

Weitere Informationen
Cyberbond –
The Power of Adhesive Information

Cyberbond ist zertifiziert nach:
IATF 16949
ISO 13485
ISO 9001
ISO 14001

DEKA
Kleben & Dichten
GmbH (Dekalin®)

Gartenstraße 4
D-63691 Ranstadt
Telefon +49 (0) 60 41-8 23 80
Hotline +49 (0) 8 00-3 35 25 46
Telefax +49 (0) 60 41-82 12 20
E-Mail: info@dekalin.de
www.dekalin.de

Mitglied des IVK

Das Unternehmen

Gründungsjahr
1999

Größe der Belegschaft
6 Mitarbeiter

Besitzverhältnisse
Konzernbesitz

Vertriebswege
Klima- & Lüftungsbau: direkt
eigener Außendienst
Baugewerbe + Raumausstatter
Sattler: Fachgroßhandel
Caravaning: Fachgroßhandel

Ansprechpartner
Geschäftsführer:
Michael Windecker

Deutschland-Vertretung der
DEKALIN B.V.
Bergeiyk, Niederlande

Das Produktprogramm

Klebstofftypen
Reaktionsklebstoffe
lösemittelhaltige Klebstoffe
Dispersionsklebstoffe
Haftklebstoffe
Dichtstoffe
Dichtungsbänder

Für Anwendungen im Bereich
Papier/Verpackung
Holz-/Möbelindustrie
Baugewerbe, inkl. Fußboden, Wand u. Decke
Lüftungsbau
Caravanbau
Maschinen- und Apparatebau
Fahrzeug
Textilindustrie

Weitere Informationen
Materialen zum Kleben und Dichten im
Fahrzeug-, Caravan-, Eisenbahn-, für
Fahrzeugaufbauten, Fassadensysteme, Bauelemente, Isoliertechnik, Sattlerei, Klima-/
Lüftungstechnik, Maschinen- und Apparatebau, zum Verkleben von PVC-Folien
sowie Dampfbremsen; Kleb- und Dichtstoffe
für die allgemeine Industrie, Dichtbänder,
elastische und plastische Dichtstoffe, An-
tidröhnmassen; Klebstoffe für die Flaschen-
kapselherstellung

DELO Industrie Klebstoffe

DELO-Allee 1
D-86949 Windach
Telefon +49 (0) 81 93-99 00-0
Telefax +49 (0) 81 93-99 00-144
E Mail: info@delo.de
www.DELO.de

Mitglied des IVK

Das Unternehmen

Gründungsjahr
1961

Größe der Belegschaft
900 Mitarbeiter

Gesellschafter
Dr.-Ing. Wolf-Dietrich Herold
Dipl.-Ing. Sabine Herold

Geschäftsführung
Dr.-Ing. Wolf-Dietrich Herold
Dipl.-Ing. Sabine Herold
Dipl.-Ing. Robert Saller

Vertriebswege

Über eigenen Außendienst in Deutschland
Tochtergesellschaften in den USA, China,
Japan, Malaysia und Singapur

Repräsentanzen in Taiwan und, Südkorea
und Malaysia

Eigene Vertriebsingenieure und Vertretungen in acht europäischen Ländern

Das Produktprogramm

Klebstofftypen
Licht-, dualhärtende und lichtaktivierbare
Epoxide/Acrylatklebstoffe
1K- und 2K-Epoxidharze
Anaerobe Klebstoffe
Cyanacrylate
Silikone
Elektrisch und thermisch leitfähige
Klebstoffe
Optische Polymere

Für Anwendungen im Bereich
Unterhaltungselektronik
Optik/Optoelektronik
Halbleiter/Mikroelektronik
Elektrotechnik
Smart Card/Smart Label
Automobilindustrie
Maschinenbau/Feinmechanik
Photovoltaik/flexible Elektronik
Kunststoffverarbeitung
Optik

Weitere Produkte
Auf Klebstoffe abgestimmte LED-Aus-
härtungslampen und Dosierequipment sowie
Reiniger und Vorbehandlungsverfahren,
Beratung und Entwicklung von Systemlösun-
gen gemeinsam mit den Kunden.

Distona AG

Hauptplatz 5
CH-8640 Rapperswil
Telefon +41 (0) 55 533 00 50
Telefax +41 (0) 55 533 00 51
E-Mail: info@distona.ch
www.www.distona.ch

Mitglied des FKS

Das Unternehmen

Gründungsjahr
2014

Größe der Belegschaft
6 Mitarbeiter

Geschäftsführung
Daniel Altorfer
David Nipkow

Das Produktprogramm

Rohstoffe
Additive:
Antioxidantien, Biozide, Flammschutzmittel,
Silane, Siloxane, Rheologie

Füllstoffe:
Bentonit, Kaolin, Kreide, Talkum, Zeolit

Harze:
Epoxidtechnologien, Isocyanate, Polyole,
Acrylatmonomere

Lösemittel:
„Bio"-Lösungsmittel

DKSH GmbH

Baumwall 3
D-20459 Hamburg
Telefon +49 (0) 40-3747-340
Telefax +49 (0) 40-492 190 28
E-Mail: info.ham@dksh.com
www.dksh.de

Mitglied des IVK

Das Unternehmen

Gesellschaft
DKSH Group

Niederlassungen der DKSH Group
850 Geschäftsniederlassungen
33.350 Mitarbeiter
CHF 11,6 Milliarden Nettoumsatz

Sales Manager
Uwe Nilius
Mobile: +49 1525 4927789
E-Mail: uwe.nilius@dksh.com

Weitere Informationen
DKSH ist das führende Unternehmen im Bereich
Marktexpansionsdienstleistungen. Die Gruppe
hilft Unternehmen dabei, in den Geschäftseinheiten Healthcare, Konsumgüter, Spezialrohstoffe
und Technologie zu expandieren. Das Dienst-
leistungsangebot umfasst Beschaffung, Markt-
analyse, Marketing und Vertrieb, E-Commerce,
Distribution und Logistik sowie Kundendienst.
Die Gruppe ist an der SIX Swiss Exchange kotiert.
Die DKSH Geschäftseinheit Spezialrohstoffe
vertreibt Spezialchemikalien und Inhaltsstoffe
für die Pharma-, Kosmetik-, Nahrung mittel- und
Getränkeindustrie sowie für industrielle Anwendungen. DKSH bietet eine große Bandbreite
an Spezialchemikalien und zwar hauptsächlich
in den Industriebereichen Klebstoffe, Grafik und
Elektronik, Farben und Lacke sowie Polymere.

Das Produktprogramm

Rohstoffe
Acryl, Oxetan
Breites Produktspektrum für Epoxi und PU
Flüssiger Isoprene Kautschuk
Haftvermittler für Polyolefin PP und
Harze: Co- Polyester, Vinyl, Polyamide-Imide,
Heißsiegelmaterialien
HPC Cellulose
IR und UV Dyes
Leitfähiges Titandioxid
Modifizierte Olefin basierende Siegelmaterialien
Polyolefinische Haftvermittler, Primer und
PRO-NBDA
Silanisierte Silikonrohstoffe
Substrate (CPO auch wässrig und Chlorfrei)
Urethan (reaktive) Acryl Oligomere
UV Monomere und Oligomere
verschiedenste Wachsdispersionen und
Emulsionen
Wasserfänger für PU (PTSI)
Weichmacher

Für Anwendungen im Bereich
Automobil- und Luftfahrtindustrie
Bauindustrie
Elektronikindustrie und gedruckte Elektronik
Elektronischer Verguss
Graphische Industrie
Holz- Möbelindustrie
Hygieneklebstoffe
Klebebänder, Etiketten
Papier/Verpackung

Drei Bond GmbH
Carl-Zeiss-Ring 13
D-85737 Ismaning
Telefon +49 (0) 89-962427 0
Telefax +49 (0) 89-962427 19
E-Mail: info@dreibond.de
www.dreibond.de

Mitglied des IVK

Das Unternehmen

Gründungsjahr
1979

Größe der Belegschaft
48

Gesellschafter
Drei Bond Holding GmbH

Stammkapital
50.618 €

Tochterfirmen
Drei Bond Polska sp.z o.o. in Krakau

Vertriebswege
Direkt in die Automobilindustrie
(OEM + Tier 1 / Tier 2), sowie in die Allgemein-
industrie, indirekt über Handelspartner, Private
Label Geschäft

Ansprechpartner
Geschäftsführung: Thomas Brandl, Christian Eicke

Anwendungstechnik Kleb- u. Dichtstoffe:
Johanna Storm, Lukas Sandl, Dr. Florian Menk

Anwendungstechnik Dosiertechnik:
Sebastian Schmid, Marco Hein

Vertrieb Kleb- u. Dichtstoffe:
Oliver Ehrengruber, Andreas Vesper,
Stephan Knorz, Darek Swidron

Vertrieb Dosiertechnik:
Stephan Wiedholz, Marko Hein,
Franz Aschenbrenner

Weitere Informationen
Drei Bond ist zertifiziert nach ISO 9001-2015 und
ISO 14001-2015

Das Produktprogramm

Klebstoff-/Dichstofftypen
• Cyanacrylat Klebstoffe
• Anaerobe Klebe- u. Dichtstoffe
• UV Licht härtende Klebstoffe
• 1K / 2K – Epoxidklebstoffe
• 2K – MMA Klebstoffe
• 1K / 2K – MS Hybridkleb- u. Dichtstoffe
• 1K – lösungsmittelhaltige Dichtstoffe
• 1K – Silikondichtstoffe

Ergänzende Produkte:
• Aktivtoren, Primer, Cleaner

Geräte-, Anlagen und Komponenten
• Drei Bond 1K / 2K Compact Dosieranlagen
  → halbautomatischer Auftrag von Klebe- u.
  Dichtstoffen, Fetten und Ölen Dosiertechnik:
  Druck / Zeit und Volumetrisch
• Drei Bond 1K / 2K Inline Dosieranlagen →
  vollautomatischer Auftrag von Klebe- u. Dicht-
  stoffen, Fetten und Ölen
  Dosiertechnik: Druck / Zeit und Volumetrisch
• Drei Bond Dosierkomponenten:
  Behältersysteme: Tanks, Kartuschen,
  Fasspumpen
  Dosierventile: Exzenterschneckenpumpen,
  Membranventile, Quetschventile, Sprühventile,
  Rotorspray

Für Anwendungen Im Bereich
• Automobil -/Automobilzulieferindustrie
• Elektronikindustrie
• Elastomer -/Kunststoff -/Metallverarbeitung
• Maschinen- u. Apparatebau
• Motoren- u. Getriebebau
• Gehäusebau (Metall- und Kunststoff)

DUNLOP TECH GmbH

Offenbacher Landstraße 8
D-63456 Hanau
Telefon +49 (0) 6181 9394-0
Telefax +49 (0) 6181 9394-553
Email: info@dunloptech.de
www.dunloptech.com

Mitglied des IVK

Das Unternehmen

Gründungsjahr
1997

Größe der Belegschaft
65 Beschäftigte

Geschäftsführende Gesellschafter
Sumitomo Rubber Industries Ltd. Kobe,
(100 %) Japan

Stammkapital
19 Millionen €

Umsatz
44 Millionen € (2021)

Management
Bernd Schuchhardt
Hirokazu Nishimori

Ansprechpartner
Lars Biesenbach,
Leiter Vertrieb Innovative Produkte
Dr. Angel Jimenez,
Leiter Klebstoffe & IMS-Entwicklung

Distribution channel
Direkter und indirekter Vertrieb
(Industrie und Vertrieb)

Das Produktprogramm

Klebstofftypen
Klebstoff auf Latexbasis, hergestellt aus
nachhaltigen Rohstoffen und zu 99 % biologisch abbaubar

Für Anwendungen im Bereich
Innenbereich für Böden und Wände

Weitere Produkte
Luftdruckwarnsystem (DWS), indirekt, soft-
warebasiert für PKW - automotive industry
(OE).
Tire Mobility Kits (IMS) für PKW und leichte
Nutzfahrzeuge - automotive industry
(OE, aftermarket), Caravaning, Fahrrad- und
Zweiradindustrie.

DuPont Deutschland

Hugenottenallee 175
D-63263 Neu-Isenburg
Telefon +49 (0) 6102-18-0
Telefax +49 (0) 6102-18-12 24
E-Mail: ti.comms@dupont.com
www.DuPont.com/mobility

Mitglied des IVK

Das Unternehmen

Gründungsjahr
1802 (DuPont)

Größe der Belegschaft
24.000 Mitarbeiter

Besitzverhältnisse
DuPont de Nemours, Inc.

Ansprechpartner
Dr. Andreas Lutz, Global Technology Leader
Thorsten Schmidt,
EMEA Regional Commercial Leader

Weitere Informationen
DuPont Adhesives & Fluids bietet eine breite
Palette technologiebasierter Produkte und
Lösungen für die Automobilindustrie sowie
maßgeschneiderte Materialien mit klaren Vor-
teilen für Hersteller von Hybrid-/Elektro- und
autonomen Fahrzeugen. Bei der Entwicklung von
E-Mobilitätslösungen legen wir Wert auf partner-
schaftliche Zusammenarbeit. Gemeinsam mit
unseren Kunden entwickeln wir Systemlösungen
für anspruchsvolle Werkstoffanwendungen und
Einsatzbereiche über die gesamte Wertschöpfungskette hinweg. Weitere Informationen finden
Sie unter www.dupont.com/mobility.

Über DuPont:
DuPont (NYSE: DD), ist ein globaler Innovations-
führer mit technologiebasierten Materialien,
Inhaltsstoffen und Lösungen, die dazu beitragen,
die Industrie und den Alltag zu verändern. Unsere
Mitarbeiter wenden vielfältige wissenschaftliche
Erkenntnisse und Erfahrungen an, um Kunden
dabei zu unterstützen, ihre besten Ideen voran-
zubringen und wichtige Innovationen in Schlüs-

Das Produktprogramm

Klebstofftypen
thermische Interface Materialien – BETATECH™ &
BETAFORCE™ TC
Epoxidklebstoffe – BETAMATE™
Polyurethanklebstoffe – BETAFORCE™
Polyurethanklebstoffe für Glas – BETASEAL™
Primersysteme – BETAPRIME™
Haftvermittler – MEGUM™, THIXON™

Für Anwendungen im Bereich
Das Angebot an 1K- und 2K-Klebstoffen der DuPont
richtet sich an alle Fahrzeugtypen in der Erstaus-
rüstung sowie den Werkstatt- und Reparaturbereich.
Es lassen sich nahezu alle im Fahrzeugbau gängi-
gen Materialien untereinander fügen, z. B. Stahl,
Aluminium, Kunststoff, Verbundwerkstoffe, Gummi
mit Metall, Glas oder Holz. Zu den Einsatzbereichen
zählen im Wesentlichen der Karosseriebau, die
Montage inklusive Dächer, Verkleidungen und
Glasverklebungen sowie die Ersatzverglasung
und Karosserieinstandsetzung. Darüber hinaus
unterstützen Multimaterial-Klebstoffe von DuPont
Entwicklung und Herstellung leichter Karosserie-
teile und Batteriepacks.

selmärkten wie Elektronik, Transport, Bauwesen,
Wasserwirtschaft, Gesundheit und Wellness,
Lebensmittel und Arbeitssicherheit hervorzubrin-
gen. Weitere Informationen finden Sie unter www.
dupont.com

Dymax Europe GmbH
Kasteler Straße 45
D-65203 Wiesbaden
Telefon +49 (0) 611-962 7900
Telefax +49 (0) 611-962 9440
E-Mail: info_DE@dymax.com
https://de.dymax.com

Mitglied des IVK

Das Unternehmen

Gründungsjahr
1995

Größe der Belegschaft
450 Mitarbeiter weltweit

Gesellschafter
Dymax Corporation, USA

Vertriebswege
Eigener Außendienst und
weltweite Vertriebspartner

Ansprechpartner
Geschäftsführung:
Aaron Mambrino
Bernhard Suerth

Technische Leitung:
Dr. Thérèse Hémery, Wolfgang Lohrscheider

Niederlassungen
Torrington, CT, USA (Hauptsitz)
Wiesbaden, Deutschland
Irland
China
Hong Kong
Singapur
Korea

Weitere Informationen
Dymax bietet effiziente Komplettlösungen
bestehend aus lichthärtenden Materialien,
Dosier- und Aushärtungssystemen, sowie
umfassender technischer Beratung.

Das Produktprogramm

Klebstofftypen
UV- und lichthärtende Klebstoffe
Temporäre Abdeckmasken
Schutzbeschichtungen (Conformal Coating)
Vergussmassen
Verkapselungsmaterialien
Flüssigdichtungen (FIP/CIP)
Ergänzend: aktivator- und hitzehärtende,
sowie feuchtigkeitsvernetzende Materialien

Für Anwendungen im Bereich
Medizintechnik
Orthopädische Implantate
Elektronik
Automobilindustrie
Luft- und Raumfahrt
Optik
Glasindustrie

Weitere Produkte
UV- Punkt- und Flächenstrahler
(Quecksilberstrahler oder LED)
UV-Förderbandsysteme
Radiometer
Dosiersysteme
Technische Beratung
Systemintegration

Eluid Adhesive GmbH
Heinrich-Hertz-Straße 10
D-27283 Verden
Telefon +49 (0) 42 31-3 03 40-0
Telefax +49 (0) 42 31-3 03 40-17
E-Mail: info@eluid.de
www.eluid.de

Mitglied des IVK

Das Unternehmen

Gründungsjahr
1932

Größe der Belegschaft
7 Mitarbeiter

Gesellschafter
Andreas May

Geschäftsführung
Andreas May

Ansprechpartner
Andreas May
Karin Münker

Vertriebswege
Eigener Außendienst sowie Vertretungen und Händler im gesamten Bundesgebiet, Vertretungen und Händler in Europa und Übersee.

Das Produktprogramm

Klebstofftypen
Acrylat, Styrol-Acrylat, Polyurethan- und Vinylacetatdispersionen (A, RA, SA, PUD, PVAC, VAE,) für Klebstoffe und Lacke/ Beschichtungen
Dispersionshaftklebstoffe
PVOH Klebstoffe
Dextrin-, Kasein- und Stärkeklebstoffe
APAO, EVA-, PSA, PO, PUR Schmelzstoffe

Für Anwendungen im Bereich Industrie
Beschichtungen für Folien (bedruckbar)
Beschichtungen für Folien (Soft Touch)
Buchbinderei/Grafisches Gewerbe Papier- und Verpackungsindustrie Briefumschlags- industrie Buchschutzfolien
Dämmtechnik
Etikettenindustrie
Flexible Verpackung
Glanzfolienkaschierung
Haftklebstoffe für Folien selbstklebend (wiederablösbar, permanent)
Heißsiegelprodukte
Holzklebstoffe D2 + D3
Klebebänder, einseitige/doppelseitige
Schaumstoffverarbeitende Industrie Schutzfolien
Sicherheitsdokumente
Tapetenvliesindustrie
Tapetenindustrie
Textilindustrie
Transformerboards

Emerell AG
Neulandstrasse 3
CH-6203 Sempach Station
Schweiz
Telefon +41 (0) 41 469 91 00
E-Mail: info@emerell.com
www.emerell.com

Mitglied des FKS

Das Unternehmen

Als unabhängiger Auftragsfertiger unterstützt und begleitet Emerell verschiedene
Unternehmen bei der Herstellung chemisch
technischer Spezialprodukte. Dies erfordert
viel Know-how, die richtigen Anlagen und
flexible Kapazitäten. Emerell konzentriert
sich auf die reine Auftragsfertigung und
geniesst durch den Verzicht auf eigene
Produkte hohes Vertrauen. Von der Pilotie-
rung bis zur Serienreife ist Emerell als reiner
Auftragsfertiger Ihr Partner für kundenspezifische Lösungen und höchste industrielle
Ansprüche.

Geschäftsführender
Dr. Michael Lang

Ansprechpartner
Marco Montagner
Head of Marketing & Sales
Telefon: +41(0) 41 469 93 24
E-Mail: marco.montagner@emerell.com

Das Produktprogramm

Technologien
Emulsionspolymerisation
Lösungspolymerisation
Mischtechnologien
1K- & 2K-Reaktivmischungen
Pilotierungen und Kleinmengen
Spezialtechnologien

Dienstleistungen
Auftragsfertigung
Lohnfertigung

Zentrale Anwendungsbereiche
Befestigungstechnik
Baugewerbe
Klebstoffanwendungen
Papierherstellung
Wasch- und Reinigungsmittel
Wasserbehandlung

EMS-CHEMIE AG
Business Unit EMS-GRILTECH
Via Innovativa 1
CH-7013 Domat/Ems
Telefon +41 81 632 72 02
Telefax +41 81 632 74 02
E-Mail: info@emsgriltech.com
www.emsgriltech.com

Mitglied des FKS

Das Unternehmen

Gründungsjahr
1936 wurde das Unternehmen als Holzverzuckerungs AG (HOVAG) gegründet.
Nach der Umbenennung in EMSER WERKE AG 1960, wurde das Unternehmen im Jahre 1981 in EMS-CHEMIE AG umbenannt und trägt heute noch den Firmennamen.

Mitarbeiterkennzahlen
Per Dezember 2021 zählte die EMS-Gruppe 2.606 Mitarbeiter.

Verkaufswege
Direktverkauf, Distributoren, Agenten

Kontakt
Anwendungstechnik und Verkauf:
Telefon: +41 81 632 72 02, Telefax +41 81 632 74 02
E-Mail: info@emsgriltech.com, www.emsgriltech.com

Kontakt Partner
EMS-GRILTECH ist ein Unternehmensbereich der EMS-CHEMIE AG, die zur EMS-CHEMIE HOLDING AG gehört.

Wir produzieren und verkaufen Grilon, Nexylon und Nexylene Fasern, Griltex Schmelzklebstoffe, Grilbond Haftvermittler, Primid Pulverlackhärter und Grilonit Reaktivverdünner. Diese Werkstoffe und Additive haben wir zu herausragenden Spezialitäten für technisch anspruchsvolle Anwendungen entwickelt. Damit schaffen wir Mehrwert für unsere Kunden, weil auch sie in ihren Märkten nur dann erfolgreich sind, wenn sie sich ständig verbessern.

Thermoplastische Schmelzklebstoffe für technische und textile Verklebungen werden unter dem Markennamen Griltex® vertrieben. EMS-GRILTECH besitzt jahrelanges Know-how in der Herstellung massgeschneiderter Copolyamide und Copolyester für verschiedene Anwendungsbereiche. Der Schmelzbereich und die Schmelzviskosität können auf die unterschiedlichen Anforderungen eingestellt werden. Die Kleber sind als Pulver in verschiedenen Korngrössen oder als Granulat erhältlich. Die Herstellung erfolgt auf eigenen Polymerisations- und Mahlanlagen.

Das Produktprogramm

Klebstofftypen
Thermoplastische Schmelzklebstoffe

Rohstoffe
Additive
Harze
Polymere

Anlagen /Ausstattung
Anwendungstechnikum, Produktionsanlagen, Labor, Analytik

Für Anwendungen im Bereich
Papier/Verpackungen
Holz/Möbelindustrie
Bauindustrie, inklusive Bodenbelag, Wände und Decken
Elektronik
Mechanische Bauteile
Automobilindustrie, Luft-und Raumfahrt
Textilindustrie
Hygieneindustrie
Haushaltsgeräte, Freizeit- und Büroanwendungen
Verbundwerkstoffe, Masterbatches

Griltex® für das Verkleben von glatten Oberflächen
Wir haben spezielle Schmelzklebstoffe für die Verklebung von Metall, Kunststoff, Glas und anderen glatten Oberflächen entwickelt.

Das Stammhaus von EMS-GRILTECH mit Forschung und Entwicklung befindet sich in Domat/Ems (Schweiz). In Sumter S.C. (USA) und Neumünster (Deutschland) haben wir weitere Produktionsstätten mit Anwendungstechnika. In Japan, China und Taiwan verfügen wir über Verkaufsbüros und ein Kundendienstlabor. EMS-GRILTECH ist weltweit mit eigenen Verkaufsgesellschaften oder durch Agenten vertreten.

EUKALIN Spezial-Klebstoff Fabrik GmbH
Ernst-Abbe-Straße 10
D-52249 Eschweiler
Telefon +49 (0) 24 03-64 50 0
Telefax +49 (0) 24 03-64 50 26
E-Mail: eukalin@eukalin.de
www.eukalin.de

Mitglied des IVK

Das Unternehmen

Gründungsjahr
1904

Größe der Belegschaft
70 Mitarbeiter

Gesellschafter
100 % im Familienbesitz

Geschäftsführung
Jan Schulz-Wachler
Timm Koepchen

Vertriebswege
Direktvertrieb durch Außendienst
und Agenten

Das Produktprogramm

Klebstofftypen
Schmelzklebstoffe
Dispersionsklebstoffe
Pflanzliche Klebstoffe
Haftklebstoffe
Polyurethanklebstoffe
Gallerte
Kaseinklebstoffe

Für Anwendungen im Bereich
Papier/Verpackung
Buchbinderei/Graphisches Gewerbe
Klebebänder, Etiketten
Flexible Verpackungen
Behälteretikettierungen

Evonik Industries AG

D-45764 Marl, www.evonik.com/crosslinkers,
www.evonik.com/adhesives-sealants,
www.evonik.com/designed-polymers

D-45764 Marl, www.vestamelt.de
D-64293 Darmstadt, www.visiomer.com
D-45127 Essen,
www.evonik.com/polymer-dispersions
www.evonik.com/hanse, www.evonik.com/tegopac
D-63457 Hanau, www.aerosil.com,
www.dynasylan.com, www.evonik.com/fp

Mitglied des IVK

Das Unternehmen

Gründungsjahr
2007

Ansprechpartner
Evonik Adhesives & Sealants Industry Team
Telefon +49 (0) 23 65-49-48 43

E-Mail adhesives@evonik.com
E-Mail aerosil@evonik.com
E-Mail fillers.pigments@evonik.com
E-Mail vestamelt@evonik.com
E-Mail visiomer@evonik.com
E-Mail: info@polymerdispersion.com,
E-Mail hanse@evonik.com
E-Mail TechService-Tegopac@evonik.com

Weitere Informationen
Evonik ist ein weltweit führendes Unternehmen der Spezialchemie. Der Konzern ist in über 100 Ländern aktiv und erwirtschaftete 2021 einen Umsatz von 15 Mrd. € und einen Gewinn (bereinigtes EBITDA) von 2,38 Mrd. €. Dabei geht Evonik weit über die Chemie hinaus, um den Kunden innovative, wertbringende und nachhaltige Lösungen zu schaffen. Rund 33.000 Mitarbeiter verbindet dabei ein gemeinsamer Antrieb: Wir wollen das Leben besser machen, Tag für Tag.

Das Produktprogramm

Klebstoffe
Schmelzklebstoffe (VESTAMELT®) (DYNACOLL®S) (VESTOPLAST®)

Dichtstoffe
Acryldichtstoffe (DEGACRYL®)

Rohstoffe
Additive: Siliziumdioxid- Nanopartikel (Nanopox®), Silikonkautschuk-Partikel (Albidur®), Methacrylat Monomere (VISIOMER®), Pyrogene Kieselsäuren und pyrogene Metalloxide (AEROSIL®, AEROXIDE®), Gefällte Kieselsäuren (SIPERNAT®), Funktionelle Silane (Dynasylan®), Wachse (VESTOWAX®, SARAWAX), Entschäumer (TEGO® Antifoam), Netzmittel (TEGOPREN®), Verdicker (TEGO® Rheo)

Vernetzer: Spezialharze, aliphatische Diamine (VESTAMIN®), aliphatische Isocyanate (VESTANAT®) Amine (Ancamine®) Härter (Ancamide®) Dicyandiamine (Dicyanex®, Amicure®) Imidazole (Imicure®, Curezol®)

Polymere: amorphe Poly-alpha-Olefine (VESTOPLAST®), Polyester-Polyole (DYNACOLL®), Flüssige Polybutadiene (POLYVEST®) Polyacrylate (DEGACRYL®, DYNACOLL® AC), silanmodifizierte Polymere (Polymer ST, TEGOPAC®), durch Kondensation aushärtende Silikone (Polymer OH)

Für Anwendungen im Bereich
Papier/Verpackung
Buchbinderei/Graphisches Gewerbe
Holz-/Möbelindustrie
Baugewerbe, inkl. Fußboden, Wand und Decke
Elektronik
Fahrzeug, Luftfahrtindustrie
Textilindustrie
Klebbänder und Etiketten
Hygienebereich
Herstellung von Schmelzklebstoffen
Windenergie (Rotorblätter)

Fermit GmbH

Zur Heide 4
D-53560 Vettelschoß
Telefon +49 (0) 26 45-22 07
Telefax +49 (0) 26 45-31 13
E-Mail: info@fermit.de
www.fermit.de

Mitglied des IVK

Das Unternehmen

Gründungsjahr
2008

Größe der Belegschaft
20

Gesellschafter
Barthélémy S.A.

Besitzverhältnisse
100 % Tochter

Vertriebswege
Sanitärfachhandel
Heizungsfachhandel
Ofenfachhandel
Technischer Handel
Großhandel
Poolhandel
Industrie

Geschäftsführung
Alois Hauk

Anwendungstechnik und Vertrieb
Guido Wiest (Süddt.)
Matthias Schütte (Norddt.)
Willi Kutsch (Dt. Mitte)

Das Produktprogramm

Klebstofftypen
lösemittelhaltige Klebstoffe
Polykondensationsklebstoffe
Polymerisationsklebstoffe

Dichtstofftypen
Silicondichtstoffe
MS Dichtstoffe
anaerobe Kleber
Dichtpasten
Schamottkleber
Kesselkitte
Sonstige

Für Anwendungen im Bereich
Installation, Kamin- und Ofenbau
Baugewerbe, Heizungsbau, Pool und
Schwimmbad, Haushalt, Hobby und Büro
Industrie allg.

fischerwerke GmbH & Co. KG

Klaus-Fischer-Straße 1
D-72178 Waldachtal
Telefon +49 (0) 74 43 12-0
E-Mail: info@fischer.de
www.fischer.de

Mitglied des IVK

Das Unternehmen

Gründungsjahr
1948

Größe der Belegschaft
5.400

Besitzverhältnisse
Familienunternehmen

50 Landesgesellschaften in 37 Ländern
(Argentinien, Belgien, Brasilien, Bulgarien,
China, Dänemark, Deutschland, Finnland,
Frankreich, Großbritannien, Griechenland,
Indien, Italien, Japan, Katar Kroatien, Me-
xiko, Niederlande, Norwegen, Österreich,
Philippenen, Polen, Portugal, Rumänien,
Russland, Schweden, Serbien, Singapur,
Slowakei, Spanien, Südkorea, Thailand,
Tschechien, Türkei, Ungarn, USA, Vereinigte
Arabische Emirate, Vietnam)

Vertriebswege
Fach- und Einzelhandel, Industrie und Handwerk, DIY

Ansprechpartner
Vertrieb:
Michael Geiszbühl
E-Mail: Michael.Geiszbuehl@fischer.de

Weitere Informationen
Weltmarktführer in chemischen
Befestigungssystemen

Das Produktprogramm

Klebstofftypen
• Reaktionsklebstoffe
• lösemittelhaltige Klebstoffe
• Dispersionsklebstoffe
• MS/STP Klebstoffe
• UV-härtender Klebstoff

Dichtstofftypen
• Acryl Dichtstoffe
• Silicone
• MS/STP Dichtstoffe
• PU Dichtstoffe
• lösemittelhaltige Dichtstoffe
• bitumenhaltige Dichtstoffe

Für Anwendungen im Bereich
• Holz-/Möbelindustrie
• Baugewerbe, inkl. Fußboden,
  Wand, Decke und Dach
• Haushalt
• Fenster- und Türbau
• Treppenbau
• Metallbau
• Elektro- und Sanitärinstallationen
• Innenausbau/Trockenbau
• Sanitär, Heizung, Klima

Follmann GmbH & Co. KG

Heinrich-Follmann-Str. 1
D-32423 Minden
Telefon +49 (0) 5 71-93 39-0
Telefax +49 (0) 5 71-93 39-3 00
E-Mail: info@follmann.com
www.follmann.com

Mitglied des IVK

Das Unternehmen

Gründungsjahr
1977

Größe der Belegschaft
170 Mitarbeiter

Management
Dr. Jörn Küster,
Dr. Jörg Seubert

Schwestergesellschaften
OOO Follmann
(Moskau/Russische Föderation)

ZAO Intermelt (St. Petersburg/Russische Föderation)

Follmann (Shanghai) Trading Co., Ltd. (Shanghai/China)

Follmann Chemia Polska sp.z.o.o. (Poznań/Polen)

Sealock Ltd. (Andover/Großbritannien)

Ansprechpartner
Martin Haupt (Sales General Assembly)
Holger Nietschke (Sales Wood + Furniture)
Antoni Delik (Sales Polen)
Vyacheslav Shkurko (Sales Russland)
Mark Greenway (Sales Großbritannien)

Das Produktprogramm

Klebstofftypen
Dispersionsklebstoffe
Schmelzklebstoffe
Reaktive Schmelzklebstoffe
Haftklebstoffe / PSA
Stärke- und Kaseinklebstoffe
Plastisole
1K-Polyurethanklebstoffe
2K-Epoxidklebstoffe

Für Anwendungen im Bereich
Holz-/Möbelindustrie
Papier/Verpackung
Grafische Industrie / Buchbinderei
Polster-/Matratzenindustrie
Automobilindustrie
Montage
Textilindustrie
Klebebänder
Etikettierung
Filterindustrie
Schleifmittelindustrie
Caravan-/Wohnmobilindustrie
Paneel-/Sandwichindustrie
Flat Lamination

GLUDAN (Deutschland) GmbH

Am Hesterkamp 2
D-21514 Büchen
Telefon +49 (0) 41 55-49 75-0
Telefax +49 (0) 41 55-49 75-49
E-Mail: gludan@gludan.de
www.gludan.com

Mitglied des IVK

Das Unternehmen

Gründungsjahr
1989

Größe der Belegschaft
28 Mitarbeiter

Gesellschafter
Tochterfirma von GLUDAN GRUPPEN A/S

Anwendungstechnik
Kim Szöts,
Dr. Olga Dulachyk

Weitere Informationen
www.gludan.com

Das Produktprogramm

Klebstofftypen
Dispersionsklebstoffe
Haftklebstoffe
Schmelzklebstoffe (Hot Melt)
Gallerte

Rohstoffe
Additive
Füller
Polymere
Stärke

Für Anwendungen im Bereich Industrie
Papier- und Verpackungsindustrie
Buchbunderei/Graphisches Gewerbe
Holz-/Möbelindustrie
Baugewerbe, inkl. Fußboden, Wand u. Decke
Textilindustrie
Klebebänder, Etiketten
Hygienebereich
Haushalt, Hobby und Büro

Service
Leimkurse
Anlagenbau

Grünig KG
Häuserschlag 8
D-97688 Bad Kissingen
Telefon +49 (0) 9736 75710
Telefax +49 (0) 9736 757129
E-Mail: info@gruenig-net.de
www.gruenig-net.de

Mitglied des IVK

Das Unternehmen

Gründungsjahr
1961

Größe der Belegschaft
35 Mitarbeiter

Gesellschafter
Thomas und Sabine Ulsamer

Vertriebswege
Direktvertrieb mit technischer Beratung

Ansprechpartner
Geschäftsführung:
Thomas und Sabine Ulsamer

Anwendungstechnik und Vertrieb:
Dietmar Itt, Andreas Schwab,
Reinhold Teufel, Michał Kozieł,
Iwona Greczanik

Das Produktprogramm

Klebstofftypen
Dispersionsklebstoffe
Dextrin- und Stärkeklebstoffe

Für Anwendungen im Bereich
Papier/Verpackung
Buchbinderei/Graphisches Gewerbe
Holz-/Möbelindustrie
Baugewerbe inkl. Fußboden, Wand und
Decke
Hygienebereich
Haushalt, Hobby und Büro

Gustav Grolman GmbH & Co. KG

Fuggerstraße 1
D-41468 Neuss
Telefon +49 (0) 2131 9368-01
telefax +49 (0) 2131 9368-264
E-Mail: info@grolman-group.com
www.grolman-group.com

Mitglied des IVK

Das Unternehmen

Gründungsjahr
1855

Ansprechpartner
Dr. Mathias Dietz (Business Development)

Weitere Informationen
Die Grolman Gruppe steht für den internationalen Vertrieb von Produkten der Spezialchemie. Das Unternehmen unterhält einzelne Verkaufsbüros in allen europäischen Ländern, der Türkei, Maghreb, Ägypten, Indien und China die jeweils durch technischen Vertrieb, Kundenserviceteams und Lagerhaltung unterstützt werden.

Das in der fünften Generation geführte Familienunternehmen befindet sich seit seiner Gründung im Jahre 1855 in Privatbesitz. Der Schlüssel zum Unternehmenserfolg liegt in einer kundenorientierten und effizient organisierten Unternehmensstruktur, bei der die Bedürfnisse der Kunden die treibende Kraft sind.

Grolman. Qualität seit 1855.

Das Produktprogramm

Rohstoffe
Additive
Füllstoffe
Polymere
Härter/Beschleuniger

Für Anwendungen im Bereich
Papier/Verpackung
Buchbinderei/Graphisches Gewerbe
Holz-/Möbelindustrie
Baugewerbe, inkl. Fußboden, Wand und Decke
Elektronik
Maschinen- und Apparatebau
Fahrzeug, Luftfahrtindustrie
Textilindustrie
Klebebänder, Etiketten
Hygienebereich
Haushalt, Hobby und Büro

GYSO AG
Steinackerstrasse 34
CH-8302 Kloten
Telefon +41 (0) 43 255 55 55
E-Mail: info@gyso.ch
www.gyso.ch

Mitglied des IVK

Das Unternehmen

Gründungsjahr
1957

Größe der Belegschaft
130 Mitarbeiter

Besitzverhältnisse
inhabergeführtes Familienunternehmen

Vertriebswege
Direkt zum Endkunden sowie über Bauhandel

Ansprechpartner
Geschäftsführung:
Roland Gysel

Anwendungstechnik und Vertrieb:
Kandid Vögele, Thomas Emler

Weitere Informationen
Die Firma GYSO AG ist ein schweizerisches Familienunternehmen, das im Jahre 1957 gegründet wurde. Seit Anbeginn beschäftigte sich die Firma mit Kleb- und Dichtstoffen. Im Verlauf der Zeit sind Dichtbänder, Klebebänder, Folien und weitere Produktesparten dazugekommen.

Heute verfügt GYSO über eine breite und umfassende Produktepalette, ausgerichtet auf die Bereiche Kleben, Dichten, Schützen, Schleifen, Lackieren und Finish. Die Entwicklung ist immer von der Idee geleitet, hohe Qualität und praxisorientierte Lösungen anzubieten.

Unsere grosse und treue Kundschaft aus dem Baugewerbe und dem Automotive ist für uns Bestätigung und gleichzeitig Motivation für die Zukunft. Vom 1-Mann Betrieb hat sich die GYSO AG zu einem leistungsfähigen und modernen Unternehmen mit über 130 Mitarbeitern entwickelt.

Ein kompetenter Partner bei dem die Kundenzufriedenheit immer im Vordergrund steht.

Das Produktprogramm

Klebstofftypen
Ein- und zweikomponenten Klebstoffe auf Silikon-, Hybrid- und Polyurethan-Basis; Dispersionsklebstoffe; Schmelzklebstoffe; lösemittelhaltige Klebstoffe; Glutinleime

Für Anwendungen im Bereich
Papier/Verpackung; Holz-/Möbelindustrie; Baugewerbe, inkl. Fußboden, Wand und Decke; Klebebänder, Etiketten; Haushalt, Hobby und Büro

GYSO AG beschäftigt ca. 130 Mitarbeiter, wovon über 30 im Aussendienst unsere Kunden in allen Landesteilen und Sprachregionen betreuen. Seit der Firmengründung hat sich der Markt im Baugewerbe, im Automotive- und Industriebereich in ungeahnter Weise gewandelt. Die Firma GYSO AG ist stolz, dass sie in all den Jahren mit der Entwicklung Schritt halten und ihre Produkte immer wieder den neuen, teils sehr hohen Anforderungen anpassen konnte.

Unsere klar strukturierte Verkaufsorganisation mit dynamischen und innovativen Mitarbeitern gewährt eine rasche, kompetente und praxisnahe Beratung. Dank langjähriger Erfahrung, verbunden mit fundierten Fachkenntnissen bieten wir individuelle, den Kundenbedürfnissen angepasste Problemlösungen an. Unser Aussendienst-Team, vertreten in allen Regionen der Schweiz, ist in kurzer Zeit an jedem Ort verfügbar. Persönliche und fachliche Unterstützung bei der Planung und Ausführung auf dem Bau. Sachliche Informationen und Schulungen in Form von Fachtagungen bei Kunden und an Schulen sind unser Beitrag zu Gewinnung und Erhaltung optimaler Bauqualität.

Fritz Häcker GmbH + Co. KG

Im Holzgarten 18
D-71665 Vaihingen/Enz
Telefon +49 (0) 70 42-94 62-0
Telefax +49 (0) 70 42-94 62-66
E-Mail: info@haecker-gel.de
www.haecker-gel.de

Mitglied des IVK

Das Unternehmen

Gründungsjahr
1885

Größe der Belegschaft
18 Mitarbeiter

Gesellschafter
Familienbesitz

Geschäftsführung
seit 01/22 Thomas Klett

Ansprechpartner
Bereich Proteinklebstoffe:
Thomas Klett

Bereich technische Gelatine:
Thomas Klett

Vertriebswege
Direkt über eigenen Außendienst in
deutschsprachigen Ländern

Auslandsvertretungen
weltweit

Das Produktprogramm

Klebstofftypen
Proteinklebstoffe/Glutinleime:
Plakal
Gelmelt
Gelbond
Technische Gelatine:
Geltack
Matchtack
Hitack

Lösungsmittelfreie Reinigungsmittel:
Partinol
Dispersionsklebstoffe
Schmelzklebstoffe
Haftklebstoffe

Für Anwendungen im Bereich
Papier/Verpackung
Buchbinderei/Graphisches Gewerbe
Schachtelherstellung + Kaschierung
Schleifpapierherstellung
Zündholzherstellung
Klebebänder

HANSETACK GmbH

Saseler Strasse 182
D-22159 Hamburg
Telefon +49 40 237 242 67
Telefax +49 40 237 242 69
E-Mail: info@hansetack.com
www.dercol.pt

Mitglied des IVK

Das Unternehmen

Gründungsjahr
2020

Größe der Belegschaft
3 Mitarbeiter

Stammkapital
350.000,- €

Ansprechpartner
Geschäftsführung:
Lars-Olaf Jessen

Anwendungstechnik und Vertrieb:
Lars-Olaf Jessen

Das Produktprogramm

Rohstoffe
Harze

Für Anwendungen im Bereich Industrie
Papier/Verpackung
Buchbinderei/Graphisches Gewerbe
Holz-/Möbelindustrie
Baugewerbe, inkl. Fußboden, Wand und Decke
Elektronik
Fahrzeug, Luftfahrtindustrie
Textilindustrie
Klebebänder, Etiketten
Hygienebereich
Haushalt, Hobby und Büro

H.B. Fuller

Connecting what matters.™

H.B. Fuller Europe GmbH
Steinenberg 23
CH-4051 Basel
www.hbfuller.com

Mitglied des IVK, FKS, VLK

Das Unternehmen

Globale Tätigkeit
H.B. Fuller verfügt über drei regionale Haupt-
quartiere:
• Americas: St. Paul, Minn., U.S.A.; Europa, Indien,
Mittlerer Osten, Afrika (EIMEA): Basel, Schweiz;
Asien-Pazifik-Raum: Shanghai, China

Das Unternehmen ist in 36 Ländern direkt
vertreten und bedient Kunden in mehr als
125 Ländern.

Präsenz in Europa
H.B. Fuller verfügt über ein Netzwerk spezialisierter
Produktionsstätten, das sich über ganz Europa
erstreckt und Kunden der Bereiche Elektronik,
Einweg-Hygiene/Vliesstoffe, Medizin, Transport,
Luft- und Raumfahrtindustrie, erneuerbare
Energien, Verpackungsindustrie, Bauindustrie,
holzverarbeitende Industrie, sowie andere
allgemeine Industrie und Konsumgüter bedient.

Weitere Informationen
Seit 1887 ist H.B. Fuller als weltweit führendes
Unternehmen in der Klebstoffindustrie tätig.
Dabei richtet das Unternehmen seinen Fokus auf
die Perfektionierung von Klebstoffen, Dichtungs-
mitteln und anderen chemischen Spezialprodukten,
um Produkte und das Leben der Menschen zu
verbessern. H.B. Fuller erzielte im Geschäftsjahr
2021 einen Nettoumsatz von 3,3 Mrd. US-Dollar.
Das Engagement von H.B. Fuller in bezug auf
Innovation vereint Menschen, Produkte und
nachhaltige Prozesse für einige der größten
Herausforderungen der Industriezweige mit denen
H.B. Fuller zusammen arbeitet. Der zuverlässige,
reaktionsschnelle Service des Unternehmens
schafft dauerhafte und verteilhafte Beziehungen
zu Kunden, um neue Lösungen nachhaltig und
effektiv umzusetzen. Mit den spezialisierten F&E
Zentren bietet man Kunden und Industriepartnern

Das Produktprogramm

Klebstofftypen
• Schmelzklebstoffe
• Polymer- und Spezialtechnologien
• Reaktive Klebstoffe, Polyurethan-Klebstoffe,
Epoxid-Klebstoffe
• Wasserbasierte Klebstoffe
• Lösungsmittelbasierte und Lösungsmittelfreie
Klebstoffe

Unsere Märkte
• Automobil und Transport
• Bauindustrie
• Elektro- und Montagematerialien
• Emulsionspolymere
• Gebrauchsgüter
• Holz-/Möbelindustrie
• Hygieneartikel/Vliesstoffe
• Luft- und Raumfahrtindustrie
• Medizinische Anwendungen
• Papierverarbeitung
• Erneuerbare Energie
• Technische Industrie
• Verpackungswesen

die Platform gemeinsam an maßgeschneiderten
Innovationen zu forschen.
Weitere Informationen finden Sie unter
www.hbfuller.com.

**Nachhaltigkeit und gemeinnütziges
Engagement**
• Ambitionierte Nachhaltigkeitsziele und unterneh-
mensübergreifende Programme, die mit den UN
Zielen für nachhaltige Entwicklung einhergehen.
• Jährlich leisten unsere Mitarbeiter insgesamt mehr
als 8.000 Stunden freiwillige, gemeinnützige Arbeit
in über 20 Ländern.
• Firmen- und Mitarbeiterspenden übertreffen jedes
Jahr weltweit 1,3 Mio. USD.

Henkel AG & Co. KGaA
Henkelstraße 67
D-40191 Düsseldorf
Telefon +49 (0) 2 11-7 97-0
www.henkel.com

Mitglied des IVK

Das Unternehmen

Eigentümerstruktur
Henkel AG & Co. KGaA

Ansprechpartner
Business Unit Adhesive Technologies
Tel.: +49 (0) 2 11-7 97-0
Fax +49 (0) 2 11-7 98-4008

Weitere Informationen
Henkel Adhesive Technologies ist führend in den Märkten von heute und gestaltet die Märkte von morgen durch seine Klebstoffe, Dichtstoffe und funktionalen Beschichtungen. Wir ermöglichen die Transformation ganzer Industriezweige, verschaffen unseren Kunden einen Wettbewerbsvorteil und bieten Verbrauchern ein einzigartiges Erlebnis. Innovatives Denken und Unternehmergeist sind Teil unserer DNA. Als Branchen- und Anwendungsexperten in Fertigungsindustrien weltweit arbeiten wir eng mit unseren Kunden und Partnern zusammen, um für alle Beteiligten nachhaltig Werte zu schaffen – mit starken Marken und hochwirksamen Lösungen, basierend auf einem unübertroffenen Technologieportfolio.

Unser Portfolio von Industrieprodukten ist in fünf Technology Cluster Brands unterteilt – Loctite, Technomelt, Bonderite, Teroson und Aquence. Bei den Produkten für Konsumenten und Handwerker fokussieren wir uns auf die vier globalen Markenplattformen Pritt, Loctite, Ceresit und Pattex.

Das Produktprogramm

Klebstoffportfolio
Strukturklebstoffe
Kaschierklebstoffe
Sekundenklebstoffe
Schmelzklebstoffe
Reaktionsklebstoffe
Lösemittelbasierte Klebstoffe
Dispersionsklebstoffe
Auf natürlichen Rohstoffen basierende Klebstoffe
Haftkleber
Anaerobe Klebstoffe

Dichtstoffportfolio
Acrylat
Butyl Dichtstoffe
Polyurethan Dichtstoffe
Silikon Dichtstoffe
MS Polymer
Weitere

IMCD Deutschland GmbH
Konrad-Adenauer-Ufer 41 – 45
D-50668 Köln
Telefon +49 (0) 221-7765-0
Telefax +49 (0) 221-7765-200
E-Mail: info@imcd.de
www.imcdgroup.com/en/business-groups/
coatings-and-construction

Mitglied des IVK

Das Unternehmen

Größe der Belegschaft
270 Mitarbeiter

Ansprechpartner
Geschäftsführung:
Frank Schneider, Lars Wallstein

Anwendungstechnik und Vertrieb:
Dr. Heinz J. Küppers

Weitere Informationen

Die IMCD Gruppe ist ein weltweiter Marktführer
im Vertrieb, Marketing und in der Distribution
von Spezialchemikalien und Ingredienzien.

Unsere zielorientierten Fachkräfte bieten für
Lieferanten und Kunden in den Regionen EMEA,
Americas und Asia Pacific marktorientierte Lö-
sungen sowie ein umfassendes Produktportfolio
und innovative Formulierungen für die Bereiche
Home Care and I&I, Beauty & Personal Care,
Food & Nutrition und Pharmaceuticals bis hin zu
Lubricants & Energy, Coatings & Construction,
Advanced Materials und Industrial Solutions.

Das Unternehmen ist an der Euronext in Amster-
dam notiert (IMCD) und erzielte im Jahr 2021
mit mehr als 7.700 Mitarbeitern in über 60 Ländern auf sechs Kontinenten einen Umsatz von
3.435 Millionen Euro.

Die engagierten Experten für technische Formulierungen und Vertrieb arbeiten eng in
Teams zusammen, um erstklassige Lösungen
zu entwickeln und mit ihrem Fachwissen rund
56.000 Kunden und zahlreichen erstklassigen
Lieferanten einen echten Mehrwert zu bieten.
IMCD Deutschland ist eine Tochtergesellschaft
der IMCD Gruppe.

IMCD Coatings & Construction bietet tech-
nisches Fachwissen und Spezialrohstoffe, um
Innovation, Performance und Nachhaltigkeit von
Farben, Lacken, Bau- und Klebstoffen, Druck-

Das Produktprogramm

Klebstofftypen
Schmelzklebstoffe
Reaktionsklebstoffe
lösemittelhaltige Klebstoffe
Dispersionsklebstoffe
Haftklebstoffe

Rohstoffe
Additive
Füllstoffe
Harze
Polymere

Für Anwendungen im Bereich
Papier/Verpackung
Buchbinderei/Graphisches Gewerbe
Holz-/Möbelindustrie
Baugewerbe, inkl. Fußboden, Wand und Decke
Elektronik
Maschinen- und Apparatebau
Fahrzeug, Luftfahrtindustrie
Textilindustrie
Klebebänder, Etiketten
Hygienebereich
Haushalt, Hobby und Büro

---

farben, Textil-, Leder- und Papierformulierungen
zu steigern. Für den Klebstoffmarkt verfügen wir
über ein umfassendes Rohstoffportfolio, um das
Beste aus Ihren Formulierungen herauszuholen
– ganz gleich, ob es sich um lösungsmittelbasierte oder wasserbasierte Klebstoffe, Schmelzklebstoffe oder Klebstoffe auf Basis natürlicher
Polymere handelt.

Erfahren Sie mehr über IMCD unter
www.imcdgroup.com

Jobachem GmbH
Am Burgberg 13
D-37586 Dassel
Telefon +49 (0) 55 64-200 78-0
Telefax +49 (0) 55 64-200 78 -11
E-Mail: info@jobachem.com
www.jobachem.com

Das Unternehmen

Gründungsjahr
1992

Größe der Belegschaft
50 Mitarbeiter weltweit

Gesellschafter
Julian Kahl

Stammkapital
1.000.000 €

Besitzverhältnisse
Familienunternehmen

Tochterfirmen
JOBACHEM Suzhou Co., Ltd. (VR China);
JOBACHEM L.P. (USA);
JOBACHEM Trading Qingdao Co., Ltd.
(VR China).

Vertriebswege
B to B

Ansprechpartner
Geschäftsführung:
Julian Kahl

Anwendungstechnik und Vertrieb:
Marco Waßmann

Das Produktprogramm

Klebstofftypen
• Schmelzklebstoffe
• Reaktionsklebstoffe
• Lösemittelhaltige Klebstoffe
• Dispersionsklebstoffe
• Glutinleime
• Haftklebstoffe

Rohstoffe
• Additive
• Harze
• Lösemittel

**Anlagen/Verfahren/Zubehör/
Dienstleistungen**
• Dienstleistungen

Für Anwendungen im Bereich
• Papier/Verpackung
• Buchbinderei/Graphisches Gewerbe
• Holz-/Möbelindustrie
• Baugewerbe, inkl. Fußboden, Wand und Decke
• Elektronik
• Maschinen- und Apparatebau
• Fahrzeug, Luftfahrtindustrie
• Textilindustrie
• Klebebänder, Etiketten
• Hygienebereich
• Haushalt, Hobby und Büro

Jowat SE
Ernst-Hilker-Straße 10 – 14
D-32758 Detmold
Telefon + 49 (0) 52 31- 7 49 - 0
E-Mail: info@jowat.de
www.jowat.com

Mitglied des IVK

Das Unternehmen

Gründungsjahr
1919

Größe der Belegschaft
über 1.200 Mitarbeiter weltweit

Jowat weltweit
23 eigene Vertriebsgesellschaften
5 Produktionsstandorte auf 3 Kontinenten
Weltweites, eng gespanntes Händlernetz

Tochterfirmen in folgenden Ländern
Australien, Brasilien, China, Chile, Frank-
reich, Deutschland (2), Italien, Kanada,
Kolumbien, Malaysia, Mexiko, Niederlande,
Polen, Russland, Schweden, Schweiz, Thai-
land, Türkei, UAE, UK, USA, Vietnam

Vorstand
Klaus Kullmann
Ralf Nitschke
Dr. Christian Terfloth

Vorsitzender des Aufsichtsrates
Prof. Dr. Andreas Wiedemann

Ansprechpartner
Kay-Henrik von der Heide
Vertriebsleitung

Ingo Horsthemke
Leitung Produktmanagement & Marketing

Ina Benz
Leitung Technischer Support & Service

Das Produktprogramm

Klebstofftypen
Schmelzklebstoffe: EVA-Hotmelt,
PO-Hotmelt, CoPA-Hotmelt

Reaktive Schmelzklebstoffe:
PUR-, POR-Hotmelt

Lösemittelklebstoffe: CR-Klebstoffe,
SC-Klebstoffe, PU-Klebstoffe

Dispersionsklebstoffe:
PVAc, EVA, PU

Haftklebstoffe: PSA-Hotmelt
(Pressure Sensitive Adhesive)

Varianten: biobasierte Klebstoffe,
kennzeichnungsfreie Klebstoffe

Haftvermittler: Primer
(wässrig, lösemittelbasierend), Waschprimer

Spezial-Klebstoffe: Cyanacrylat-Klebstoff

Reiniger: Spülmittel,
Reiniger & Trennmittel

Für Anwendungen im Bereich
Holz- und Möbelindustrie, Papier- und Ver-
packungsindustrie, Bauelemente, tragender
Holzleimbau, Polstermöbel-, Matratzen- und
Schaumstoffindustrie, Grafische Industrie,
Automobil- und Automobilzulieferindustrie,
technische Textilien und Textilindustrie,
sonstige industrielle Anwendungen inkl.
Montage

Kaneka
KANEKA BELGIUM NV

The Dreamology Company
—Make your dreams come true—

KANEKA Belgium N.V.
MS Polymer Division
Nijverheidsstraat 16
B-2260 Westerlo (Oevel)
Telefon (+32) 14-25 45 20
E-Mail: info.mspolymer@kaneka.be
www.kaneka.be

Mitglied des IVK

Das Unternehmen

Kaneka Belgium N.V. wurde 1970
als europäische Produktionsstätte der
nunmehr weltweit tätigen Kaneka
Corporation, Japan, gegründet.
Die MS Polymer Division stellt innovative Rohstoffe für die Kleb- und
Dichtstoffindustrie her, die unter
den Gruppennamen Kaneka SILYL,
MS POLYMER und XMAP angeboten
werden.
Als Hersteller der Rohstoffkomponenten
bietet Kaneka seinen Kunden intensiven
technischen Service bei der Endprodukt-
entwicklung.

Ansprechpartner
Vertretung für D, CH, A, Osteuropa:
Werner Hollbeck GmbH
Karl-Legien-Straße 7
D-45356 Essen
Telefon (+49) 2 01 / 7 22 16 16
E-Mail: Info@Hollbeck.de

Zentrale in Belgien:
Kaneka Belgium N.V.
MS Polymer Division
Nijverheidsstraat 16
B-2260 Westerlo (Oevel)
Telefon (+32) 14 / 25 45 20
E-Mail: info.mspolymer@kaneka.be

Das Produktprogramm

Rohstoffe
MS POLYMER, SILYL und XMAP
sind flüssigpolymere Rohstoffe auf
Polyether- bzw. Polyacrylat-Basis für die
Weiterverarbeitung zu elastischen Dicht-
und Klebstoffen. Art und Geschwindigkeit
der Aushärtung, Haftvermögen, Vernet-
zungsdichte, etc. sind durch unterschiedliche Funktionalisierungen steuerbar.

Darstellbare Endprodukte der Formulierer
Lösungsmittelfreie/isocyanatfreie
1K-/2K-Reaktionsklebstoffe und
-dichtstoffe
Haftklebstoffe (PSA)
Ölbeständige Kleb-/Dichtstoffe
Dichtstoffe mit geringer Gas-
permeabilität
Klebstoffblends mit Epoxidharzen

Für Anwendungen im Bereich
Maschinen- und Apparatebau
Klima-, Lüftungstechnik
Fahrzeug-, Luftfahrtindustrie
Schiffbau
Holz-, Möbelindustrie
Haushalt, Hobby und Büro
Klebebänder, Etiketten
Elektronik
Baugewerbe, inkl. Fußboden, Wand und Dach

 **KEYSER & MACKAY**

Keyser & Mackay
Zweigniederlassung Deutschland
Ettore-Bugatti-Straße 6 – 14
D-51149 Köln
Telefon +49 (0) 2203 20301-0
E-Mail: info.de@keymac.com
www.keysermackay.com

Mitglied des IVK

Das Unternehmen

Gründungsjahr
1894

Größe der Belegschaft
120 Mitarbeiter

Niederlassungen
Zentrale in den Niederlanden
Zweigniederlassungen in Deutschland,
Belgien, Frankreich, Schweiz, Polen,
Spanien

Ansprechpartner
Verkaufsleitung:
Robert Woizenko
E-Mail: r.woizenko@keymac.com

Das Produktprogramm

Rohstoffe
Harze: hydrierte Kohlenwasserstoffharze,
C5/C9 – Kohlenwasserstoffharze,
Pure-Monomer-Harze,
(hydrierte) Kolophoniumderivate,
Harzdispersionen
Polymere: Amorphe Polyolefine (APO),
EVA, SIS/ SBS/ SEBS, PE/ PP Wachse, STP,
Acrylatcopolymere, Acrylatdispersionen

Füllstoffe: gefälltes Calciumcarbonat,
Talkum, Wollastonite, pyrogene Kiesel-
säure, Glimmer, Graphit, Dolomit, Zeolithe,
Leichtfüllstoffe

Sonstiges: Antioxidantien, UV Absorber,
Silane, Oxazolidine, Haftvermittler, Flammschutzmittel, Polyole

Rohstoffe für
Haftklebstoffe (PSA), Schmelzklebstoffe,
lösemittelhaltige Klebstoffe, wässrige
Klebstoffe, Reaktionsklebstoffe, Dichtungsmassen, Beschichtungen,
chem. Verbundanker

Für Anwendungen im Bereich
Klebebänder, Etiketten, Hygiene, Holz-/
Möbelindustrie, Verpackungen, Automobil-/
Luftfahrtindustrie, Papier/ Graphik/ Buch-
bindung, Bauindustrie, Elektronik, Textil,
DIY, Maschinenbau

KDT AG
Lagerstrasse 8
CH-8953 Dietikon, Schweiz
Telefon +41 (0) 44 743 33 30
E-Mail: info@kdt-technik.ch
https://kdt-technik.ch

Mitglied des FKS

Das Unternehmen

Gründungsjahr
2021

Größe der Belegschaft
> 10 Mitarbeiter

Gesellschafter
Thomas Kraushaar, Inhaber

Stammkapital
CHF 100'000.00

Vertriebswege
Fachhandel, Direktvertrieb und Online-
handel von Klebstoffen und Dosiertechnik

Ansprechpartner
Geschäftsführung:
Thomas Kraushaar, General Manager
E-Mail: t.kraushaar@kdt-technik.ch

Anwendungstechnik und Vertrieb:
Marc Rohner, Sales Manager
E-Mail: m.rohner@kdt-technik.ch

Weitere Informationen
Henkel Premiumpartner für Loctite®
in der Schweiz. Klebtechnisches Eigineering,
Zertifizierung und Weiterbildung. Klebstoff-
fachhandel. Hersteller für Dosiergeräte KDG.

Das Produktprogramm

Klebstofftypen
• Reaktionsklebstoffe
• Dispersionsklebstoffe
• Haftklebstoffe

**Anlagen/Verfahren/Zubehör/
Dienstleistungen**
• Komponenten für die Förder-,
  Misch- und Dosiertechnik
• Oberflächen reinigen und vorbehandeln
• Klebstoffhärtung und -trocknung
• Dienstleistungen

Für Anwendungen im Bereich
• Elektronik
• Maschinen- und Apparatebau
• Fahrzeug, Luftfahrtindustrie
• Klebebänder, Etiketten

Kiesel Bauchemie GmbH u. Co. KG

Wolf-Hirth-Straße 2
D-73730 Esslingen
Telefon +49 (0)7 11-9 31 34-0
Telefax +49 (0) 7 11-9 31 34-1 40
E Mail: kiesel@kiesel.com
www.kiesel.com

Mitglied des IVK

Das Unternehmen

Gründungsjahr
1959

Größe der Belegschaft
ca. 150 Mitarbeiter

Geschäftsführende/-r Gesellschafter/-in
Beatrice Kiesel-Luik

Tochterfirmen
Kiesel S.A.R.L., Reichstett, Frankreich
Kiesel GmbH, Tägerwilen, Schweiz
Kiesel Denmark ApS
Nordic & Middle East, Castrup, Dänemark
Kiesel s.r.o., Praha, Tschechien
Kiesel Polska Sp. z.o.o., Wroclaw, Polen

Geschäftsführung
Beatrice Kiesel-Luik, Thomas Müllerschön,
Dr. Matthias Hirsch

Geschäftsleitung
Jürgen Schwarz, Fliesentechnik
Alexander Magg, Fußbodentechnik

Niederlassungsleitung Tangermünde
Diana Stegemann

Verkaufsleitung
Jürgen Walter, Vertriebsleiter Fußbodentechnik
Marcus Lippert,
Vertriebsleiter Fußbodentechnik Süd/West
Uwe Sauter, Verkaufsleitung Fliese Süd und
Österreich

Exportleitung
Alexander Magg – Übersee und Europa
Christophe Bichon – Frankreich

**Leitung Anwendungstechnik und
Technisches Marketing**
Ulrich Lauser

Das Produktprogramm

Klebstofftypen
Dispersionsklebstoffe
Zementäre Fliesenklebstoffe
Lösemittelfreie Klebstoffe
Reaktionsklebstoffe

Für Anwendungen im Bereich
Baugewerbe, inkl. Fußboden und Wand
Für Bodenbeläge aller Art:
Fußbodenbeläge
Parkettbeläge
Fliesenbeläge
Naturwerksteinbeläge
Innovative Trendböden
Fugenmassen
Abdichtungssysteme
Untergrundvorbereitung

Wiederaufnahmesystem
Okalift SuperChange

Die Produkte werden ausschließlich
in Deutschland gefertigt.

Leitung Anwendungstechnik
Fußboden und Parkett: Manfred Dreher
Fliese: Roland Tschigg

Vertriebswege
Fußbodenbelagsgroßhandel
Großverlegebetriebe
Baustoff-Fachhandel
Holzgroßhandel
Fliesenfachhandel

Kisling AG
Motorenstrasse 102
CH-8620 Wetzikon
Telefon +41 (0) 272 01 01
E-Mail: info@kisling.com

Mitglied des IVK, FKS

Das Unternehmen

Gründungsjahr
1862

Vertriebswege
Direktvertrieb und Handel

Ansprechpartner
Geschäftsführer: Dr. Dirk Clemens
Verkaufsleiter: Roger Affeltranger

Das Produktprogramm

Produktportfolio
Kleb- und Dichtstoffe sowie Vergussmassen

Methacrylat Strukturklebstoffe
Epoxidharz Strukturklebstoffe
No-Mix Strukturklebstoffe
Anaerobe Klebstoffe
Cyanacrylat Sekundenklebstoffe
RTV Silikone
Hybrid Polymere
Epoxy Vergussmassen
Polyurethan Vergussmassen

Für Anwendungen im Bereich Industrie
Elektronik
Automotive
Wartung, Reparatur und Instandhaltung
(MRO)
Leichtbau/Faserverbund
E-Mobilität & Elektromotoren
Fluidtechnologie
Transport & Beförderung
Lautsprecher

Kissel + Wolf GmbH
In den Ziegelwiesen 6
D-69168 Wiesloch
Telefon +49 (0) 62 22 578-0
E-Mail: info@kiwo.de
www.kiwo.com

Mitglied des IVK

Das Unternehmen

Gründungsjahr
1893

Größe der Belegschaft
ca. 100 Mitarbeiter

Ansprechpartner
Geschäftsführung:
Tammo Hess

Anwendungstechnik und Vertrieb:
Thomas Starsetzki

Das Produktprogramm

Klebstofftypen
lösemittelhaltige Klebstoffe
Dispersionsklebstoffe
Haftklebstoffe

**Anlagen/Verfahren/Zubehör/
Dienstleistungen**
Auftragssysteme (1-K-Systeme,
2-K-Systeme, Roboter)
Dienstleistungen

Für Anwendungen im Bereich
Holz-/Möbelindustrie
Elektronik
Fahrzeug, Luftfahrtindustrie
Textilindustrie
Haushalt, Hobby und Büro

KLEIBERIT®

ADHESIVES • COATINGS

KLEBCHEMIE
M. G. Becker GmbH & Co. KG
Max-Becker-Straße 4
D-76356 Weingarten
Telefon +49 7244 62-0
Telefax +49 7244 700-0
E-Mail: info@kleiberit.com
www.kleiberit.com

Mitglied des IVK

Das Unternehmen

Gründungsjahr
1948

Größe der Belegschaft
ca. 670 weltweit

Niederlassungen
Australien, Brasilien, China, Frankreich,
Indien, Japan, Kanada, Mexiko, Russland,
Singapur, Türkei, UK, Ukraine, USA,
Belarus

Geschäftsführung
Dipl. Phys. Klaus Becker-Weimann
Leonhard Ritzhaupt

Ansprechpartner
Vertrieb:
Leonhard Ritzhaupt

Vertriebswege
Industrie – Direktvertrieb
Handwerk – Fachhandel
Webshop

Weitere Informationen
Spezialist in der PUR Klebstoff-Technologie
und Oberflächenveredelung
Competence PUR

Das Produktprogramm

Klebstofftypen
PUR-Klebstoffe
Reaktive Schmelzklebstoffe (PUR, POR)
Schmelzklebstoffe (EVA, PO, PA)
1K und 2K Reaktionsklebstoffe
(PUR, STP, Epoxy)
PUR-Schaumsysteme
Dispersionsklebstoffe
(Acrylat, EVA, PUR, PVAC)
Dicht- und Montageklebstoffe
Haftklebstoffe
EPI-Systeme
Lösungsmittelhaltige Klebstoffe

Lacksysteme
KLEIBERIT HotCoating® auf Basis PUR
TopCoating auf Basis UV-Lack

Für Anwendungen im Bereich
Holz- und Möbelindustrie
Türen, Fenster, Treppen, Fußböden
Profilummantelung
Bauindustrie inkl. Boden, Wand, Decke
Bau- und Fassadenelemente
Sandwichelemente
Textilindustrie
Automotive Industrie
Filterindustrie
Schiff- und Bootsbau
Papier- und Verpackungsindustrie
Buchbinde-Industrie
Oberflächenveredelung

Kömmerling Chemische Fabrik GmbH

Zweibrücker Straße 200
D-66954 Pirmasens
Telefon +49 (0) 63 31-56-20 00
Telefax +49 (0) 63 31-56-19 99
E-Mail: info@koe@hbfuller.com
www.koe-chemie.de

Mitglied des IVK

Das Unternehmen

Gründungsjahr
1897

Größe der Belegschaft
450 Mitarbeiter

Besitzverhältnisse
H.B. Fuller

Schwesterfirmen
Kömmerling Chimie SARL, Strasbourg (F)
Kommerling UK Ltd., Uxbridge (UK)

Geschäftsführung
Niels Eildermann
Dr. Gert Heckmann
Heidi Ann Weiler

Vertriebswege
B2B, Handel

Das Produktprogramm

Klebstofftypen
Acrylatbänder
Butyle/Butylbänder
Dispersionsklebstoffe
Haftklebstoffe
Hotmelts
lösemittelhaltige Klebstoffe
MS-Polymere
Polysulfide
Polyurethane
Silikone

Für Anwendungen im Bereich
Automobilindustrie
Bauindustrie
Coil Coating/Bandbeschichtung
Elektronikindustrie
Fassade
Fensterklebung
Isolierglas
Leichtbau
Marineanwendungen
Nutzfahrzeugbau
Photovoltaik
Schuhhandwerk
Schuhindustrie
Solarthermie
Structural Glazing
Windkraft

KRAHN Chemie Deutschland GmbH
Grimm 10
D-20457 Hamburg
Telefon +49 (0) 40-3 20 92-0
Telefax +49 (0) 40-3 20 92-3 22
www.krahn.eu

Mitglied des IVK

Das Unternehmen

Gründungsjahr
1972

Größe der Belegschaft
235 Mitarbeiter

Gesellschafter
Otto Krahn (GmbH & Co.) KG,
gegründet 1909

Geschäftsführung
Philip O. Krahn
Dr. Rolf Kuropka

Ansprechpartner
Thorben Liebrecht
Telefon +49 (0) 40-3 20 92-2 53

Tochterfirmen
Frankreich, Griechenland, Italien,
Niederlande, Polen, Schweden, Spanien, UK

Lieferanten
Baerlocher, BASF, Bostik, Budenheim, Celanese,
Chromaflo, Dixie Chemical, Dynaplak,
Eastman, ExxonMobil Chemical, Gulf Chemical,
Lanxess, OQ Chemicals, Parker Hannifin
(ehem. Lord), Plastifay, Qualipoly, The
Chemical Company, Tosoh, Valtris, UPM

Das Produktprogramm

Rohstoffe
Additive:
Biozide, Pigmente, Pigmentpasten,
Metallseifen, Stabilisatoren, Flammschutz-
mittel, nachhaltige Füllstoffe

Dispersionen:
Acrylat-Dispersionen
PVAc-Dispersionen
VAE-Dispersionen
Polychloropren-Latex
PVB-Dispersionen
Stärkepolymerdispersionen

Harze:
gesättigte Polyesterharze

Polymere:
Chloropren Kautschuk (CR)
Chlorosulfoniertes Polyethylen (CSM)
Ethylenvinylacetat (EVA)
PVB, PIB

Reaktivkomponenten:
Kettenverlängerer (EH-Diol)
Epoxidharzhärter

Weichmacher:
Adipate, Benzoate, Citrate, Hexanoate,
Trimillitate, Phthalate, Poly Adipate,
Mischungen, Phosphatester, Sebacate

Haftvermittler:
Gummi-Metall-Haftvermittler

Gleitlacke

Flockklebstoffe

Kraton Polymers Nederland B.V.
Transistorstraat 16
NL-1322CE Almere
Phone +31 36 5462 800
E-Mail: info@kraton.com

Mitglied des IVK

Das Unternehmen

Ansprechpartner
Customer.Inquiries@Kraton.com

Technologie und Verkauf
Customer.Inquiries@Kraton.com

Weitere Informationen
Kraton ist ein weltweit führender Hersteller von Styrol-Blockcopolymeren, einer Produktfamilie, deren Chemie erstmals durch uns vor über 60 Jahren entwickelt worden ist. Kraton Polymere werden außer in Klebstoff-Formulierungen in einer Vielzahl von Anwendungen eingesetzt, inklusive Strassenbau und Dachbahnen, Beschichtungen, Consumer und Hygiene Produkte, Dichtungen und Schmierstoffe, medizinische Produkte, Verpackungen, Automobilanwendungen und Schuhsohlen.

Zudem ist Kraton mit über 80 Jahren Erfahrung globaler Marktführer im Bereich Bio-Raffinerien auf Basis von Kiefernholz. Als weltweit grösster Anbieter von Produkten auf Basis von Kiefernholz werden diese in Klebstoffen und Reifenanwendungen, Asphaltverjüngung und Bitumenmodifizierung, Brennstoffadditive und Ölförderung, Beschichtungen, Metallbearbeitung, Schmierstoffen, Tinten, Duftstoffen und Bergbau verwendet.

Sustainable Solutions.
Endless Innovation.

Das Produktprogramm

Klebstofftypen
Schmelzklebstoff
Lösemittelklebstoff
Haftklebstoff

Rohstoffe
SBS
SIS
SIBS
SEBS
SEPS
Rosin Esters
Dispersions
Modified Rosin
AMS resins
AMS Phenolic resins
Styrenated Terpenes
Terpene phenolics
Polyterpenes
Hot-Melt Polyamides

Anwendungsbereiche
Haftklebebänder und Etiketten
Hygiene
Klebefolien
Papier/Verpackungen
Buchbinderei/Graphikdesign
Holz- und Möbelindustrie
Baugewerbe, inkl. Böden, Wände und Decken
Automobil- und Luftfahrtindustrie
Textilbranche

LANXESS Deutschland GmbH

Kennedyplatz 1
D-50569 Köln
Telefon +49 (0) 221-88 85-0
www.lanxess.com

Mitglied des IVK

Das Unternehmen

Der Spezialchemie-Konzern LANXESS mit Sitz in Köln ist seit 2005 an der Börse notiert.

Das Unternehmen beschäftigt knapp 14.900 Mitarbeiter und ist weltweit präsent.

Das Geschäftsportfolio gliedert sich in die Segmente:

- Advanced Intermediates
- Specialty Additives
- Consumer Protection
- Engineering Materials

Der Umsatz lag 2021 bei 7,6 Milliarden Euro.

Für Biozide:
Dr. Pietro Rosato
Technical Marketing – Industrial Preservation
Telefon: +49 (0) 221-8885-7251
E-Mail: pietro.rosato@lanxess.com

Das Produktprogramm

Biozide
Umfangreiches Sortiment von Bioziden unter den Markennamen Preventol® und Metasol®
- Topfkonservierungsmittel für alle wässerigen Klebstoffe
- Filmkonservierungsmittel für die fungizide Ausrüstung von Dichtmassen, Klebstoffen und Fugenmörteln
- Beratung zu mikrobiologischen Problemstellungen

 **L&L Products**

L&L Products Europe
Hufelandstraße 7
D-80939 München
Telefon +49 (0) 89 4132 779 00
E-Mail: webmaster@llproducts.com
www.llproducts.com

Mitglied des IVK

Das Unternehmen

Gründungsjahr
1958 in Romeo USA –
2002 Gründung der GmbH

Größe der Belegschaft
Weltweit 1.200

Stammkapital
25.000 €

Besitzverhältnisse
Lane & Ligon, Familienbesitz

Vertriebswege
Direkt und Distribution

Ansprechpartner
Geschäftsführung:
Matthias Fuchs

Anwendungstechnik und Vertrieb:
Dagmar van Heur

Das Produktprogramm

Klebstofftypen
Schmelzklebstoffe
Reaktionsklebstoffe
Haftklebstoffe

Dichtstofftypen
Acrylatdichtstoffe
PUR-Dichtstoffe
MS/SMP-Dichtstoffe
Sonstige

Für Anwendungen im Bereich
Elektronik
Maschinen- und Apparatebau
Fahrzeug, Luftfahrtindustrie

Lohmann GmbH & Co. KG
Irlicher Straße 55
D-56567 Neuwied
Telefon +49 (0) 26 31-34-0
Telefax +49 (0) 26 31-34-66 61
E-Mail: info@lohmann-tapes.com
www.lohmann-tapes.com

Mitglied des IVK

Das Unternehmen

Gründungsjahr
1851

Größe der Belegschaft
ca. 1.800 Mitarbeitende weltweit

Ansprechpartner
Geschäftsführung:
Dr. Jörg Pohlman, Dr. Carsten Herzhoff
info@lohmann-tapes.com

Tochterfirmen
in Europa, USA, Mexiko, China, Korea,
Indien, Thailand

Vertriebswege
B2B-Direktvertrieb und globales
Distributorennetzwerk

Weitere Informationen
Als Anbieter von Hightech Klebeband-
lösungen bietet Lohmann die gesamte
Wertschöpfungskette von der Produktion
des Klebebands bis hin zum individuellen
Stanzteil aus einer Hand an. Lohmann ist
auf kundenspezifische Lösungen spezialisiert und bietet u.a. multifunktionale Klebebänder, die elektrisch- oder thermisch
leitfähig, vibrationsmindernd oder flamm-
hemmend konstruiert sind.

Das Produktprogramm

Klebstofftypen
Reaktive und nicht-reaktive Systeme
Acrylat-, Epoxy- und Kautschuk-Systeme

Für Anwendungen im Bereich
Automotive
Elektronik
Medizintechnik
Grafikindustrie/Flexodruck
Haushaltsgeräte
Architektur & Baugewerbe
Holz-/Möbelindustrie
Textilindustrie
Erneuerbare Energien
Hygiene

LOOP GmbH
Lohnfertigung und Optimierung
Am Nordturm 5
D-46562 Voerde
Telefon +49 (0) 2 81-8 31 35
Telefax +49 (0) 2 81-8 31 37
E-Mail: mail@loop-gmbh.de

Mitglied des IVK

Das Unternehmen

Gründungsjahr
1993

Geschäftsführer
DI Marc Zick

Produktionsleitung
Jürgen Stockmann

Lohnfertigung folgender Produktgruppen
- Höchstgefüllte Pasten auf Basis unterschiedlichster Bindemittelsysteme
- Polymerformulierungen, 2K-Systeme, wässrig und lösemittelhaltig
- Additiv- und Wirkstoffkonzentrate (flüssig, pastös, pulverförmig)
- Imprägnier- und Formenbauharzsysteme
- Slurries
- Pulvermischungen
- Beladen von Trägermaterialien mit Wirkstoffen
- Effekt-Granulate herstellen + fraktionieren, für technische und optische Anwendungen, Markierungssysteme usw.
- Elektroverguss-, Kabelverguss- und Einzugsmassen usw.

Das Produktprogramm

LOOP arbeitet für Partner in den Sektoren
- Kleb- und Dichtstoffindustrie
- Polymer-, Bindemittel-Chemie
- Pigment + Füllstoffhersteller
- Additiv-Industrie
- Bauchemie/Bautenschutz
- Verbundwerkstoffe
- Gießereiindustrie
- Elektronik, Kabelhersteller, Windkraft
- Glasindustrie (funktionelle Produkte)
- Textil-, Papier-, Holzausrüster
- Entwicklungs-, Labor- und Beratungsunternehmen
- Große Distributeure usw.

LOOP baut sein KST (Kunden-Service-Technikum) personell und equipmentseitig konsequent weiter aus.

LOOP arbeitet mit Partnern aus dem inländischen, europäischen und außereuropäischen Markt zusammen.

Parker Hannifin Manufacturing
Germany GmbH & Co. KG
Division APS / EPM
Itterpark 8, D-40724 Hilden
Telefon +49 (0) 21 03-25 23 10
Telefax +49 (0) 21 03-25 23 197
E-Mail: Liv.Kionka@parker.com
www.parker.com

Mitglied des IVK

Das Unternehmen

Gründungsjahr
1917 durch Arthur L. Parker

Größe der Belegschaft
56.000 in 2019 (Parker Hannifin weltweit)

Europäisches Zentrum der Anwendungstechnik Hilden

Ansprechpartner in der Anwendungstechnik
Parker LORD Gummi - Substrat Haftmittel:
Malte Reppenhagen
E-Mail: malte.reppenhagen@parker.com

Parker LORD Struktur- und Automotive OEM 2K
Klebstoffe:
Dipl. Ing. Marcus Lämmer
E-Mail: marcus.lammer@parker.com

Parker LORD Thermoset & Cooltherm:
Christophe Dos Santos
E-Mail: Christophe.DosSantos@parker.com

Parker LORD Elastomer Beschichtungen und
Flockklebstoffe:
Dr. Christiane Stingel
E-Mail: christiane.stingel@parker.com

Weitere Informationen
Parker LORD ist der weltweit führende Hersteller
von Gummi-Metallhaftmitteln und Elastomerbe-
schichtungen für den Automobil-, Industrie- und
Luftfahrtbereich. Hier kommen sowohl Lösemit-
tel- als auch wässrige Dispersionsklebstoffe zum
Einsatz. Weitere Schwerpunkte liegen im Bereich
kaltaushärtender 2K Metall- und Kompositklebstoffe welche z.B. im Bereich der Automobil-
Bördelfalzklebung zum Einsatz kommen. Die
Produktpalette wird durch spezielle Elektronik-
klebstoffe zum Beschichten, Vergießen oder
leitfähigen Kleben elektronischer Komponenten
abgerundet.

Das Produktprogramm

Klebestofftypen
2K Reaktionsklebstoffe
(LORD®, FUSOR®, VERSILOK®, Cool-Therm)
Lösemittelhaltige Haftmittel
(CHEMLOK®, CHEMOSIL®)
Lösemittelhaltige 1K Reaktionsklebstoffe
(LORD®, CHEMLOK®, FLOCKSIL®)
Primer
(CUVERTIN®, SIPIOL®)

Für Anwendungen im Bereich
Thermoset & Elektronik:
Thermisch-leitfähige, aber elektrisch isolierende
Vergussmassen
Beschichtungen, Halbleiterklebstoffe

Industrie:
Metallklebstoffe, Kompositklebstoffe,
Kunststoffklebstoffe für den Fahrzeugbau,
die Luftfahrtindustrie und Marine

Elastomere: Gummi-Metallklebstoffe,
Flockklebstoffe, Antihaftbeschichtungen

Automobil (OEM): Bördelfalzklebstoffe,
Dämpfungselemente, Magnetorheologische
Flüssigkeiten (MR Fluids)

Luft- und Raumfahrt: 2K (OEM) Strukturklebstoffe,
2K Reparaturklebstoffe, Beschichtungen, Dämpfungselemente, Aktive Schwingungsdämpfer

Das europäische Forschungs- und Entwicklungs-
zentrum in Hilden erarbeitet hierbei kundenspezifische Lösungen in vielen Bereichen
der Klebtechnik und führt Schulungen zu den
verwendeten Klebstoffen durch.

LUGATO
GmbH & Co. KG

Großer Kamp 1
D-22885 Barsbüttel
Telefon (0) 40-6 94 07-0
Telefax (0) 40-6 94 07-1 09+1 10
E-Mail: info@lugato.de
www.lugato.de

Mitglied des IVK

Das Unternehmen

Gründungsjahr
1919

Größe der Belegschaft
ca. 140 Mitarbeiter

Geschäftsführung
Stephan Bülle und Oliver Heuwold

Vertriebswege
Baumärkte
Baustoffhandel

Das Produktprogramm

Klebstofftypen
Dispersionsklebstoffe
hydraulisch erhärtende Klebstoffe
Reaktionsklebstoffe

Für Anwendungen im Bereich
Do it Yourself
Baugewerbe, inkl. Fußboden, Wand u. Decke

Weitere Produkte
Fliesenklebstoffe
bauchemische Markenartikel, z. B.
Fugenmörtel
Dichtstoffe
Spachtel- und Ausgleichmassen
Reparatur- und Montagemörtel
Polyurethan-Schäume
Dispersionsputze
Spezialanstriche
Grundierungen
Bauwerksabdichtungen
Verlegesystem Marmor + Granit
Bodenbelagsklebstoffe

Mapei
Austria GmbH

Fräuleinmühle 2
A-3134 Nußdorf o. d. Traisen
Telefon +43 (0) 27 83 88 91
Telefax +43 (0) 27 83 88 91-125
E-Mail: office@mapei.at
www.mapei.at

Mitglied des IVK

Das Unternehmen

Gründungsjahr
1980

Größe der Belegschaft
96 Mitarbeiter

Gesellschafter
Mapei SpA, Milano, Italien

Ansprechpartner
Geschäftsführung:
Mag. Andreas Wolf

Verkaufsleitung:
Gerhard Tauschmann

Produktmanager:
Oliver Salmhofer

Das Produktprogramm

Klebstofftypen
Reaktionsklebstoffe
lösemittelfreie Klebstoffe
lösemittelhaltige Klebstoffe
Dispersionsklebstoffe

Dichtstofftypen
Acrylatdichtstoffe
Silicondichtstoffe
Reaktions-Dichtstoffe

Für Anwendungen im Bereich
Baugewerbe, inkl. Fußboden,
Wand u. Decke

merz+benteli ag
more than bonding

Merbenit Gomastit Merbenature

merz+benteli ag
Freiburgstrasse 616
CH-3172 Niederwangen
Telefon +41 (0) 31 980 48 48
Telefax +41 (0) 31 980 48 49
E-Mail: info@merz-benteli.ch
www.merz-benteli.ch

Mitglied des FKS

Das Unternehmen

Gründungsjahr
1918 in Bern als Zulieferer der Uhrenindustrie

Mitarbeiter
100 Mitarbeiter

Firmenstruktur
Aktiengesellschaft im Familienbesitz

Verkaufskanäle
Direkt und an Verteiler, bzw. Händler

Kontaktpartner
Management:
Simon Bienz, Leiter Marketing & Verkauf

Anwendungstechnik und Verkauf:
Simon Bienz, Leiter Marketing & Verkauf

Weitere Informationen
Wir bauen auf 100 Jahre Erfahrung im Kleben und Dichten
Seit der Firmengründung im Jahre 1918 entwickelt und vermarktet merz+benteli ag als unabhängiges Unternehmen technologisch führende elastische Dicht- und Klebstoffe.

Innovative und leistungsfähige SMP Dicht- und Klebstoffe (silan-modifizierte Polymere)
Mit den Marken Gomastit für Bauanwendungen, Merbenit für Industrieapplikationen

Das Produktprogramm

Klebstoffarten
Reaktive Klebstoffe

Dichtstoffarten
MS/SMP Dichtstoffe

Für Anwendung im Bereich
Holz-/Möbelindustrie
Bauindustrie; Böden, Decken und Wände
Elektroindustrie
Maschinen- und Anlagenbau
Fahr- und Flugzeugindustrie
Marineindustrie

sowie Merbenature aus über 50% nachwachsenden Rohmaterialien positioniert sich merz+benteli ag als eigenständiger und unabhängiger Spezialist für innovative Marktleistungen rund ums Dichten, Kleben und Schützen.

Minova CarboTech GmbH
Bamlerstraße 5d
D-45141 Essen
Telefon: +49 (0) 201 80983 500
E-Mail: info.de@minovaglobal.com
www.minovaglobal.com/emea/cis

Mitglied des IVK

Das Unternehmen

Minova International Ltd.
400 Dashwood Lang Road
Addlestone - Vereinigtes Königreich

Mutter-Gesellschaft
Aurelius Gruppe, München - Deutschland

Gründungsjahr
1882 in Dortmund

Mitarbeiter
1.200

Ansprechpartner
Geschäftsführung:
Michael J. Napoletano, Patrick Langan,
Frank Unterschemmann

Anwendungstechnik und Vertrieb:
Herbert Holzer
Telefon +49 (0) 201 80983 500
E-Mail: herbert.holzer@minovaglobal.com

Weitere Informationen
Minova kann auf eine 140-jährige Erfolgsge-
schichte bei der Entwicklung und Lieferung
innovativer Produkte für die Bergbau-, Bau-
und Energieindustrie zurückblicken. Wir sind
bekannt für unsere hochwertigen Produkte,
unser technisches Know-how und unsere
Problemlösungen. Unsere innovatives, fle-
xibles Produktportfolio umfasst ein breites
Spektrum von Lösungsmöglichkeiten, das
Ihnen jederzeit Flexibilität in Ihren Anwendungsbereichen bietet.

Das Produktprogramm

Klebstofftypen
Reaktionsklebstoffe

Für Anwendungen im Bereich
Holz-/Möbelindustrie,
Baugewerbe, inkl. Fußboden,
Wand und Decke

Wir bieten eine umfangreiche Produktpalette:
- Gebirgsanker aus Stahl und Fiberglas
  einschließlich Zubehör für den Berg-
  und Tunnelbau,
- Injektionsharze zur Abdichtung gegen
  Gas- und Wasserzutritt, Gebirgs- und
  Bodenverfestigung und Hohlraumver-
  füllung,
- Zemente und Harze zur Bauwerks- und
  Kanalsanierung,
- Klebstoffe für unterschiedliche Böden
  und Belege.

Möller Chemie GmbH & Co.KG
Bürgerkamp 1
D-48565 Steinfurt
Telefon +49 (0) 2551 9340-0
Telefax +49 (0) 2551 9340-60
E-Mail: info@moellerchemie.com
www.moellerchemie.com

Mitglied des IVK

Das Unternehmen

Gründungsjahr
gegründet 1920

Größe der Belegschaft
102 Mitarbeiter

Stammkapital
72 Mill. €

Gesellschaftsstruktur
Familienunternehmen

Verkaufsgebiete
EU direkt, Balkan via Vertretung

Kontaktpartner
Management:
R. Berghaus

Anwendungstechnik:
U. Banseberg

Verkauf:
F. Dembski

Weiter Informationen
Spezialisiert auf Additive - Entschäumer,
Benetzung und Dispergiermittel, UV-Licht-
Stabilisator, Silikon-Tenside, Rheologie
Additive. Silikon Stabilisatoren, Epoxidhärter
Reaktivverdünner, MXDA, Lösungsmittel,
Silane - Haftungsvermittler, pyrogene Kiesel-
säuren der Orisil. Alpha-Olefin von Chevron
Phillips (Alpha-Plus). Isoparaffine, Weichma-
cher, Isotridecanol usw.
Amin- und Metallkatalysatoren, Vernetzer,
Andere.

Das Produktprogramm

Rohstoffe
Additive
Füllstoffe
Lösemittel jeglicher Art
Polymere Produkte
Stärke Produkte
Oberflächenreiniger

Ausrüstung, Anlagen und Komponenten
zum Fördern, Mischen, Dosieren und für
die Herstellung von Mischungen

Für Anwendungen in den Bereichen
Papier/Verpackungen
Buchbinderei/Grafikdesign
Holz-/Möbelindustrie,
Kunststoff und Lackindustrie
Bauindustrie, einschließlich Böden, Wände
Elektronik
Maschinenbau und Ausrüstung Konstruktion
Automobilindustrie, Luftfahrtindustrie
Textilindustrie
Klebebänder, Etiketten
Hygiene
Haushalt, Freizeit und Büro

MORCHEM
Your Innovation Partner

MORCHEM, S. A.
Alemania, 18-22
Pol. Ind Pla de Llerona
E-08520 Les Franqueses del Vallés
(Barcelona)
Telefon +34 93 840 57 00
Telefax +34 93 840 57 11
E-Mail: info@morchem.com
www.morchem.com

Das Unternehmen

Gründungsjahr
1985

Größe der Belegschaft
165

Geschäftsführer
Helmut Schaeidt Murga

Besitzverhältnisse
Familienunternehmen

Tochterfirmen
MORCHEM GmbH (Deutschland)
MORCHEM IN (USA)
MORCHEM FZE
(Vereinigte Arabische Emirate)
MORCHEM SHANGHAI TRADING Co., Ltd.
(China)
MORCHEM PRIVATE LIMITED (Indien)

Vertriebswege
Eigener Kundendienst und Tochtergesell-
schaften/Exklusivhändler, Vertreter +
Lagerhäuser weltweit

Ansprechpartner
Helmut Schaeidt Murga: CEO
Salvador Servera: Globaler CCO
Cristina Ventayol: Technische Leitung
Christoph Moseler:
Globaler Business Director Neue Märkte

Weitere Informationen
"PU-basierte Kaschierklebstoffe und
Beschichtungen für die Flex-Pack-Veredler,
Textilkaschierung, TPUs für Druckfarben,
Pu-Dispersionen, sowie weitere technische
Anwendungen."

Das Produktprogramm

Klebstofftypen
Schmelzklebstoffe
Reaktionsklebstoffe
lösemittelhaltige Klebstoffe
Dispersionsklebstoffe

Rohstoffe
Polymere

Für Anwendung im Bereich
Papier/Verpackung
Holz-/Möbelindustrie
Elektronik
Textilindustrie

MÜNZING CHEMIE GmbH
Münzingstraße 2
D-74232 Abstatt
Telefon +49 (0) 71 31-9 87-0
Telefax +49 (0) 71 31-98 72 02
E-Mail: sales.pca@munzing.com
www.munzing.com

Das Unternehmen

Gründungsjahr
1830

Größe der Belegschaft
540 Mitarbeiter

Gesellschafter
Familie Münzing

Besitzverhältnisse
Familienbesitz

Tochterfirmen
MÜNZING Mirco Technologies GmbH,
Elsteraue, Germany
MÜNZING Emulsions-Chemie GmbH,
Elsteraue, Germany
MÜNZING CHEMIE Iberia S.A., Barcelona, Spain
MUNZING Poland Sp. z o.o., Katowice, Poland
MÜNZING International S.a.r.L, Luxembourg
MÜNZING North America, Bloomfield, NJ, USA
MAGRABAR LLC, Morton Grove, IL, USA
MUNZING DO BRASIL, Curitiba, PR, Brazil
MÜNZING Mumbai Pvt. Ltd., Mumbai, India
MÜNZING Shanghai Co. Ltd., Shanghai, P.R. China
MÜNZING Australia Pty. Ltd., Somersby,
NSW, Australia
MÜNZING Malaysia SDN BHD, Sungai Petani,
Malaysia

Vertriebswege
Direkt und über Vertragshändler

Ansprechpartner
Customer Service
Telefon: +49 (0) 7131 - 987 100
E-Mail: sales.pca@munzing.com

Das Produktprogramm

Rohstoffe
Additive

Für Anwendung im Bereich
Papier/Verpackung, inkl. Lebensmittel
Holz-/Möbelindustrie
Baugewerbe, inkl. Fußboden,
Wand und Decke
Elektronik
Maschinen- und Apparatebau
Fahrzeug, Luftfahrtindustrie
Textilindustrie
Klebebänder, Etiketten
Haushalt, Hobby und Büro

VEREDELN SIE IHR WISSEN.
MIT DER NUMMER EINS DER OBERFLÄCHENTECHNIK.*

Sie wollen wissen, was unter der Oberfläche steckt. JOT ist das Magazin, mit dem Sie Ihr Wissen im Bereich Oberflächentechnik veredeln können. Schicht für Schicht. Artikel für Artikel. Praxisnah und anwenderorientiert. Lesen Sie 12 Ausgaben plus mindestens 5 Specials zum Vorzugspreis. Inklusive E-Magazin, freiem Zugriff auf das Online-Fachartikel-Archiv sowie Newsletter und Webportal www.jot-oberflaeche.de

Testen Sie jetzt JOT. Die ganze Vielfalt unter: *www.meinfachwissen.de/jot*

MUREXIN GmbH
Franz v. Furtenbach Straße 1
A-2700 Wiener Neustadt
Telefon +43 (0) 26 22-27 401-0
E-Mail: info@murexin.com
www.murexin.com

Mitglied des IVK

Das Unternehmen

Gründungsjahr
1931

Größe der Belegschaft
442 Mitarbeiter

Besitzverhältnisse
Unternehmen der
Schmid Industrie Holding

Tochterfirmen
Deutschland, Ungarn, Slowakei, Tschechien,
Polen, Slowenien, Rumänien, Frankreich,
Kroatien

Vertriebspartner
Italien, Bulgarien, Belgien, Island, Israel,
Italien, Schweden, Schweiz, Serbien, Türkei,
Ukraine, Großbritannien

Geschäftsführung
Mag. Bernhard Mucherl

Das Produktprogramm

Grundierungen, Haftbrücken
Nivellier-, Füll- und Spachtelmassen
Klebstoffe für PVC, Textil, Linoleum, Kork
und Gummi
Klebstoffe für elektrisch leitfähige Systeme
Klebstoffe für Parkett und Holz
Klebstoffe für Wand und Decke
Parkettlacke, Pflegemittel
Fliesenklebstoffe
Fugenmörtel
Dichtstoffe

Für Anwendungen im Bereich
Bodenlegergewerbe
Tischler- und Zimmereigewerbe
Holz-/Möbelindustrie
Fliesenlegergewerbe

Nordmann, Rassmann GmbH
Kajen 2
D-20459 Hamburg
Telefon +49 (0) 40 36 87-0
Telefax +49 (0) 40 36 87-249
E-Mail: info@nordmann.global
www.nordmann.global

Mitglied des IVK

Das Unternehmen

Gründungsjahr
1912

Größe der Belegschaft
500

Geschäftsleitung
Dr. Gerd Bergmann

Tochterunternehmen
Deutschland, Bulgarien,
Frankreich, Großbritannien,
Indien, Italien, Japan, Österreich,
Polen, Portugal, Rumänien,
Schweden, Schweiz, Serbien,
Singapur, Slowakei, Slowenien,
Spanien, Südkorea,Türkei, USA

Ansprechpartner
Technik und Vertrieb:
Henning Schild
Telefon: +49 (0) 40-36 87- 248
Telefax: +49 (0) 40-36 87- 72 48
E-Mail: henning.schild@nordmann.global

Tanja Loitz
Telefon: +49 (0) 40-36 87- 313
Telefax: +49 (0) 40-36 87- 73 13
E-Mail: tanja.loitz@nordmann.global

Weitere Informationen
Nordmann gehört zu den führenden internatio-
nalen Unternehmen in der Chemiedistribution.
Mit Tochterunternehmen in Europa, Asien und
Nordamerika vertreibt Nordmann weltweit
natürliche und chemische Rohstoffe, Zusatzstoffe
und Spezialchemikalien. Als Vertriebs- und
Marketingorganisation ist Nordmann dabei das
Bindeglied zwischen Lieferanten aus aller Welt
und Kunden in der verarbeitenden Industrie.

Das Produktprogramm

Rohstoffe
Additive: Antioxidantien/Stabilisatoren, Cellu-
loseether, Dispersionspulver, Entschäumer,
Flammschutzmittel und Synergisten, funktionelle
Füllstoffe, PVA, Verdicker, Polyethylenoxide, Polyo-
lefinwachse (PE/PP) und Copolymere, Stärkeether,
Tenside, Pigmente, Rheologieaddditive, Kohlefasern,
PE-Emulsionen

Polymere: PVDC, Styrolblockcopolymere
(SBS, SEBS, SEP, SIS, SIBS), Chloropren-
kautschuk (CR), Hotmelt - Polyamid

Harze: Alkydharze, Alpha-Methyl-Styrol-Harze
(auch phenolisch modifiziert), Epoxidharze und
-härter, hydrierte Kohlenwasserstoffharze,
Polyterpenharze (auch phenolisch oder Styrol-
modifiziert) Phenolharze, Tall-Öl-Harzester

Reaktivkomponenten: Isocyanate (MDI, TDI), Katalysatoren, Kettenverlängerer, Monomere (Metha-
crylate, Hydroxymethacrylate, Ethermethacrylate,
Aminomethacrylate), Polyetherpolyole, PTMEG,
Polycaprolactone, Reaktivverdünner

Weichmacher: DOTP, DPHP, Prozessöle -
paraffinische, naphthenische und „gas-to-liquid"

Dispersionen: Chloroprene, Harzester,
Polyurethan, Styrolbutadien, Styroluc ryiul

Für Anwendungen im Bereich
Baugewerbe, inkl. Fußboden, Wand u. Decke
Buchbinderei/Graphisches Gewerbe
Elektronik
Fahrzeug-, Luftfahrtindustrie
Haushalt, Hobby und Büro
Holz-/Möbelindustrie
Hygienebereich
Klebebänder, Etiketten
Papier/Verpackung
Textilindustrie

Organik Kimya Netherlands B.V.

Chemieweg 7
NL-3197KC Rotterdam-Botlek
Telefon +31 10 295 48 20
Telefax +31 10 295 48 29
E-Mail: organik@organikkimya.com
www.organikkimya.com

Mitglied des IVK

Das Unternehmen

Das Produktprogramm

Gründungsjahr
1924

Größe der Belegschaft
500 Mitarbeiter

Gesellschafter
100 % im Familienbesitz

Besitzverhältnisse
100 %

Tochterfirmen
Vertretungen weltweit, Produktionsstandorte in den Niederlanden und Türkei

Vertriebswege
Direktvertrieb
Vertretungen weltweit

Geschäftsführung
Stefano Kaslowski
Simone Kaslowski

Anwendungstechnik und Vertrieb
Oguz Kocak
Telefon +49 173 652 22 59
E-Mail: o_kocak@organikkimya.com

Klebstofftypen
Dispersionsklebstoffe
Haftklebstoffe

Dichtstofftypen
Acrylatdichtstoffe

Rohstoffe
Polymere
wässrige Dispersionen:
Acrylat-Dispersionen
Styrolacrylat-Dispersionen
Vinylacetat-Polymere

Für Anwendungen im Bereich
Papier/Verpackung
Buchbinderei/Graphisches Gewerbe
Holz-/Möbelindustrie
Baugewerbe, inkl. Fußboden, Wand u. Decke
Textilindustrie
Klebebänder, Etiketten

DICHTEN & KLEBEN

OTTO-CHEMIE
Hermann Otto GmbH
Krankenhausstraße 14
D-83413 Fridolfing
Telefon +49 (0) 86 84-908-0
Telefax +49 (0) 86 84-908-1840
E-Mail: info@otto-chemie.de
www.otto-chemie.de
Mitglied des IVK

Das Unternehmen

Das Produktprogramm

Geschäftsführung
Johann Hafner
Diethard Bruhn
Matthias Nath
Claudia Heinemann-Nath

Größe der Belegschaft
490 Mitarbeiter

Ansprechpartner
Anwendungstechnik:
Nikolaus Auer
Telefon +49 (0) 86 84-908-4010
E-Mail: nikolaus.auer@otto-chemie.de

Vertrieb
Vertriebsleiter Industrie:
Marc Wüst
Telefon +49 (0) 86 84-908-5410
E-Mail Marc.Wuest@otto-chemie.de

Dicht- und Klebstoff-Typen
1K- und 2K-Silikone
1K- und 2K-Polyurethane
MS-Hybrid-Polymere
silanterminierte Polymere
Acrylate

Anwendungen im Bereich
Fahrzeugbau, Schiene, Schiffsbau,
Caravan, Aufbauten
Luft- und Raumfahrt
Elektrotechnik, Hausgeräte,
Kochmulden, Backöfen
Elektronik- und Kabel-Industrie
Klima-, Heizungs-, Lüftungstechnik
Holz, Möbel, Sandwich-Elemente
Fußbodenbeläge
Kunststoffbau
Reinräume
Photovoltaik-Module
Warmwasser-Module
Trennwände
Beschichtungen auf Textilien
Leuchtensysteme

Panacol-Elosol GmbH
Stierstädter Straße 4
D-61449 Steinbach/Taunus
Telefon +49 (0) 61 71-62 02-0
Telefax +49 (0) 61 71-62 02-5 90
E-Mail: info@panacol.de
www.panacol.de
Ein Unternehmen der Hönle Gruppe

Mitglied des IVK

Das Unternehmen

Gründungsjahr
1978

Größe der Belegschaft
mehr als 75 Mitarbeiter

Gesellschafter
Panacol AG, Zürich

Stammkapital
250.000 €

Geschäftsführung
Florian Eulenhöfer, Dr. José Zimmer

Vertriebswege
Direkt über eigenen Außendienst in
Deutschland, Italien und den Niederlanden
Vertriebspartner weltweit

Zertifiziert nach DIN ISO 9001:2015

UV Equipment
Als Mitglied der Hönle-Gruppe und durch
die Partnerschaft mit UV-Gerätehersteller
Hönle sind zudem innovative UV- und
UV-LED-Aushärtesysteme erhältlich.

Das Produktprogramm

Klebstofftypen
Anaerobe Klebstoffe
Cyanacrylate
Wärmeleitende Klebstoffe
isotrope und anisotrope elektrisch
leitfähige Klebstoffe
UV- und lichthärtende Epoxid- und
Acrylatklebstoffe
Strukturklebstoffe
1K- u. 2K-Epoxidharze

Für Anwendungen im Bereich
Elektronik/Elektrotechnik
Chip-Verguss
Maschinen- und Apparatebau
Fahrzeug-, Luftfahrtindustrie
Optik
Medizintechnik
Display-Laminierung

experience. performance.

Paramelt B.V.
Costerstraat 18
NL-1704 RJ Heerhugowaard Niederlande
Telefon +31 (0)72 5750600
E-Mail: info@paramelt.com
www.paramelt.com

Mitglied des VLK

Das Unternehmen

Gründungsjahr
1898

Größe der Belegschaft
522

Gesellschafter
in Privatbesitz

Tochterfirmen
Paramelt Veendam B.V.; Paramelt USA Inc.;
Paramelt Specialty Materials (Suzhou) Co., Ltd

Vertriebswege
Europäische Verkaufsbüros in Deutschland,
Slowakei, Schweden, Niederlande, VK, Frankreich
und Portugal und ein Netzwerk von spezialisierten
Distributoren.

Ansprechpartner
Gesprechspartner:
Flexible Verpackung: Leon Krings
Verpackung & Etikettierung: Kristof Andrzejewski
Konstruktion & Montage: Wim van Praag

Über Paramelt
Paramelt wurde 1898 gegründet und hat sich
im Laufe der Jahre zu einem weltweit führenden
Spezialisten für wachsbasierte Materialien und
Klebstoffe entwickelt.
Paramelt agiert global inzwischen mit 7 Produk-
tionsstandorten in den Niederlanden, USA und
in China. Das Unternehmen verfolgt durch eine
Reihe globaler Geschäftseinheiten einen struk-
turierten Ansatz um seine Schlüsselmärkte, wie
Verpackung sowie Bau & Montage, zu bearbeiten.
Für diese Märkte bieten wir eine umfassende
Auswahl an Wachsen, wasserbasierten Klebstoffen, Hotmelts, PSA-Klebstoffen, wasserbasier-
ten funktionellen Beschichtungen und lösemittel-
basierten PU-Klebstoffen, an.
Betreut von sowohl regionalen Verkaufsbüros als
auch einem umfassenden Netzwerk von Vertrieb-

Das Produktprogramm

Klebstofftypen
Schmelzklebstoffe
Reaktionsklebstoffe
lösemittelhaltige Klebstoffe
Dispersionsklebstoffe
pflanzliche Klebstoffe, Kasein-, Dextrin- und
Stärkeklebstoffe
Haftklebstoffe
Heißsiegelbeschichtungen

Dichtstofftypen
Sonstige

Für Anwendungen im Bereich
Papierverarbeitung/(Flexible) Verpackung/
Etikettierung usw.
Bau: Sandwichelemente, Dach und Fassade
Industriemontage

spartnern, können sich unsere Kunden sicher
sein, den bestmöglichen lokalen Service und eine
umfassende Unterstützung zu erhalten.
Wir verfügen über ein umfangreiches Know-how
im Bereich der Formulierung und Entwicklung von
Klebstoffen und funktionellen Beschichtungen was
uns ermöglicht, auch kritische Maschinen- und An-
wendungsanforderungen erfolgreich zu meistern.
Das Unternehmen hat ein umfangreiches Wissen
von Leistungsaspekten aufgebaut, das genutzt wird
um unsere Produkte so effektiv wie möglich auf
allen Stufen der Wertschöpfungskette zu gestalten.
Unsere Produkte werden in unseren lokalen Laboratorien durch umfangreiche anwendungstech-
nische Verfahren und analytischen Testmethoden
abgesichert und unterstützen uns dabei, beste
Produktlösungen für Ihre Anwendung zu finden.
Aufbauend auf einer Tradition der Partnerschaft und
des Vertrauens, können wir Ihnen durch ein detail-
liertes Wissen, das wir uns über 100 Jahre erarbeitet
haben, echte Vorteile für Ihren Betrieb bieten.

PCI Augsburg GmbH

Piccardstraße 11
D-86159 Augsburg
Telefon +49 (0) 8 21 59 01-0
Telefax +49 (0) 8 21 59 01-372
E-Mail: pci-info@pci-group.eu

Mitglied des IVK

Das Unternehmen

Gründungsjahr
1950

Größe der Belegschaft
Europaweit über 1.200 Mitarbeiter/-innen

Eigentumsverhältnis
PCI Augsburg GmbH ist eine Tochtergesellschaft der MBCC Group

Tochtergesellschaften
Details siehe Webseite

Vertriebswege
indirekt/über Vertriebshändler

Kontaktpartner
Management:
siehe Webseite

Anwendungstechnik und Vertrieb:
siehe Webseite

Weitere Informationen
siehe Webseite

Das Produktprogramm

Klebstoffarten
Pulverklebstoffe
Trockenklebstoffe
Reaktivklebstoffe
Dispersionsklebstoffe

Dichtstoffarten
Acryldichtstoffe
PUR-Dichtstoffe
Silikondichtstoffe

Ausrüstung, Anlagen und Bauteile
zum Fördern, Mischen, Dosieren und
für Klebstoffanwendungen

Für Anwendungen in folgenden Bereichen
Baugewerbe, inkl. Fußboden,
Wand und Decke

PLANATOL®
smart gluing

Planatol GmbH
Fabrikstraße 30 – 32
D-83101 Rohrdorf
Telefon +49 (0) 80 31-7 20-0
Telefax +49 (0) 80 31-7 20-1 80
E-Mail: info@planatol.de
www.planatol.de

Niederlassung Herford:
Hohe Warth 15 – 21
D-32052 Herford
Telefon +49 (0) 52 21-77 01-0
Telefax +49 (0) 52 21-715 46

Mitglied des IVK

Das Unternehmen

Gründungsjahr
1932

Größe der Belegschaft
110 Mitarbeiter

Gesellschafter
Blue Cap AG

Geschäftsführung
Johann Mühlhauser

Vertriebswege
Eigener Außendienst
Grafischer Fachhandel
Auslandsvertretungen weltweit
Niederlassungen im Ausland

Das Produktprogramm

Klebstofftypen
Dispersionen
Hotmelts
PUR-Klebstoffe
Harnstoffharze & Härter
Spezialklebstoffe

Für Anwendungen im Bereich
Grafische Industrie
Buchbinderei
Print Finishing
Verpackungsindustrie
Holz- & Möbelindustrie
Baubranche
Textilindustrie

Weitere Produkte der Firmengruppe
Klebstoffauftragssysteme für den Akzidenz-,
Tief-, Zeitungs- und Digitaldruck
Klebstoffauftragssysteme für Heißleim- und
Kaltleimanwendungen
Copybinder und Zubehör

POLY-CHEM GmbH
Hauptstraße 9
D-06803 Bitterfeld-Wolfen
Telefon +49 (0) 34 94 - 66 95 30
Telefax +49 (0) 3494 - 66 95 299
E-Mail: contact@polychem.de
www.poly-chem.de
Mitglied des IVK

Das Unternehmen

Gründungsjahr
2000

Größe der Belegschaft
50 Mitarbeiter

Vertriebswege
Direktvertrieb zu Industriekunden

Geschäftsführer
Dr. Jörg Dietrich

Ansprechpartner
Forschung & Entwicklung:
Dr. Andreas Berndt

Weitere Informationen
Siehe Webseite
www.poly-chem.de

Das Produktprogramm

Die POLY-CHEM liefert unter anderem in
die Beschichtungsindustrie, die chemische
Industrie sowie in Bereiche der Farb- und
Lackindustrie

**Die aktuellen Hauptgeschäftsfelder der
POLY-CHEM GmbH sind:**
• Lösemittelbasierte Polyacrylatheftklebstoffe
• Lösemittelfreie Schmelzklebstoffe
  (UV-Hotmelts)
• Acrylatbasierte Polymere im Allgemeinen
• Herstellung von Spezialchemikalien
• Lohnfertigung/Lohnformulierung
• Kundenservice

Rohstoffe
• Acrylate
• Harze
• Weichmacher
• Vernetzer
• Lösemittel

Anwendungsgebiete
• Technische sowie Spezialklebebänder
• Papier- und Verpackungsindustrie
• Baugewerbe
• Automobilsektor
• Textilindustrie
• Medizinsektor
• Etiketten verschiedenster Art
  (u. a. mit Lebensmittelkontakt)
• Grafische/optische Anwendung
• Kundenspezifische Spezialanwendungen

Polytec PT GmbH
Polymere Technologien
Ettlinger Straße 30
D-76307 Karlsbad
Telefon +49 (0) 72 43-6 04-4000
Telefax +49 (0) 72 43-6 04-4200
E-Mail: info@polytec-pt.de
www.polytec-pt.de

Mitglied des IVK

Das Unternehmen

Geschäftsführung
Achim Wießler

Ansprechpartner:
Vertrieb:
Manuel Heidrich
Dirk Schlotter
Dr. Uliana Beser
Dr. Arnaud Concord

Anwendungstechnik:
Jörg Scheurer

Weitere Informationen
Die Polytec PT GmbH entwickelt, fertigt und
vertreibt Spezialklebstoffe und Thermische
Interfacematerialien für Anwendungen in
der Elektronik, Elektrotechnik und im Automobilsektor.

Das Produktportfolio umfasst elektrisch
und/oder thermisch leitfähige Klebstoffe
und Vergussmassen, UV-härtende Klebstoffe, Produkte für Hochtemperaturanwen-
dungen sowie wärmeleitbare, thermisch
leitfähige Gapfiller.

Die Produkte finden unter anderem Anwendung für die elektrische Kontaktierung von
elektronischen Bauelementen (v. a. in der
Herstellung von Smart Cards), dem Verguss
von Temperatursensoren oder der Entwär-
mung von Batteriezellen in EV und PHV
Fahrzeugen. Neben einer umfangreichen
Palette an Standardprodukten entwickelt
und fertigt Polytec PT kundenspezifische
Klebstoffe, die für spezielle Anforderungen
maßgeschneidert werden.

Das Produktprogramm

Klebstofftypen
Epoxidklebstoffe
UV-härtende Klebstoffe
Keramische Hochtemperaturklebstoffe
Thermische Interfacematerialien

Für Anwendungen im Bereich
Elektronik
Fahrzeug-, Luftfahrtindustrie
Medizintechnik
Telekommunikation
Bootsbau
Flugzeugbau
Maschinenbau

Durch umfangreiches Anwendungs-know-
how, erworben in langjährigen Kooperationen mit Anlagenherstellern, Forschungsinstituten und Kunden, bietet Polytec PT
Unterstützung bei der Klebstoffauswahl,
sowie bei Fragen der Prozesstechnik. Dies
gilt in gleichem Maße für die Mitarbeiter
unserer Niederlassungen und Vertriebspartner in Europa und Übersee, die unsere
internationalen Kunden ebenso kompetent
betreuen.

Polytec PT, zertifiziert nach ISO 9001:2015
ist eine Tochtergesellschaft der Polytec
GmbH, einem weltweit führenden Hersteller
optischer Messsysteme.

PolyU GmbH
Otto-Roelen-Straße 1
D-46147 Oberhausen
Telefon +49 (0) 208 387 64 90
Telefax +49 (0) 208 387 64 999
E-Mail: info@polyu.eu
www.polyu.eu

Mitglied des IVK

Das Unternehmen

Gründungsjahr
2017

Größe der Belegschaft
15 Mitarbeiter

Stammkapital
500.000 EUR

Besitzverhältnisse
100 %ige Tochtergesellschaft der PCC SE,
Duisburg

Vertriebswege
direkt über die PolyU GmbH

Ansprechpartner
Geschäftsführung:
Dr. Klaus Langerbeins, Dr. Judith Radebner

Anwendungstechnik und Vertrieb:
Dr. Daniel Szopinski (Anwendungstechnik)
Ute Dahlenburg (Verkauf)

Das Produktprogramm

Klebstofftypen
Reaktive Klebstoffe

Dichtstofftypen
MS / SMP Dichtstoffe

Rohstoffe
Additive:
Anorganische Rheologiemodifikatoren,
Silane, Flammschutzmittel
Polymere:
1 K PU-Prepolymere, Polyetherpolyole,
Polyesterpolyole, Polymerpolyole, PUD

Für Anwendungen im Bereich
Holz-/Möbelindustrie
Baugewerbe, inkl. Fußboden, Wand und
Decke

Weitere Informationen
Die PolyU GmbH ist eingebettet in die PCC
SE, eine international tätige Konzernholding
(www.pcc.eu). PolyU konzentriert sich stark
auf die Entwicklung innovativer PU- und
SMP-Systeme für die CASE-Industrie.

In enger Zusammenarbeit mit Kunden entwickelt und fertigt PolyU maßgeschneiderte
Produkte.

Da PolyU vollständig in die PCC SE
integriert ist, bündeln und nutzen wir das

Potenzial unserer Schwesterunternehmen in
Bezug auf Produktionsanlagen, Mitarbeiter
und Know-how.

Um die Produktanforderungen der Kunden
zu erfüllen und neuartige Produkte von
Grund auf neu zu entwickeln, verfügt PolyU
am Standort Oberhausen über ein hoch-
qualifiziertes und motiviertes F&E-Team mit
eigenen Laborkapazitäten.

Rain Carbon Germany GmbH

Varziner Straße 49
D-47138 Duisburg
Telefon +49 (0) 2 03-42 96-02
Telefax +49 (0) 2 03-42 25 51
E-Mail: resins@raincarbon.com
www.novares.de

Mitglied des IVK

Das Unternehmen

Gründungsjahr
1849 – Rütgerswerke AG
durch Julius Rütgers

Größe der Belegschaft
183 Mitarbeiter

Ansprechpartner
Bereichsleitung:
Stefan Knau

Leitung Anwendungstechnik:
Dr. Jun Liu

Vertriebswege
Internationaler Direktvertrieb von Klebroh-
stoffen, sowie über ausgewählte langjährige
Partnerunternehmen (Adressen auf Anfrage)

Das Produktprogramm

Rohstoffe
Harze:
Hydrierte Kohlenwasserstoffharze
Reinmonomer-Harze
Aromatische Kohlenwasserstoff-Harze
Inden-Coumaron-Harze
Funktionalisierte und modifizierte Harze
Spezialflüssigharze

Für Anwendungen im Bereich
Schmelzklebstoffe
Dispersionsklebstoffe
Lösemittelklebstoffe
Reaktionsklebstoffe
Dicht-, Dämm- und Dämpfstoffe

Weitere Informationen
Fertigung (Batch oder kontinuierlich) für
„maßgeschneiderte" Harze zur Herstellung
individueller Klebstoffe
Vielfältige Liefermöglichkeiten in unter-
schiedlichen Gebindeformen:
Festharze
Flüssigharze
Heißflüssig-Schmelze
als Stückgut, im TKW oder Container

RAMPF
Polymer Solutions

Robert-Bosch-Straße 8-10
D-72661 Grafenberg
Telefon +49 (0) 7123 9342-0
E-Mail: polymer.solutions@rampf-group.com
www.rampf-group.com

Mitglied des IVK

Das Unternehmen

Gründungsjahr
1980

Gesellschafter
RAMPF Holding, Grafenberg

Besitzverhältnisse
Privatbesitz

Schwesterfirmen
RAMPF Machine Systems,
RAMPF Production Systems,
RAMPF Composite Solutions,
RAMPF Eco Solutions,
RAMPF Tooling Solutions

Ansprechpartner
Geschäftsführung:
Dr. Christian Weber

Weitere Informationen
Als Technologietreiber und Qualitätsführer
entwickelt und produziert RAMPF Polymer
Solutions seit über 40 Jahren zukunftswei-
sende reaktive Kunststoffsysteme auf Basis
von Polyurethan, Epoxid und Silikon.

In den vergangenen Jahren haben wir
unser Kleb- und Dichtstoffportfolio stark
ausgebaut und bieten ein breites Leistungsspektrum mit höchsten Qualitätsstandards.
Dafür stehen Klebstoffsysteme der Marken
RAKU® PUR (Polyurethan), RAKU® POX
(Epoxid), RAKU® SIL (Silikon) und RAKU®

Das Produktprogramm

Klebstofftypen
Reaktionsklebstoffe (PUR, Epoxid, Silikon)
Thermoplastische und
reaktive Schmelzklebstoffe
Hybridklebstoffe

Für Anwendungen im Bereich
Automotive
Hausgeräte
Bauzuliefererindustrie
Unterhaltungselektronik
Sandwichverklebungen
Holz/Möbel
Filter

MELT sowie Dichtstoffe der Marke RAKU®
SEAL. Mit unserer langjährigen Erfahrung in
der Produktentwicklung und Verarbeitungs-
technologie beraten wir Sie ganzheitlich
sowohl zu material- als auch prozesstech-
nischen Aufgabenstellungen.

Ramsauer GmbH & Co KG
Sarstein 17
A-4822 Bad Goisern
Telefon +43 (0) 61 35-82 05
Telefax +43 (0) 61 35-83 23
E-Mail: office@ramsauer.at
www.ramsauer.at
Mitglied des IVK

Das Unternehmen

Gründungsjahr
1875

Gesellschafter
Privatbesitz

Weitere Informationen
Firmengeschichte:
Als er 1875 einen kleinen Kreidebruch in der Nähe von Bad Goisern kaufte, besaß Ferdinand Ramsauer bereits all jene Fähigkeiten, die für erfolgreiche Menschen charakteristisch sind: Er war innovativ, durchsetzungsstark und zielorientiert. Knapp 20 Jahre später hatte er den Abbau bereits um das Hundertfache gesteigert und die »Ischler Bergkreide« zu einem Markenprodukt gemacht. Ferdinand und sein Sohn Josef Ramsauer – der eigentliche Namensgeber des Unternehmens – dürfen aus heutiger Sicht wohl zu Recht als Marketingpioniere bezeichnet werden. Von Beginn an diente die Bergkreide – neben vielem anderen – hauptsächlich zur Erzeugung von Glaserkitt. Wurde ursprünglich noch an die Hersteller dieses wichtigen Dichtstoffes geliefert, so begann die Firma Ramsauer 1950 Glaserkitt selbst zu erzeugen. Die Entwicklung vom reinen Bergbaubetrieb zum Produzenten von Dichtstoffen war vollzogen. Mit der Entwicklung der Thermofenster wurden neue, plastische und elastische Dichtstoffe benötigt. Diese ersten modifizierten Kitte entwickelte die Firma Ramsauer bereits in den Fünfzigerjahren. Später wurden die ersten wasserlöslichen Produkte, die sogenannten Acrylate, entwickelt. Das Unternehmen startete 1972 mit der Produktion von Dichtstoffen auf Silikonbasis, 1976 mit der Herstellung von PU-Schaum. Ein eigenes Patent für 2-Komponenten-Systeme wurde 1998 registriert. Heute stellt unsere Firma eine

Das Produktprogramm

Klebstofftypen
Reaktive Klebstoffe
(1 und 2 Komponententypen) als lösemittelbasierte Klebstoffe und Dispersionsklebstoffe, sowie silanterminierte Klebstoffe

Dichtstofftypen
Acrylbasierte Dichtstoffe, Butyldichtstoffe, Silikondichtstoffe, Polyurethanbasierte Dichtstoffe, silanterminierte Dichtstoffe

Für Anwendungen im Bereich
Holz/Möbelindustrie
Baubranche inklusive Boden-,
Wand- und Deckenbeschichtungen
Maschinen- und Anlagenbau
Kraftfahrzeug und Luftfahrtindustrie
Reinraum und Medizinanwendungen
Haushalt, Freizeit und Büro

Vielzahl an qualitativ hochwertige Dichtstoffen, Industrieklebern, PU-Schäumen und Spezialprodukten her und vertreibt diese in vielen Ländern dieser Erde. Vieles hat sich in den 135 Jahren verändert, doch das Grundlegende ist geblieben: der Weitblick und die Innovationsfreude der Marke Ramsauer.

Renia-Gesellschaft mbH
Ostmerheimer Straße 516
D-51109 Köln
Telefon +49 (0) 2 21-63 07 99-0
Telefax +49 (0) 2 21-63 07 99-50
E-Mail: info@Renia.com
www.Renia.com

Mitglied des IVK

Das Unternehmen

Gründungsjahr
1930

Gesellschafter
Familie Buchholz

Geschäftsführung
Dr. Rainer Buchholz

Ansprechpartner
Anwendungstechnik:
Dr. Julian Grimme

Vertrieb:
Dr. Rainer Buchholz

Export:
Dr. Rainer Buchholz

F&E:
Dr. Julian Grimme
Niederlassung:
Renia-USA Inc. Norcross (Atlanta) GA

Vertriebswege
Eigener Außendienst in Deutschland
Agenturen und Importeure weltweit

Das Produktprogramm

Klebstofftypen
lösemittelhaltige Klebstoffe
Dispersionsklebstoffe
Cyanacrylat-Klebstoffe

Für Anwendungen im Bereich
Maschinen- und Apparatebau
Haushalt, Hobby und Büro
Schuhindustrie
Schuhreparatur
Orthopädietechnik
Kunststoffverarbeitung
Anlagenbau

Rhenocoll-Werk e.K.
Beschichtungen und Klebstoffe

Kompetenz-Centrum
Erlenhöhe 20
D-66871 Konken
Telefon +49 (0) 63 84-99 38-0
Telefax +49 (0) 63 84-99 38-1 12
E-Mail info@rhenocoll.de

Mitglied des IVK

Das Unternehmen

Gründungsjahr
1948

Geschäftsführung
Werner Zimmermann

Vertrieb
Weltweiter Vertrieb durch Niederlassungen
und Importeure

Vertriebswege
Industrie und Handel

Das Produktprogramm

Klebstofftypen
Schmelzklebstoffe
lösemittelhaltige Klebstoffe
Dispersionsklebstoffe
Haftklebstoffe

Für Anwendungen im Bereich
Papier/Verpackung
Holz-/Möbelindustrie
Baugewerbe, inkl. Fußboden, Wand u. Decke
Haushalt, Hobby und Büro

Weitere Produkte
Holzlacke und Beizen
Lasuren
Holzschutzprodukte
Speziallösungen
PVC-Beschichtungen
Metallbeschichtung
Glasbeschichtung

RILIT Coatings GmbH
Ersteiner Straße 11
D-79346 Endingen am Kaiserstuhl
Telefon +49 (0) 7642-9260-0
E-Mail: info@rilit.de
www.rilit.de

Mitglied des IVK

Das Unternehmen

Das Produktprogramm

Gründungsjahr
1959

Größe der Belegschaft
60 Mitarbeiter

Gesellschafter
Stefan Ermisch, Georg König

Stammkapital
96.000,- €

Besitzverhältnisse
50/50

Vertriebswege
direkt

Ansprechpartner
Geschäftsführung:
Stefan Ermisch, Georg König

Anwendungstechnik und Vertrieb:
Thomas Urbanczyk, Darja Rebernik

Weitere Informationen
Die RILIT Coatings GmbH ist ein Zusammen-
schluss der RILIT Lackfabrik GmbH und der
ekp Coatings GmbH und hat sich auf
die Herstellung, Entwicklung und den Vertrieb von Verpackungslacken spezialisiert.
Als Experte für Heißsiegellacke, Primer und
Coatings vor allem im Bereich Food und
Pharma ist das Unternehmen seit über
50 Jahren weltweit tätig.

Klebstofftypen
lösemittelhaltige Klebstoffe
Dispersionsklebstoffe

Für Anwendungen im Bereich
Papier/Verpackung

RUDERER KLEBETECHNIK GMBH
Harthauser Str. 2
D-85604 Zorneding (München)
Telefon +49 (0) 81 06-24 21-0
Telefax +49 (0) 81 06-24 21-19
E-Mail: info@ruderer.de
www.ruderer.de + www.technicoll.de

Mitglied des IVK

Das Unternehmen

Gründungsjahr
1987

Größe der Belegschaft
> 30 Mitarbeiter

Gesellschafter
100% im Familienbesitz

Marke
technicoll

Vertriebswege
Direktvertrieb und Außendienstmitarbeiter
für Industrie und Handwerk
Vertrieb über den Technischen Handel
Vertriebspartner in Österreich, Schweiz,
Italien, Spanien, Niederlande, Polen und
Griechenland

Ansprechpartner
Geschäftsführung:
Petra Ruderer und Jens Ruderer

Klebtechnische Beratung:
beratung@ruderer.de

Weitere Informationen
RUDERER KLEBETECHNIK GMBH bietet
ein umfangreiches und technisch äußerst
anspruchsvolles Klebstoff-Sortiment
verschiedenster Marken für Industrie und
Technischen Handel an.

Zusätzlicher Service: Lohnklebung

Das Produktprogramm

Klebstofftypen
Reaktionsklebstoffe, Lösemittelhaltige
Klebstoffe, Dispersionsklebstoffe, Schmelz-
klebstoffe, Haftklebstoffe, Cyanacrylate,
Klebebänder

Dichtstofftypen
Acrylatdichtstoffe, PUR-Dichtstoffe, Silikondichtstoffe, MS/SMP-Dichtstoffe, Sonstige

Für Anwendungen im Bereich
Kernkompetenzen:
Kunststoffklebung, Flächenklebung,
Metallklebung

weitere Kompetenzen:
Automotive/Transportation, Elektro und
Elektronik, Sonderfahrzeugbau, Caravan/
Wohnmobile, Polster-/Weichschaum-
klebung, Formenbau, Hartschaumplatten,
Laden-/Möbelbau, Holzverarbeitung,
Schiff-/Bootsbau, Lüftungs-/Klimatechnik,
Verpackungen, Schuh-/Lederverarbeitung,
Maschinenbau, Geräte und Zubehör

SABA Dinxperlo BV

Meniststraat 7
NL-7091 ZZ
Telefon + 31 (0) 3 15 65 89 99
Telefax + 31 (0) 3 15 65 32 07
E-Mail: info@saba-adhesives.com
www.saba-adhesives.com

Mitglied des VLK

Das Unternehmen

Gründungsjahr
1933

Größe der Belegschaft
190 Mitarbeiter

Gesellschafter
Herr R. J. Baruch
Herr W. F. K. Otten

Tochterfirmen
SABA Bocholt GmbH
SABA Polska SP. z o.o.
SABA North America LLC
SABA Pacific
SABA China
SABA SEE S.R.L.

Geschäftsführung
Herr W. de Zwart

Ansprechpartner
Business Unit Industry/Klebstoffe:
E-Mail: foam@saba-adhesives.com
Business Unit Building & Construction/
Dichtstoffe:
E-Mail: building@saba-adhesives.com

Das Produktprogramm

Klebstofftypen
Schmelzklebstoffe
Dispersionsklebstoffe
lösemittelhaltige Klebstoffe
Reaktionsklebstoffe
MSP Kleb- und Dichtstoffe
Polyurethanklebstoffe

**Anlagen/Verfahren/Zubehör/
Dienstleistungen**
Beratung, Installation/Implementierung,
Schulung, Anwendungstechnik

Für Anwendungen im Bereich
Möbel
Matratzen
Schaumkonfektion
PVC
Bau
Umweltschutz
Transport
Marine

Schill+Seilacher "Struktol" GmbH
Moorfleeter Straße 28
D-22113 Hamburg
Telefon +49 (0) 40-733-62-0
Telefax +49 (0) 40-733-62-297
E-Mail: polydis@struktol.de
www.struktol.de

Mitglied des IVK

Das Unternehmen

Gründungsjahr
1877

Größe der Belegschaft
ca. 250 Mitarbeiter

Besitzverhältnisse
Ingeborg Gross Stiftung

Tochterfirmen:
Schill + Seilacher GmbH, Böblingen (D)
Schill + Seilacher Saxol GmbH, Pirna (D)
Struktol Company of America, Ohio (USA)

Vertriebswege
Deutschland: Direkt
International: Distributeure und Agenturen

Kontakt – Reactive Polymers & Flame Retardants
Dr.-Ing. Hauke Lengsfeld
(General Manager)
E-Mail: hlengsfeld@struktol.de

Sven Wiemer
(Senior Manager)
E-Mail: swiemer@struktol.de

Christopher Gardel
(Technischer Vertrieb)
E-Mail: cgardel@struktol.de

Weitere Informationen
Fertigung und Entwicklung von maßgeschneiderten, exklusiven Epoxid- und
Polyurethanprepolymeren sowie 2K-Epoxid-
systeme sowie biobasierte ungesättigte
Polyesterharze in Zusammenarbeit mit
unseren Kunden.

Das Produktprogramm

Produkte
Prepolymere (Epoxidharze und Polyurethane)
Epoxidharzsysteme
Struktol® Polydis®
Struktol® Polycavit®
Struktol® Polyvertec®
Struktol® Polyphlox®

Die Produktreihen Struktol® Polydis® und
Struktol® Polycavit® sind Kautschuk- bzw.
Elastomermodifizierte Epoxidharze und
(blockierte) Polyurethane, die die mechanischen Eigenschaften, wie Schlagzähigkeit,
Zugscher- und Schälfestigkeit sowie die Haftung von Epoxidharzsystemen verbessern.

Die Struktol® Polyvertec® Reihe besteht aus
angepaßten Harz/Härter Systemen, primär
geeignet für Faserverbund Anwendungen und
deren Verarbeitungsprozessen.

Die Struktol® Polyphlox® Reihe besteht aus
Organophosphor modifizierten Epoxidharzen
zur flammenhemmenden Ausrüstung von
Epoxidharzsystemen.

Für Anwendungen im Bereich
Epoxidharz basierte
(Struktur-) Klebstoffe
Vergußmassen
Prepregs
Composites (Hand lay-up, RIM/RTM, SMC/
BMC, Pultrusion)
Faserverbundwerkstoffe
Flammschutz

BUILDING TRUST

Sika Automotive
Reichsbahnstraße 99
D-22525 Hamburg
Telefon +49 (0) 40-5 40 02-0
E-Mail: info.automotive@de.sika.com
www.SikaAutomotive.com

Mitglied des IVK

Das Unternehmen

Gründungsjahr
1928

Größe der Belegschaft
260 Mitarbeiter

Tochtergesellschaften
Schwesterfirmen in 101 Ländern

Kontaktpartner
Geschäftsführer:
Heinz Gisel

Export:
Kai Paschkowski

Das Produktprogramm

Klebstoffarten
Schmelzklebstoffe
Reaktivklebstoffe
Klebstoffe auf Lösemittelbasis
Dispersionsklebstoffe
Haftklebstoffe

Dichtstoffarten
PUR-Dichtstoffe
Andere

Für Anwendungen in folgenden Bereichen
Elektronik
Automobilindustrie
Textilindustrie
Klebebänder, Etiketten
Hygiene

Lösungen zur Produktivitätssteigerung
Sika ist Zulieferer und Entwicklungspartner
der Automobilindustrie. Unsere hoch-
modernen Technologien bieten Lösungen
für gesteigerte Strukturfestigkeit, erhöhten
akustischen Komfort und verbesserte
Produktionsprozesse. Als Spezialunternehmen
für chemische Produkte konzentrieren wir
unsere Kernkompetenzen auf:
Kleben – Dichten – Dämpfen – Verstärken
Als ein global tätiger Konzern sind wir Partner
für unsere Kunden weltweit. Sika wird mit
seinen eigenen Tochtergesellschaften in allen
Ländern mit eigener Automobilproduktion
vertreten, wodurch ein professioneller und
schneller Service vor Ort garantiert ist.

BUILDING TRUST

Sika Deutschland GmbH
Kleb- und Dichtstoffe Industry
Stuttgarter Straße 139
D-72574 Bad Urach
Telefon +49 (0) 71 25 - 9 40 - 76 92
E-Mail: verkauf.industry@de.sika.com
www.sika.de

Mitglied des IVK

Das Unternehmen

Gründungsjahr
1910 von Kaspar Winkler

Größe der Belegschaft
über 20.000 weltweit

Tochtergesellschaften
in über 100 Ländern

Geschäftsführung
Sika Deutschland GmbH
Joachim Straub

Marketing und Vertrieb
Bad Urach
Telefon: 0 71 25 - 940 - 76 92
E-Mail: industry@de.sika.com

Weitere Informationen
Spezialist für strukturelle sowie elastische
Kleb- und Dichtstoffsysteme

Das Produktprogramm

Klebstofftypen
Industrie:
1K-Polyurethan Kleb- und Dichtstoffe
2K-Polyurethan Technologie
STP-Kleb- und Dichtstoffe
EP-Klebstoffe
Acrylat-Reaktionsklebstoffe
Epoxid-Hybrid-Technologie
Kaschierklebstoffe
Schmelzklebstoffe
Butylkautschuk-Technologie
Silikone

Bau:
PUR-, Silikon-, Polysulfid- und
Acryl-Dichtstoffe
Bandabdichtungssysteme
Elastische Klebverbindungen auf
PU-, Silikon- und EP-Basis

Für Anwendungen im Bereich
Holz- und Möbelindustrie
Baugewerbe, inkl. Fußboden, Wand u. Decke
Elektronik
Maschinen- und Apparatebau
Automobilindustrie
Sonder- und Nutzfahrzeugbau
Yacht- und Bootsbau
Hochbau im Außen- und Innenbereich
Glasversiegelungen
Fassadenplattenbau
Modulares Bauen
Gebäudeelemente
Gleisbau
Solarmodulfertigung und -montage
Windkraftanlagenbau

Sopro Bauchemie GmbH
Postfach 42 01 52
D-65102 Wiesbaden
Fon +49 6 11-17 07-0
Fax +49 6 11-17 07-2 50
Mail info@sopro.com
www.sopro.com

Mitglied des IVK

Das Unternehmen

Gründungsjahr
1985 als Dyckerhoff Sopro GmbH
2002 umfirmiert in Sopro Bauchemie GmbH

Sitz der Gesellschaft
Wiesbaden

Tochterunternehmen in
Polen, Österreich, Schweiz, Ungarn,
Niederlande

Größe der Belegschaft
333 Mitarbeiter

Geschäftsführung
Michael Hecker
Andreas Wilbrand

Ansprechpartner
Anwendungstechnik / Objektberatung:
Mario Sommer

Zielgruppe
Baustoff-Fachhandel
Fliesen-Fachhandel
Sanitär-Fachhandel
Fliesenleger
Estrichleger
Garten- und Landschaftsbauer
Maler
Maurer
Installateure

Vertriebswege
Fliesen- und Baustoff-Fachhandel

Das Produktprogramm

Klebstofftypen
Hydraulisch erhärtende Fliesenklebstoffe
Dispersionsklebstoffe für Fliesen
Reaktionsklebstoffe für Fliesen
Natursteinkleber

Weitere bauchemische Produkte bzw. Systeme
Grundierungen und Haftbrücken
Spachtelmassen und Putze
Fugenmassen und Silicone
Abdichtungen
Renovierungs- und Sanierungssysteme
Schnellbauprodukte
Estriche, Bindemittel und Bauharze
Verlege- und Vielzweckmörtel
Bitumen, Dichtungsschlämmen und
Verkieselung
Mörtel- und Estrichzusätze
Reinigungs- und Pflegemittel,
Imprägnierungen
Tiefbau und Schachtsanierung
Vergussmörtel
Blitzzemente
Montagekleber
Betoninstandsetzung
Drainagemörtel
Pflasterfugenmörtel

STAUF
Klebstoffwerk GmbH

Oberhausener Straße 1
D-57234 Wilnsdorf
Telefon +49 (0) 27 39-3 01-0
E-Mail: info@stauf.de
www.stauf.de

Mitglied des IVK

Das Unternehmen

Gründungsjahr
1828

Größe der Belegschaft
ca. 70 Mitarbeiter

Besitzverhältnisse
100 % Familie Stauf

Geschäftsführung
Wolfgang Stauf
Volker Stauf
Dr. Frank Gahlmann

Produkttechnik
Dr. Frank Gahlmann

Verkaufsleitung
Carsten Bockmühl

Vertriebswege
weltweit
eigener Außendienst
eigene Auslieferungslager
Händlernetzwerk

Das Produktprogramm

Produkttypen
Dispersionsklebstoffe
Lösemittelklebstoffe
Polyurethanklebstoffe
SMP-Klebstoffe
SPUR-Klebstoffe
Montageklebstoffe
PVAc-Leime
Grundierungen
Spachtelmassen
Zubehörartikel
Lacke und Öle zur Oberflächenbehandlung

Für Anwendungen im Bereich
Parkett
Holzpflaster
Kunstrasen
Sportböden
elastische und textile Bodenbeläge
Wandbeläge
Decken
Etiketten
Industrielle Anwendungen
Untergrundvorbereitung
Oberflächenbehandlung

STOCKMEIER Urethanes GmbH & Co. KG
Im Hengstfeld 15
32657 Lemgo
Telefon +49 (0) 52 61–66 0 68 -0
Telefax +49 (0) 52 61–66 0 68 -29
E-Mail: urethanes.ger@stockmeier.com
www.stockmeier-urethanes.com

Mitglied des IVK

Das Unternehmen

Gründungsjahr
1991

Größe der Belegschaft
190 Mitarbeiter

Besitzverhältnisse
Mitglied der Stockmeier Gruppe

Tochterfirmen
STOCKMEIER Urethanes USA Inc, Clarks-burg/USA, STOCKMEIER Urethanes France S.A.S.,Cernay/Frankreich, STOCKMEIER Urethanes Ltd., Sowerby Bridge/UK

Vertriebswege
BtoB, Handel

Ansprechpartner
Geschäftsführung:
Christian Martinkat
Peter Stockmeier
Markus Lamb

Anwendungstechnik und Vertrieb:
Frank Steegmanns

Weitere Informationen
Stockmeier Urethanes ist ein führender internationaler Hersteller von Polyurethan-Systemen und verfügt über vier Produktionsstätten in Europa und den USA. Dort entwickeln und produzieren wir bereits seit 1991 als Spezialist innerhalb der traditionsreichen Stockmeier Gruppe Polyurethan-Systeme als Kleb- und Dichtstoffe für industrielle Anwendungen, Elastische Böden für Sport und Freizeit, sowie Vergussmassen

Das Produktprogramm

Klebstofftypen
Reaktionsklebstoffe

Dichtstofftypen
PUR-Dichtstoffe

Für Anwendungen im Bereich
Holz-/Möbelindustrie
Baugewerbe, inkl. Fußboden, Wand und Decke
Elektronik
Maschinen- und Apparatebau
Fahrzeug, Luftfahrtindustrie

für Elektrotechnik und Elektronik. Außerdem produzieren wir widerstandfähige Beschichtungen für Innen- und Außenanwendungen. Unser Geschäftsbereich Klebstoffe umfasst ein umfangreiches Produktportfolio für verschiedenste Anwendungen in den Märkten Industriebatterien, Automobil- und -Industriefiltration, Sandwichpanel, Fahrzeugbau, Caravan, Möbelindustrie, sowie kundenspezifische Produkte für andere industrielle Anwendungen. Unsere bekannten Markennamen sind: Stobielast, Stobicoll, Stobicast und Stobicoat.

Mehr Informationen unter:
www.stockmeier-urethanes.com

Synthopol Chemie
Alter Postweg 35
D-21614 Buxtehude
Telefon +49 (0) 41 61-7 07 10
Telefax +49 (0) 41 61-8 01 30
E-Mail: info@synthopol.com
www.synthopol.com

Mitglied des IVK

Das Unternehmen

Gründungsjahr
1957

Größe der Belegschaft
190 Mitarbeiter

Gesellschafter
Dr. G. Koch
L.-M. Koch

Besitzverhältnisse
Familienunternehmen

Vertriebswege
Weltweit durch Außendienstmitarbeiter

Ansprechpartner
Leiter F&E
Herr Dr. Schwöppe
E-Mail: dschwoeppe@synthopol.com

Anwendungstechnik:
Herr Jack
Tel.: 0 41 61-70 71-1 71
E-Mail: rjack@synthopol.com

Das Produktprogramm

Rohstoffe
für die Herstellung von Dispersions-,
Lösemittel-, reaktive Reaktionsklebstoffe
und Klebebänder

Für Anwendungen im Bereich
Papier/Verpackung
Holz-/Möbelindustrie
Baugewerbe, inkl. Fußboden, Wand u. Decke
Fahrzeug
Textilindustrie
Klebebänder, Etiketten
Haushalt, Hobby und Büro

TER Chemicals
DISTRIBUTION GROUP

TER Chemicals Distribution Group
Börsenbrücke 2
D-20457 Hamburg
Telefon +49 (0) 40-30 05 01-0
E-Mail: info@tergroup.com
www.terchemicals.com

Mitglied des IVK

Das Unternehmen

Gründungsjahr
1908

Größe der Belegschaft
345 Mitarbeiter

Geschäftsführung
Christian A. Westphal
Thomas Sprock
Andreas Früh

Anwendungstechnik und Vertrieb
Jens Vinke
Telefon +49 (0) 40-30 05 01-80 13
E-Mail: j.vinke@tergroup.com

Lieferanten
Exxon Mobil, Royal Adhesives, Sumitomo
Bakelite, Evonik, Clariant, Kuraray, TSRC,
Vestolit und Eagle Chemicals

Das Produktprogramm

Rohstoffe für
Schmelzklebstoffe
Reaktionsklebstoffe
lösemittelhaltige Klebstoffe
Dispersionsklebstoffe
Haftklebstoffe
Butyldichtstoffe
Sonstige

Rohstoffe
Wachse (FT und PE)
Kaoline
Kohlenwasserstoffharze, Phenolharze, Balsamharze, Harzester
Alkydharze, Acrylatharze, Polyesterharze,
Epoxidharze
APAO, Butylkautschuk, EVA, SIS & SBS, SEBS
Polyesterpolyole
Kasein, technisch
Polyvinylalkohol
Dispersionen (Wax, Acrylat)
PIB (Polyisobutylene versch. Mw)
Polyalphaolefine (flüssig)
Ethylen-Propylen-Dien-Kautschuk (EPDM)
Nitrilkautschuk (NBR)
Styrol-Butadien-Rubber (SBR)
Butadien Rubber (BR)

Für Anwendungen im Bereich
Papier/Verpackung
Buchbinderei (Graphisches Gewerbe)
Holz-/Möbelindustrie
Baugewerbe inkl. Fußboden, Wand u. Decke
Elektronik
Maschinen- und Apparatebau
Fahrzeug-, Luftfahrtindustrie, Textilindustrie
Klima- und Lüftungstechnik
Klebebänder, Etiketten
Hygienebereich
Haushalt, Hobby und Büro

tesa SE

Hugo-Kirchberg-Straße 1
D-22848 Norderstedt
Telefon +49 (0) 40 88899-0
Telefax +49 (0) 40 88899-6060
E-Mail: tesa-industrie@tesa.com
www.tesa.com

Mitglied des IVK

Das Unternehmen

Gründungsjahr
- tesa ist ein Unternehmen der **Beiersdorf-Gruppe,**
  Hersteller international erfolgreicher Kosmetikmarken,
  u. a. NIVEA
- seit 2001 als **eigenständige Aktiengesellschaft**
  erfolgreich
- seit 2009 **europäische Aktiengesellschaft SE**
  (Societas Europaea)

Größe der Belegschaft
4.827 Mitarbeiter weltweit
• 2.405 in Deutschland
• mehr als 500 im Bereich F&E

Gesellschafter
Beiersdorf AG

Besitzverhältnisse
Die Beiersdorf AG hält direkt und indirekt
100 % der Anteile

• 1 Zentrale
• 5 Regionalzentralen
• 14 Produktionsstätten
• 61 Tochtergesellschaften weltweit

Tochterfirmen
Labtec GmbH sowie über 50 Tochtergesellschaften
der tesa SE

Tochterfirmen (Update)
Übernahme im April 2017 der „nie wieder bohren AG"
Übernahme im März 2018 der Polymount International
BV mit Sitz in Nijkerk in den Niederlanden als 100-pro-
zentige Tochter der tesa SE.
Im Juni 2018 wird die Functional Coatings, Inc. mit Sitz in
Newburyport (Massachusetts) 100-prozentiges Tochter-
unternehmen der tesa tape inc., North America.

Vertriebswege
tesa SE ist weltweit in mehr als 100 Ländern vertreten,
davon in über 50 mit Tochtergesellschaften

Ansprechpartner
Geschäftsführung:
Wir bitten um Kontaktaufnahme über die 3 genannten
Adressen in Deutschland, Österreich und der Schweiz.
Dort wird man Ihr Anliegen in die richtigen Hände
weitergeben.
Der Vorstand der tesa SE ist mit Dr. Norman Goldberg
(Vorstandsvorsitzender), Dr. Jörg Diesfeld (Vorstand
Finanzen), Frank Kolmorgen (Vorstand Industrie) und
Dr. Andreas Mack (Vorstand Consumer) besetzt.

Das Produktprogramm

Anwendungstechnik und Vertrieb:
Wir bitten um Kontaktaufnahme über die 3 genannten
Adressen in Deutschland, Österreich und der Schweiz.
Dort wird man Ihr Anliegen in die richtigen Hände
weitergeben.

Geschäftsbereich Zentral Europa
Deutschland:
tesa SE
Telefon +49 (0) 40 88899-0, Telefax -6060
E-Mail: tesa-industrie@tesa.com

Österreich:
tesa GmbH
Leopold-Böhm-Straße 10, A-1030 Wien
Telefon +43 (0) 1 614 00-0, Telefax +43 (0) 1 61400 455
E-Mail: industrie-austria@tesa.com

Schweiz:
tesa tape Schweiz AG
Industriestrasse 19, CH-8962 Bergdietikon
Telefon +41 (0) 4 47 44 34 44, Telefax +41 (0) 4 47 41 26 72
E-Mail: industrie-ch@tesa.com

Weitere Informationen
Ausführliche Informationen zu unseren verschiedenen
Aktivitäten finden Sie auf der Homepage www.tesa.com.
Hier wird auf die Produkt- und Branchenschwerpunkte
eingegangen und hier stehen viele Informationen zum
Download bereit.

Die tesa SE: einer der weltweit führenden Hersteller
selbstklebender Systemlösungen für Industrie, Gewerbe
und Konsumenten. Lösungen für die Automobil-,
Elektronik-, Bauindustrie, Druck & Papier Branche sowie
Haushaltsgeräte und erneuerbare Energien.

Breites Angebot für industrielle Anwendungen:
Hochleistungsverklebung
Befestigen
Reparieren
Verpacken
Abdecken und Schützen
Oberflächenschutz
Funktionale Klebebänder
Ansatzverklebung
Bündeln Abroller
Klebstoffe, Reiniger und Entferner

Construction Products Group
Europe

 Flowcrete

 Vandex

Tremco CPG Germany GmbH
Von-der-Wettern-Straße 27
D-92439 Bodenwöhr
Telefon +49 (0) 9434 208-0
Telefax +49 (0) 9434 208-230
E-Mail: info.de@cpg-europe.com
www.cpg-europe.com

Mitglied des VLK

Das Unternehmen

Gründungsjahr
Tremco 1928

Größe der Belegschaft
> 1.000

Vertriebskanal
Fachhandel
Direkt KAM Industrie

Ansprechpartner
Anwendungstechnik und Vertrieb:
Maik Rabe
maik.rabe@cpg-europe.com

Weitere Informationen
www.cpg-europe.com

Das Produktprogramm

Klebstofftypen
Schmelzklebstoffe
Reaktive Klebstoffe
Lösemittelbasierende Klebstoffe
Dispersionsbasierende Klebstoffe
Druckempfindliche Klebstoffe/
Selbsthaftende Klebstoffe
Hybrid Klebstoffe

Dichtstofftypen
Acrylatdichtstoffe
Butyldichtstoffe
PUR-Dichtstoffe
Silikondichtstoffe
Hybrid Dichtstoffe

Für Anwendungen im Bereich
Holz- und Möbel-Industrie
Bau-Industrie, incl. Fußboden,
Wand und Decke
Elektroindustrie
Automotive-Industrie, Flugzeug-Industrie
Hausgeräte
Innen und Außen

TSRC (Lux.) Corporation S.a.r.l.

39 - 43 Avenue De la Liberté
L-1931 Luxembourg
Telefon +352-26 29 72-1
Telefax +352-26 29 72-39
E-Mail: info.europe@tsrc-global.com
www.tsrc.com.tw

Mitglied des IVK

Das Unternehmen

Gründungsjahr
2011
(für die europäische Niederlassung
in Luxembourg)

Größe der Belegschaft
15

Ansprechpartner
Management:
Christian Kafka

Marketing:
Dr. Olaf Breuer
Dr. Geert Vermunicht

Anwendungstechnik und Vertrieb:
Christine Richter
Beverley Weaver

Das Produktprogramm

Klebstofftypen
Schmelzklebstoffe
Haftklebstoffe
Lösemittelhaltige Klebstoffe

Dichtstofftypen
Sonstige
(Styrol Blockcopolymere)

Rohstoffe
Polymere:
Styrol Blockcopolymere
(für Anwendung unter 1. & 2.)

Für Anwendungen im Bereich
Papier/Verpackung
Buchbinderei/Graphisches Gewerbe
Holz-/Möbelindustrie
Baugewerbe, inkl. Fußboden,
Wand und Decke
Fahrzeug, Luftfahrtindustrie
Klebebänder, Etiketten
Hygienebereich
Haushalt, Hobby und Büro

Türmerleim GmbH

Arnulfstraße 43
D-67061 Ludwigshafen/Rhein
Telefon +49 (0) 6 21-56 10 70
Telefax +49 (0) 6 21-5 61 07 122
E-Mail: info@tuermerleim.de

Mitglied des IVK

Das Unternehmen

Gründungsjahr
1889

Größe der Belegschaft
120 Beschäftigte

Stammkapital
3.1 Mio. €

Tochterfirmen
Türmerleim AG
Hauptstrasse 15, CH-4102 Binningen

Geschäftsführung
Matthias Pfeiffer
Dr. Thomas Pfeiffer
Martin Weiland

Ansprechpartner
Technik:
Matthias Pfeiffer

Vertrieb:
Dr. Thomas Pfeiffer

Zertifiziert nach DIN EN ISO 9001
und 14001

Das Produktprogramm

Klebstofftypen
Schmelzklebstoffe
Dispersionsklebstoffe
Dextrin- und Stärkeklebstoffe
Caseinklebstoffe
Haftklebstoffe
UF- und MUF-Harze

Für Anwendungen im Bereich
Papier/Verpackung
Holz-/Möbelindustrie
Konstruktive Holzverleimung
Hygienetücher
Etikettierung
Zigarettenherstellung

Türmerleim AG

Hauptstrasse 15
CH-4102 Binningen
Telefon +41 (0) 61 271 21 66
Telefax +41 (0) 61 271 21 74
E-Mail: info@tuermerleim.ch
www.tuermerleim.ch

Mitglied des FKS

Das Unternehmen

Gründungsjahr
1992

Größe der Belegschaft
8 Beschäftigte

Geschäftsführung
Marcel Leder-Maeder

Das Produktprogramm

Klebstofftypen
Schmelzklebstoffe
Dispersionsklebstoffe
Dextrin- und Stärkeklebstoffe
Caseinklebstoffe
UF- und MUF-Harze

Für Anwendungen im Bereich
Papier/Verpackung
Etikettierung
Holz-/Möbelindustrie
Hygienetücher

www.UHU.de
www.UHU-profi.de
www.boltonadhesives.com
www.griffon-profi.de

UHU GmbH & Co. KG
Herrmannstraße 7, D-77815 Bühl
Telefon +49 (0) 72 23-2 84-0
Telefax +49 (0) 72 23-2 84-2 88
E-Mail: info@uhu.de

Hauptsitz: Bolton Adhesives
Adriaan Volker Huis – 14th floor
Oostmaaslaan 67, NL-3063 AN Rotterdam

Mitglied des VCI

Das Unternehmen

Gründungsjahr
1905

Größe der Belegschaft
Bolton Adhesives > 700 Mitarbeiter

Gesellschafter
Bolton Adhesives B.V., Bolton Group

Tochterfirmen
UHU Austria Ges.m.b.H., Wien (A)
UHU France S.A.R.L., Courbevoie (F)
UHU-BISON Hellas LTD, Athens (GR)
UHU Ibérica Adesivos, Lda., Lisboa (P)

Geschäftsführung
Remko Tetenburg, Danny Witjes,
Ralf Schniedenharn

Ansprechpartner
Anwendungstechnik:
Domenico Verrina
Vertrieb: Stefan Hilbrath

Vertriebswege
Technischer Handel
Eisenwarenhandel
Baumärkte
Modellbaugeschäfte
Lebensmittelhandel
Papier-, Büro-, Schreibwarenhandel
Kauf- und Warenhäuser
Drogeriemärkte

Das Produktprogramm

Klebstofftypen
2K-Epoxidharzklebstoffe
Cyanacrylatklebstoffe
Lösungsmittelhaltige Klebstoffe
Dispersionsklebstoffe
Konstruktions-/Montageklebstoffe
Dichtstoffe
MS Polymere

**Für Anwendungen in Handwerk
und Industrie**
Metallverarbeitung
Holzverarbeitung
Elektrotechnik
Automobil
Papier/Verpackung
u. v. a.

 **UNITECH**

UNITECH Deutschland GmbH
Mündelheimer Weg 51a – 53
D-40472 Düsseldorf
Telefon +49 (0) 211 51 62 1987
E-Mail: s.clermont@unitech99.co.kr
www.unitech99.co.kr

Mitglied des IVK

Das Unternehmen

Gründungsjahr
1999

Größe der Belegschaft
250 Mitarbeiter

Tochterfirmen
Südkorea (Hauptsitz), Slowakei,
Deutschland, Türkei, China

Vertriebwege
Direkt / Indirekt

Ansprechpartner
Management
Hendrik A. Balcke
E-Mail: h.balcke@unitech-germany.de

Leiter des Produktmanagements
Dr. Benjamin Kraemer
E-Mail: b.kraemer@unitech-germany.de

Das Produktprogramm

Klebstofftypen
Reaktive Klebstoffe
Epoxidklebstoffe (1K- und 2K-Lösung)
Polyurethan (1K- und 2K-Lösung)

Dichtstofftypen
Dichtstoffe auf PVC-Basis

Andere Produkte
Verbundwerkstoffe (EP Prepreg)
Thermisches Schnittstellenmaterial

Für Anwendungen im Bereich
Automobilindustrie
Karosserie
Lackiererei
Materialien für Innenausbau
Schiffsbau
Elektronik
Verbundwerkstoffe

YOUR FLOOR. OUR PASSION.

Uzin Utz AG
Dieselstraße 3
D-89079 Ulm
Telefon +49 731 40 97-0
Telefax +49 731 40 97-1 10
E-Mail: de@uzin-utz.com
www.uzin-utz.com

Mitgliedschaften in der DACH-Region:
IVK, FCIÖ, VÖEH und FKS

Das Unternehmen

Gründungsjahr
1911

Größe der Belegschaft
1.443 weltweit (2021)

Gesellschaftsform
Aktiengesellschaft

Mitglied des Vorstands
Heinz Leibundgut, Julian Utz, Philipp Utz

Grundkapital
15.133 TEUR (zum 31.12.2021)

Produktions- und Vertriebsgesellschaften
Deutschland, Frankreich, Niederlande, Schweiz,
USA, Vereinigtes Königreich, Australien, Belgien,
China, Dänemark, Indonesien, Kroatien, Neu-
seeland, Österreich, Polen, Serbien, Singapur,
Slowenien, Tschechien, Ungarn

Vertriebswege
Großhandel für Baustoffe, Bodenbelag,
Fliesen, Parkett und Maler
Direktvertrieb

Ansprechpartner
Vorstandsressort Vertrieb:
Philipp Utz

Leitung Forschung & Entwicklung:
Dr. Johannis Tsalos

Weitere Informationen
Seit 111 Jahren macht das Familienunternehmen
UZIN UTZ die Welt der Böden zu seiner Berufung
und unterstützt Handwerk, Planer, Architekten
und Bauherren. Der Komplettanbieter für
Bodensysteme UZIN UTZ aus Ulm ist mit über
1.400 Mitarbeitern führend in der Entwicklung
und Herstellung von Produkten und Maschinen
rund um Estrich, Boden, Fliesen und Parkett. Die
bauchemischen Produktsysteme zur Untergrund-

Das Produktprogramm

Anwendungsbereich
Bauindustrie: Verlegung, Renovierung und
Werterhaltung von Bodenbelägen aller Art
An Wänden im Bereich Fliesen und Naturstein

Produkte
Klebstoffe
Spachtelmassen
Trockenklebstoff-Technologie
Grundierungen
Estriche
Renovierungssysteme
Abdichtungssysteme
Dämmunterlagen
Oberflächenschutz für gewerbliche und
industrielle Böden
Bodenbeschichtungen – vielfältig in Funktionalität
und Optik
Reinigungs- und Pflegesysteme
Maschinen und Spezialwerkzeuge
für die Bodenverlegung und den Malerbedarf

vorbereitung, Verlegung von Bodenbelägen und
Oberflächenveredelung sowie Maschinen und
Werkzeuge für die Boden- und Wandbearbeitung
werden von den Konzernunternehmen nahezu alle
selbst entwickelt und hergestellt und unter den
international erfolgreichen Marken UZIN, WOLFF,
PALLMANN, arturo, codex und Pajarito weltweit
vertrieben.

Versalis International SA
Zweigniederlassung Deutschland

Düsseldorfer Straße 13
D-65760 Eschborn
Postfach 56 26, D-65731 Eschborn
Telefon +49 (0) 61 96-4 92-0
Telefax +49 (0) 61 96-4 92-2 18
E-Mail: international.germany@
versalis.eni.com

Mitglied des IVK

Das Unternehmen

Gründungsjahr
1981

Größe der Belegschaft
40 Mitarbeiter

Gesellschafter
Versalis International SA, Brüssel

Stammkapital
15.449.173,88 €

Besitzverhältnisse
Versalis S.p.A., Italien
Versalis Deutschland GmbH, Deutschland
Dunastyr C. Co. Ltd., Ungarn
Versalis France SAS, Frankreich

Branch Manager
Hartmut Dux

Vertrieb
Elastomere:
S. Volkmann

Lösungsmittel:
A. Woreschk

EVA-Copolymere:
A. Mayr

Vertriebswege
Eschborn

Das Produktprogramm

Rohstoffe
Elastomere
Lösungsmittel
EVA-Copolymere

Rohstoffe für
Schmelzklebstoffe
Haftklebstoffe
Lösemittelklebstoffe
wässrige Klebstoffe

Für Anwendungen im Bereich
Papier/Verpackung
Buchbinderei/Graphisches Gewerbe
Fahrzeug-, Luftfahrtindustrie
Textilindustrie
Klebebänder, Etiketten
Hygienebereich
Haushalt, Hobby und Büro

Vinavil S.p.A.

Via Valtellina, 63
I-20159 Milano, Italy
Telefon + 39-02-69 55 41
Telefax + 39-02-69 55 48 90
E-Mail: vinavil@vinavil.it
www.vinavil.com

Mitglied des IVK

Das Unternehmen

Gründungsjahr
1994

Größe der Belegschaft
300 Mitarbeiter

Gesellschafter
Mapei S.p.A.

Produktionsstandorte
Villadossola und Ravenna in Italien, Suez
in Ägypten, Chicago in USA und Laval in
Kanada

Geschäftsführung
Taako Brouwer

Vertriebsleitung
Silvio Pellerani
Hauptverwaltung Mailand
E-Mail: s.pellerani@vinavil.it

Beratung und Verkauf
Manfred Halbach
Vinavil Vertretung Deutschland
Tel.: +49 160 969 485
E-Mail: m.halbach@vinavil.it

Dr. Mario De Filippis
E-Mail: m.defilippis@vinavil.it

Dr. Fabio Chiozza
E-Mail: f.chiozza@vinavil.it

zertifiziert nach OHSAS 18001,
DIN EN ISO 9001 und 14001

Das Produktprogramm

Rohstoffe
Redispergierbare Pulver, Festharze und
Polymerdispersionen
Ravemul®, Vinavil®, Crilat®, Raviflex® and
Vinaflex® auf Basis:
Vinylacetat
Vinylacetat-Copolymere
Vinylacetate/Ethylen
Reinacrylat
Styrol/Acrylat

Für Anwendungen im Bereich
Klebstoff:
Holz-/Möbelindustrie,
Papier/Verpackung, Baugewerbe
einschl. Boden/Wand/Decke,
Buchbinderei/Graphisches Gewerbe,
Haftklebstoffe, Automobil, Leder/Textil

Beschichtung/Bau:
Innen- und Fassadenfarben,
Dispersionslacke, Holzlasuren,
Grundierungen, Putze, WDVS,
Fliesenklebstoffe

visions in tapes

VITO Irmen GmbH & Co. KG
Mittelstraße 74 – 80
D-53424 Remagen
Telefon +49 (0) 26 42 40 07-0
E-Mail: info@vito-irmen.de
www.vito-irmen.de

Mitglied des IVK

Das Unternehmen

Gründungsjahr
1907

Größe der Belegschaft
95 Mitarbeiter

Gesellschafter
Irmen-Verwaltungs GmbH, Remagen

Vertriebswege
Fachhandel, Direktbelieferung
Eigene Außendienstmitarbeiter
Vertriebspartner weltweit

Ansprechpartner
Geschäftsführung:
Dr. Michael Büchner

Unsere Entwicklung
Dr. Marcus Weber

Das Produktprogramm

Klebstofftypen
Schmelzklebstoffe
Lösemittelhaltige Klebstoffe
Dispersionsklebstoffe
Haftklebstoffe

Für Anwendungen im Bereich
Klebebänder
Isolierglasherstellung und -verarbeitung
Fassadengestaltung (Structural Glazing)
Medizintechnik
Baugewerbe inkl. Fußboden
Wand und Decke
Maschinen- und Apparatebau
Fahrzeug-/Luftfahrtindustrie
Elektronik
Holz-/Möbelindustrie
Solarindustrie

Wacker Chemie AG
Hanns-Seidel-Platz 4
D-81737 München
www.wacker.com/contact
www.wacker.com

Mitglied des IVK

Das Unternehmen

Das Produktprogramm

Gründungsjahr
1914

Größe der Belegschaft
14.400 (Stand: 2021)

Gesellschafter
Aktiengesellschaft

Tochterfirmen
26 Produktionsstätten, 23 technische
Kompetenzzentren und 52 Vertriebsbüros
weltweit.

Rohstoffe/Polymere
Silanterminierte Polymere
Vinylacetat-Polymere
(Dispersionen, Dispersionspulver,
Festharze)
Vinylacetat-Ethylen (VAE)-Co- und
Terpolymere
(Dispersionen, Dispersionspulver)
VC-Copolymere
Silicone

Rohstoffe/Additive
Pyrogene Kieselsäuren (HDK®)
Silane, organofunktionelle Silane,
Haftvermittler, Vernetzer
(GENIOSIL®)
Entschäumer, Silicontenside

Dicht- und Klebstofftypen
Siliconkautschuke (RTV-1, RTV-2, LSR)
Silicongele, Siliconschäume,
UV-härtende Systeme
Hybriddicht- und klebstoffe

Anspruch verbindet

Wakol GmbH
Bottenbacher Straße 30
D-66954 Pirmasens
Telefon +49 63 31-80 01-0
Telefax +49 63 31-80 01-8 90
www.wakol.com

Mitglied des IVK

Das Unternehmen

Gründungsjahr
1934

Größe der Belegschaft
412 Mitarbeiter (Gruppe)

Umsatz
136,7 Mio. €

Tochterfirmen
Wakol GmbH, A-6841 Mäder

Wakol Adhesa AG/SA, CH-9410 Heiden

Wakol Foreco srl,
I-20010 Marcallo con Casone

Loba-Wakol Polska Sp. z o.o.,
PL-05-850 Ożarów Mazowiecki

Loba-Wakol LLC,
USA-28170 Wadesboro N.C.

Loba GmbH & Co.KG, Ditzingen

LOBA Trading Co.Ltd, Shanghai,

Loba Wakol do Brasil, Brasilien

Geschäftsführung
Steffen Acker
Martin Eichel
Christian Groß (CEO)
Dr. Martin Schäfer

Vertriebswege
Direktvertrieb
Fachhandel

Das Produktprogramm

Klebstofftypen
Dispersionsklebstoffe
Haftklebstoffe
Lösemittelhaltige Klebstoffe
Reaktionsklebstoffe

Für Anwendungen im Bereich
Baugewerbe (Fußboden, Wand)
Automobilzulieferindustrie
(Fahrgastsitzherstellung)
Bauzulieferindustrie
Schaumstoffverarbeitende Industrie

Weitere Produkte
Sealing Compounds für die Emballagen-
industrie

WEICON GmbH & Co. KG
Königsberger Straße 255
D-48157 Münster
Telefon +49 (0) 2 51-93 22-0
E-Mail: info@weicon.de
www.weicon.de

Mitglied des IVK

Das Unternehmen

Gründungsjahr
1947

Größe der Belegschaft
310

Tochterfirmen
WEICON Middle East LLC, Dubai, V.A.E.
WEICON Inc., Kitchener, Kanada
WEICON Kimya Sanayi Tic. Ltd. Sti.,
Istanbul, Türkei
WEICON Romania SRL, Targu Mures,
Rumänien
WEICON SA Pty Ltd., Kapstadt, Südafrika
WEICON South East Asia Pte Ltd., Singapur
WEICON Czech Republic s.r.o., Teplice,
Tschechische Republik
WEICON Ibérica Soluciones Industriales S.L.,
Madrid, Spanien
WEICON Italia S.r.l., Genua, Italien

Vertriebswege
Technischer Handel, Großindustrie

Ansprechpartner
Geschäftsführung:
Ralph Weidling und Ann-Katrin Weidling

Anwendungstechnik und Vertrieb:
Holger Lütfring
Technisches Projektmanagement

Patrick Neuhaus
Vertriebsleiter D-A-CH

Vitali Walter
Vertriebsleiter International

Das Produktprogramm

Klebstofftypen
2-Komponenten Klebstoffe
Basis: Epoxidharz, PUR, MMA
1-Komponenten Klebstoffe
Basis: Cyanacrylat, PUR, MMA, POP
Reaktionsklebstoffe
lösemittelhaltige Klebstoffe

Dichtstofftypen
PUR-Dichtstoffe
Silikondichtstoffe
MS / SMP-Dichtstoffe

Für Anwendungen im Bereich
Papier / Verpackung
Holz- und Möbelindustrie
Baugewerbe, inkl. Fußboden, Wand u. Decke
Elektro, Elektronik
Maschinen- und Apparatebau
Fahrzeug-, Luftfahrtindustrie
Haushalt, Hobby und Büro
Metall- und Kunststoffindustrie
Automobilindustrie
Maritime Industrie

Weiss Chemie + Technik
GmbH & Co. KG
Hansastraße 2
D-35708 Haiger
Telefon +49 (0) 27 73-8 15-0
Telefax +49 (0) 27 73-8 15-2 00
E-Mail: ks@weiss-chemie.de
www.weiss-chemie.de

Mitglied des IVK

Das Unternehmen

Gründungsjahr
1815

Größe der Belegschaft
325 Mitarbeiter in der Firmengruppe

Gesellschafter
WBV – Weiss Beteiligungs- und
Verwaltungsgesellschaft mbH

Standorte
Haiger
Herzebrock
Niederdreisbach
Monroe, NC (USA)

Stammkapital
2 Mio. €

Besitzverhältnisse
Familiengesellschafter

Geschäftsführung
Jürgen Grimm

Ansprechpartner
Zentrale:
+49 (0) 27 73-815-0
Vertrieb:
+49 (0) 27 73-815-219
Anwendungstechnik:
+49 (0) 27 73-815-255
Einkauf:
+49 (0) 27 73-815-241

Vertriebswege weltweit
Eigener Außendienst, Handel, Industrie
und Handwerk

Das Produktprogramm

Geschäftsbereich Klebstoffe

Klebstofftypen
Lösemittelhaltige Klebstoffe
Reaktionsklebstoffe (PUR, Epoxi)
Cyanacrylatklebstoffe
Hybridklebstoffe
Dispersionsklebstoffe
Schmelzklebstoffe
Haftklebstoffe

Für Anwendungen u. a. in den Bereichen
Fenster- und Türenindustrie
(Kunststoff, Metall, Holz)
Holz-/Möbelindustrie
Brandschutz
Luftdichte Gebäudehülle gem. EnEV
Trockenbau
Transportation/Nutzfahrzeuge, Schiffsbau,
Schienenfahrzeuge, Caravanindustrie,
Containerbau
Klima- und Lüftungstechnik
Sandwichelemente
Baugewerbe
Elektronik

Geschäftsbereich Sandwichelemente
Leichte Sandwich-Konstruktionen als
wärme- und schalldämmende Elemente in
Einsatzbereichen wie Türen, Fenster, Tore,
Messebau, Fahrzeugaufbauten etc.

Wöllner GmbH

Wöllnerstraße 26
D-67065 Ludwigshafen
Telefon +49 (0) 621 5402-0
Telefax +49 (0) 621 5402-411
E-Mail: info@woellner.de
Internet: www.woellner.de

Mitglied des IVK

Das Unternehmen

Gründungsjahr
1896

Größe der Belegschaft
ca. 150 Mitarbeiter

Tochterfirmen
Wöllner Austria GmbH
Fabriksstraße 4-6
A-8111 Gratwein-Straßengel

Vertriebswege
Direktvertrieb

Geschäftsführung
Dr. Barbara März

Anwendungstechnik und Vertrieb
Jörg Batz
Verkaufsleitung Geschäftsbereich CCC

Dr. Joachim Krakehl
Bereichsleitung Technisches Marketing &
Verkaufsleitung Geschäftsbereich ISD

Weitere Informationen
Die Wöllner GmbH ist europaweit einer der
führenden Anbieter von löslichen Silikaten,
Prozesschemikalien und Spezialadditiven für
industrielle Anwendungen. Als Familienunternehmen mit über 125-Jahren-Erfahrung
verfügen wir über ein tiefgehendes Fachwissen bei Forschung, Entwicklung und Produktion im Bereich der angewandten Chemie.
Wir entwickeln innovative Lösungen insbesondere für die chemische Industrie, die
Bau-, Farben- und Papierindustrie sowie für
viele andere Industriezweige.

Das Produktprogramm

Klebstofftypen
Reaktionsklebstoffe
pflanzliche Klebstoffe, Dextrin- und
Stärkeklebstoffe
Sonstige

Rohstoffe
Additive

Für Anwendungen im Bereich
Papier/Verpackung
Holz-/Möbelindustrie
Baugewerbe, inkl. Fußboden, Wand
und Decke

Worlée-Chemie GmbH

Grusonstraße 26
D-22113 Hamburg
Telefon +49 (0) 40-733 33-0
Telefax +49 (0) 40-733 33-11 70
E-Mail: service@worlee.de
www.worlee.de

Mitglied des IVK

Das Unternehmen

Gründungsjahr
1962
(Gründung als Tochtergesellschaft der
E. H. Worlée & Co., eines im Jahre 1851
gegründeten Handelshauses)

Größe der Belegschaft
Insgesamt ca. 300 Mitarbeiter
(Produktionsstätten in Hamburg, Lauenburg
und Lübeck sowie deutscher Außendienst und
Niederlassungen im Ausland)

Gesellschafter
Reinhold von Eben-Worlée

Besitzverhältnisse
im Familienbesitz derer von Eben-Worlée
Tochterfirmen:
E. H. Worlée & Co. B. V., Kortenhoef (NL)
E. H. Worlée & Co. (UK) Ltd.,
Newcastle-under-Lyme (GB)
Worlée-Chemie (India) Private Limited,
Mumbai (IND)
Worlée Italia S.R.L, Mailand (I)
Varistor AG, Lengnau (CH)
Worlée (Shanghai) Trading Co., Ltd., Shanghai (CN)

Vertriebswege
Deutscher Außendienst, Tochterfirmen im
Ausland, Niederlassungen, Vertretungen

Geschäftsführung
Reinhold von Eben-Worlée
Joachim Freude

Vertrieb
Andreas Jaschinski (Verkaufsleitung DACH)
Dr. Stefan Mansel (Leitung Export)
Dr. Thorsten Adebahr (Leitung Handelsprodukte)

Das Produktprogramm

Rohstoffe
Additive
Acrylatharze
Acrylatdispersionen
Alkydharze
Alkdemulsionen
Polyester
Polyesterpolyole
Maleinatharze
Hartharze phenolmodifiziert
Haftvermittler/Special Primer
Pigmente
Farbruße
Leitfähige Ruße

Handelsprodukte
XSBR – wässrige Dispersion eines carboxyl-
gruppenhaltiges Styrol-Butadien-Copolymerisates
HS-SBR – wässrige Dispersion eines Styrol-Butadien-
Copolymerisat (High-Solid)
NBR – wässrige Dispersion eines Acrylnitril-Buta-
dien-Copolymerisates
PSBR – wässrige Copolymerdispersion bestehend
aus Butadien-Styrol und 2-Vinylpyridin
CR – wässrige Polymerdispersion aus Basis von
2-Chlorbutadien
ABS – wässrige Dispersion eines Copolymers aus
Styrol, Butadien und Acrylnitril
VA – Vinylacetat Copolymer Dispersion
Alipatische Polyisocyanate
Polythiole

WULFF
GmbH u. Co. KG

Wersener Straße 3
D-49504 Lotte
Telefon +49 (0) 5404-881-0
Telefax +49 (0) 5404-881-849
E-Mail: industrie@wulff-gmbh.de

Mitglied des IVK

Das Unternehmen

Gründungsjahr
1890

Größe der Belegschaft
210 Mitarbeiter

Gesellschafter
Familie Israel, Ernst Dieckmann

Vertriebswege
Direktvertrieb, Großhandel

Ansprechpartner
Geschäftsführung:
Alexander Israel
Jan-Steffen Entrup

Weitere Informationen
Großhandel für das Lackierhandwerk,
Malerhandwerk, Tischlerhandwerk

Produktion am Hauptstandort Lotte

Das Produktprogramm

Grundierungen
Dispersions-, Pulver- und 2K Grundierungen

Spachtelmassen
Zement- und Calciumsulfat-Spachtelmassen,
selbstverlaufende, standfeste und Spezial-
Spachtelmassen, Hybrid-Spachtelmassen

Klebstoffe
Dispersions- und SMP-Klebstoffe

Dichtstoffe
Acryl- und SMP-Dichtstoffe

Für Anwendungen im Bereich
Baugewerbe: Verlegewerkstoffe für
Bodenbeläge und Parkett
Zulieferer für die Belagsindustrie

ZELU CHEMIE GmbH
Robert-Bosch-Straße 8
D-71711 Murr
Telefon +49 (0) 7144 82 57-0
Fax   +49 (0) 7144 82 57-30
E-Mail: info@zelu.de
www.zelu.de

Mitglied des IVK

Das Unternehmen

Das Produktprogramm

Gründungsjahr
1889

Größe der Belegschaft
50 Mitarbeiter

Ansprechpartner für Entwicklung/Anwendungstechnik
Dr. Peter Gräter
Steffen Elstner

Ansprechpartner techn. Vertrieb
Mustafa Türken

Vertriebswege
Direktvertrieb
Handelsvertretungen im In- und Ausland
weltweiter Vertrieb

Klebstofftypen
Dispersionsklebstoffe
Schmelzklebstoffe
Haftklebstoffe
Lösemittelhaltige Klebstoffe (SBS, CR, TPU)
Reaktionsklebstoffe

Für Anwendungen im Bereich
Interior/Automotive Kaschierung
(z. B. Lenkräder, Dachhimmel)
Polstermöbel
Sitzmöbel/Bürostühle
Schaumstoffkonfektionierer
Matratzenfertigung
Kfz- und Industriefilter
Bauindustrie

Weitere Produkte
Systemformulierungen auf Basis
PUR-Weichschaum, Integralschaum,
Hartschaum, Halbhartschaum,
Gießsysteme, Vergussmassen,
Elastomere, Dichtungsschäume

Anwendungsbeispiele
Energieabsorptionsschaum im KFZ-Bereich
für passive Sicherheit, Bürostühle und
KFZ Bestuhlung, Fertigung von Luft- und
Kraftstofffiltern, technische Teile, Gehäuse-
elemente, Lärm- und Schallabsorption,
Dämmindustrie, Kopfstützen, Knieschoner,
Dichtungen für Schaltschränke, Raumfilter,
Gehäuseteile

Geräte- und Anlagenhersteller

Baumer hhs GmbH
Adolf-Dembach-Straße 19
D-47829 Krefeld
Telefon +49 (0) 2151 4402-0
Telefax +49 (0) 2151 4402-111
E-Mail: info.de@baumerhhs.com
www.baumerhhs.com

Das Unternehmen

Gründungsjahr
1986

Größe der Belegschaft
270 Mitarbeiter weltweit

Gesellschafter
Baumer Holding AG, Frauenfeld, Schweiz

Besitzverhältnisse
Baumer Holding AG, Frauenfeld, Schweiz

Tochterfirmen
China, Indien, USA, UK, Frankreich,
Spanien, Italien

Vertriebswege
Firmenzentrale in Deutschland, Baumer hhs
Tochtergesellschaften und weltweites
Händlernetz

Ansprechpartner
Geschäftsführung:
Percy Dengler, Dr. Oliver Vietze

Internationale Vertriebsleitung:
Metin Tek
Entwicklungsleitung: Marco Anlei

Weitere Informationen
Baumer hhs mit Sitz in Krefeld ist Ihr weltweiter Partner für zuverlässige und innovative
Systeme für Klebstoffauftrag und Qualitäts-
kontrolle. Wir verstehen Qualität und Präzision
als Entwicklungs- und Fertigungsprinzip
und souveräne Dienstleistung als Bestandteil
unserer Produkte.

Baumer hhs liefert industrielle Lösungen für
die Faltschachtelherstellung, Endverpackung,
Tabakindustrie, Druckweiterverarbeitung,
Pharmazeutische Industrie, den Braille Druck
und die Wellpappenindustrie.

Das Produktprogramm

Klebstofftypen
• Schmelzklebstoffe
• Dispersionsklebstoffe
• Haftklebstoffe

Produktions- und Vertriebsprogramm
• Kaltleim Auftragsventile, Kaltleim Förderein-
  heiten und Druckbehälter
• Heißleim Auftragsventile - elektromagne-
  tisch und -pneumatisch, Schmelzgeräte für
  Heißleime von 4 kg bis 100 kg PUR Schmelz-
  geräte, beheizbare Schläuche
• Zentrale Klebstoffversorgung für große
  Produktionsanlagen
• Steuergeräte für alle Anforderungen
• Qualitätsüberwachung, Sensor- und Kamera-
  überwachung zur Sicherstellung Ihrer Pro-
  duktqualität und Produktionsüberwachung
• Service - Installation, Training Ihrer Mitarbeiter vor Ort und in unserem Headquarter,
  telefonischer Support

Für Anwendungen Im Bereich
• Faltschachtel
• Wellpappe
• Druckweiterverarbeitung
• Pharma
• Endverpackung
• Tabak

Sie müssen kein CSI Agent sein

Mit CorrBox Solution war die
Klebstoffüberwachung noch nie so einfach

hhs
Baumer Group

Let's stick together

baumerhhs.com

bdtronic GmbH
Ahornweg 4
D-97990 Weikersheim
Telefon +49 (0) 7934 104 0
E-Mail: sales@bdtronic.de
www.bdtronic.de

Das Unternehmen

Gründungsjahr
2002

Größe der Belegschaft
450 Mitarbeiter

Gesellschafter
MAX Automation SE

Tochterfirmen
Belgien, Italien, China, USA, UK

Ansprechpartner
Geschäftsführung:
Patrick Vandenrhijn

Anwendungstechnik und Vertrieb:
Andy Jorissen

Weitere Informationen
bdtronic ist einer der weltweit führende
Hersteller für Anlagensysteme und Prozess-
lösungen in den Bereichen Dosiertechnik,
Imprägniertechnologie, Heißnieten und
Plasmavorbehandlung. bdtronic steht für
höchste Qualitätsanforderungen, absolute
Prozesssicherheit und hohe Wiederhol-
genauigkeit. Das Unternehmen bietet die
optimale Anlagentechnik von der Materialaufbereitung, Dosierung, Vermischung bis
zur Applikation auf dem Bauteil.

Das Produktprogramm

**Anlagen/Verfahren/Zubehör/
Dienstleistungen**
Auftragssysteme (1-K-Systeme,
2-K-Systeme, Roboter)
Komponenten für die Förder-, Misch- und
Dosiertechnik
Oberflächen reinigen und vorbehandeln
Klebstoffhärtung und -trocknung

Für Anwendungen Im Bereich
Elektronik
Maschinen- und Apparatebau
Fahrzeug, Luftfahrtindustrie
Medizintechnik
Pharma,
Telekommunikation
Verbrauchsgüter und Haushaltsgeräte
Sicherheits- und Verteidigungsindustrie
Solarindustrie und Erneuerbare Energien

Beinlich Pumpen GmbH
Gewerbestraße 29
D-58285 Gevelsberg
Telefon +49 (0) 2332 55 86-0
E-Mail: info@beinlich-pumps.com
www.beinlich-pumps.com

Das Unternehmen

Gründungsjahr
1951

Gesellschafter
Jürgen Echterhage

Tochterfirmen
SucoVSE France S.A.R.L.
UK Flowtechnik Ltd.
Oloetec S.r.l (Italien)
BEDA Flow Systems Pvt. Ltd. (Indien)
IC Flow Controls Inc. (USA)
E Fluid Technology (Shanghai) Co. Ltd.
(China)

Vertriebswege
weltweit

Ansprechpartner
Luigi de Luca, Geschäftsleiter

Weitere Informationen
Beinlich Pumpen GmbH ist ein internationaler Anbieter von Dosier- und Förder-
pumpen für industrielle Anwendungen in
verfahrenstechnischen und hydraulischen
Anlagen. Beinlich bietet eine große Auswahl
an Hochleistungsaußen- und Innenzahnrad-
pumpen, Hochdruck-Radialkolbenpumpen
und Exzenterschneckenpumpen. Mehr als
70 Jahre Erfahrung zeigen das umfangreiche
technische Wissen in der Pumpentechnik.
Sowohl die optimale Auswertung der individuellen Kundenanforderungen als auch die
genaue Beobachtung der Märkte führen
zu einer kontinuierlichen Weiterentwicklung

Das Produktprogramm

**Anlagen/Verfahren/Zubehör/
Dienstleistungen**
Auftragssysteme (1-K-Systeme,
2-K-Systeme, Roboter)
Komponenten für die Förder-, Misch- und
Dosiertechnik
Oberflächen reinigen und vorbehandeln
Klebstoffhärtung und -trocknung
Mess- und Prüftechnik

Für Anwendungen im Bereich Industrie
Papier/Verpackung
Holz-/Möbelindustrie
Baugewerbe, inkl. Fußboden, Wand und
Decke
Elektronik
Maschinen- und Apparatebau
Fahrzeug, Luftfahrtindustrie
Textilindustrie
Klebebänder, Etiketten
Hygienebereich

der Produkte. Auf unseren präzisen Prüf-
ständen werden alle Pumpen intensiv auf
ihre jeweiligen Anforderungen getestet. Auf
diese Weise können wir unseren Kunden ein
Höchstmaß an Qualität und Funktionalität
bieten.

⚔ BÜHNEN

Bühnen GmbH & Co. KG
Hinterm Sielhof 25
D-28277 Bremen
Telefon +49 (0) 4 21-51 20-0
Telefax +49 (0) 4 21-51 20-2 60
E-Mail: info@buehnen.de
www.buehnen.de

Mitglied des IVK

Das Unternehmen

Gründungsjahr
1922

Größe der Belegschaft
100 Mitarbeiter

Besitzverhältnisse
Privatbesitz

Tochterfirmen
BÜHNEN, Polska Sp. z o.o.
BÜHNEN, B.V., NL
BÜHNEN, Klebesysteme GmbH, AT
BÜHNEN, HU

Ansprechpartner
Geschäftsführung:
Bert Gausepohl, Jan-Hendrik Hunke

Vertriebsleitung D/A/CH:
Jan-Hendrik Hunke

Marketing:
Heike Lau

Vertriebswege
Außendienst-Fachberater, Distributoren

Das Produktprogramm

**Anlagen/Verfahren/Zubehör/
Dienstleistungen**
Schmelzklebstoff-Tankanlagen mit
Kolben- und Zahnradpumpen
PUR- und POR-Tankanlagen
PUR-und POR-Fassschmelzanlagen
Handpistolen für Sprüh- und Raupenauftrag
Auftragsköpfe für Raupen-, Flächen-,
Sprüh-, Punkt-, Spiralauftrag und Sonder-
auftragsköpfe nach individuellen Kunden-
anforderungen
handgeführte Schmelzklebstoff-
Auftragsgeräte
PUR- und POR-Handauftragsgeräte
umfangreiches Applikationszubehör
kundenorientierte Anwenderlösungen

Schmelzklebstoffe
Die Produktpalette umfasst eine Vielzahl
unterschiedlicher Schmelzklebstoff-Aus-
führungen und Qualitäten für nahezu jede
Anwendung.
Lieferform als Patronen, Kerzen, Granulat,
Dosen, Beutel, Blockware, Kartuschen,
Gebinde, Hobbocks

Anwendungsbeispiele
Automobilindustrie, Automobilzulieferindustrie, Verpackung, Displayherstellung,
Elektroindustrie, Baugewerbe, Ausgießen
von Bauteilen, Fixieren von Spulendrahten-
den, Möbelindustrie, Polstermöbelindustrie,
Filterindustrie, Schuhindustrie, Schaum- und
Textilverklebungen, Kofferindustrie, Sanitär-
industrie, Floristikbedarf, Verguss etc.

Drei Bond GmbH
Carl-Zeiss-Ring 13
D-85737 Ismaning
Telefon +49 (0) 89-962427 0
Telefax +49 (0) 89-962427 19
E-Mail: info@dreibond.de
www.dreibond.de

Mitglied des IVK

Das Unternehmen

Gründungsjahr
1979

Größe der Belegschaft
48

Gesellschafter
Drei Bond Holding GmbH

Stammkapital
50.618 €

Tochterfirmen
Drei Bond Polska sp.z o.o. in Krakau

Vertriebswege
Direkt in die Automobilindustrie
(OEM + Tier 1/Tier 2), sowie in die Allgemein-
industrie, indirekt über Handelspartner, Private
Label Geschäft

Ansprechpartner
Geschäftsführung: Thomas Brandl, Christian Eicke

Anwendungstechnik Kleb- u. Dichtstoffe:
Johanna Storm, Lukas Sandl, Dr. Florian Menk

Anwendungstechnik Dosiertechnik:
Sebastian Schmid, Marco Hoin

Vertrieb Kleb- u. Dichtstoffe:
Oliver Ehrengruber, Andreas Vesper,
Stephan Knorz, Darek Swidron

Vertrieb Dosiertechnik:
Stephan Wiedholz, Marko Hein,
Franz Aschenbrenner

Weitere Informationen
Drei Bond ist zertifiziert nach ISO 9001-2015 und
ISO 14001-2015

Das Produktprogramm

Klebstoff-/Dichstofftypen
- Cyanacrylat Klebstoffe
- Anaerobe Klebe- u. Dichtstoffe
- UV Licht härtende Klebstoffe
- 1K/2K – Epoxidklebstoffe
- 2K – MMA Klebstoffe
- 1K/2K – MS Hybridkleb- u. Dichtstoffe
- 1K – lösungsmittelhaltige Dichtstoffe
- 1K – Silikondichtstoffe

Ergänzende Produkte:
- Aktivtoren, Primer, Cleaner

Geräte-, Anlagen und Komponenten
- Drei Bond 1K/2K Compact Dosieranlagen
  → halbautomatischer Auftrag von Klebe- u.
  Dichtstoffen, Fetten und Ölen Dosiertechnik:
  Druck/Zeit und Volumetrisch
- Drei Bond 1K/2K Inline Dosieranlagen →
  vollautomatischer Auftrag von Klebe- u. Dicht-
  stoffen, Fetten und Ölen
  Dosiertechnik: Druck/Zeit und Volumetrisch
- Drei Bond Dosierkomponenten:
  Behältersysteme: Tanks, Kartuschen,
  Fasspumpen
  Dosierventile; Exzenterschneckenpumpen,
  Membranventile, Quetschventile, Sprühventile,
  Rotorspray

Für Anwendungen Im Bereich
- Automobil -/Automobilzulieferindustrie
- Elektronikindustrie
- Elastomer -/Kunststoff -/Metallverarbeitung
- Maschinen- u. Apparatebau
- Motoren- u. Getriebebau
- Gehäusebau (Metall- und Kunststoff)

HARDO-Maschinenbau GmbH
Grüner Sand 78
D-32107 Bad Salzuflen
Telefon +49 (0) 5222-93015
Telefax +49 (0) 5222-93016
E-Mail: coating@hardo.eu
www.hardo.eu

Das Unternehmen

Gründungsjahr
1935

Größe der Belegschaft
50 Mitarbeiter

Vertriebswege
Direktvertrieb und Agenturen weltweit

Ansprechpartner
Geschäftsführer:
Dipl.-Wirt.-Ing. Ingo Hausdorf

Vertrieb und Anwendungstechnik:
Hauke Michael Immig
Ralf Drexhage
Reinhard Kölling

Weitere Informationen
System- und Indivduallösungen für die
Applikation von Klebstoffen.

Die optimale Auftragstechnik und Komplett-
lösung wird im hauseigenen Technikum
in enger Zusammenarbeit mit dem Kunden
entwickelt.

Das Produktprogramm

Auftragssysteme für:
Schmelzklebstoffe
Reaktive-Schmelzklebstoffe
Dispersionsklebstoffe
Primer
Diverse Substanzen

Auftragstechniken:
Walzenauftrag
Düsenauftrag
Raupenauftrag
Punktauftrag
Sprühauftrag

Vorschmelzgeräte für:
Schmelzklebstoffe
Reaktive-Schmelzklebstoffe

Anlagen/-Komponenten:
Rollenbeschichtungsstände
Kaschierwalzenstationen
Durchlaufpressen
Plattenpressen
Winkelstationen

Neben Einzelmaschinen liefert Fa. Hardo
auch komplette Beschichtungsanlagen für
unterschiedlichste Anwendungen und
Branchen.

KLEBETECHNOLOGIE
So vielfältig wie Ihre Anwendungen. Seit 1965.

H&H Klebetechnologie
Eine Marke der
H&H Maschinenbau GmbH
Industrieweg 6
D-32457 Porta Westfalica
Telefon +49 (0) 571-798 770
E-Mail: info@hh-klebetechnologie.de
www.hh-klebetechnologie.de

Mitglied des IVK

Das Unternehmen

Gründungsjahr
1965

Größe der Belegschaft
ca. 60 Team-Mitglieder

Besitzverhältnisse
Familiengeführte GmbH

Geschäftsführer
Michael Hausdorf

Vertriebswege
Direktvertrieb, eigener Kundendienst und Vertriebspartner weltweit

Ansprechpartner
Vertrieb:
Clas-Ole Widderich, Henning Gresmeier,
Soeren Müller
Technikum und Anwendungstechnik:
Toni Hausdorf

Firmenprofil
Als renommiertes, international tätiges Familienunternehmen entwickelt, produziert und vertreibt H&H Klebetechnologie am Standort Porta Westfalica in Ostwestfalen hochwertige Klebstoffauftragsmaschinen und -systeme. Wir verfügen über mehr als 50 Jahre Erfahrung im Klebstoffauftrag und verstehen uns als Ihr zuverlässiger Partner für anspruchsvolle Aufgaben. Entwicklung, Produktion, Montage, Service – alles aus einer Hand.

Auftragssysteme für
Reaktive und nicht reaktive Schmelzklebstoffe
Hafter und Semi-Hafter
Dispersion, Pasten und Harze
Leim – Kalt und Heiß
Bitumen und Butyl
Kunststoffe (PA)
Fette, Wachse und Honig

Das Produktprogramm

Vorschmelz-Systeme für
Granulierte Schmelzklebstoffe
Reaktive Schmelzklebstoffe im geschlossenen System

Komponenten der Vor- und Nachbehandlung
Kaschierung und Pressen
Oberflächenbehandlungen
Schneiden und Trennen
Materialtransport und Handling
Scannen, Steuern und vieles mehr

Lösungen für unterschiedlichste Branchen
Automotive und Glas-Industrie
Verpackungs-Industrie
Medizintechnik
Lebensmittel-Industrie
Elektro- und Schleifmittel-Industrie
Holz- und Möbel-Industrie
Sportartikelhersteller
Baustoff-Industrie
Textil-Industrie und viele weitere Branchen

Maßgeschneiderte Systeme und Lösungen
In unserem leistungsstarken, hauseigenen Technikum entwickeln wir gemeinsam mit unseren Kunden individuelle Systemlösungen für den Klebstoffauftrag. Von der Projektidee über die Konstruktion und Realisation bis zur Inbetriebnahme.

Wir von H&H stellen unser Know-how zur Verfügung, um Projekte zum Erfolg zu führen, indem wir Lösungen für unsere Kunden an die Anforderungen des Marktes anpassen. Wirtschaftlich effizient und ökologisch nachhaltig zu sein während wir eine hohe Qualität liefern und damit zum Erfolg unserer Kunden beitragen, ist für uns mehr als wichtig.

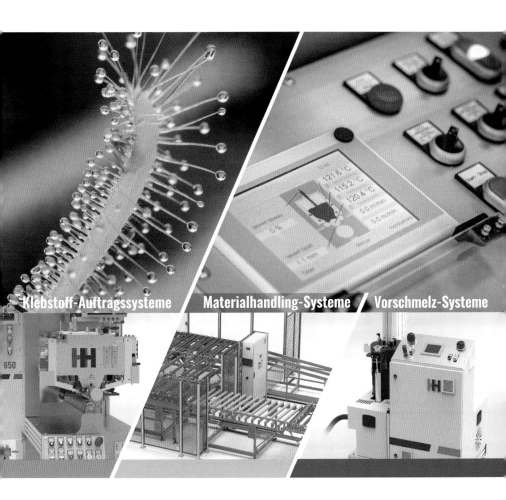

Dr. Hönle AG
UV-Technologie
Nicolaus-Otto-Straße 2
D-82205 Gilching / München
Telefon +49 (0) 8105 208 30-0
Telefax +49 (0) 8105 208 301-48
E-Mail: uv@hoenle.de
www.hoenle.de

Das Unternehmen

Gründungsjahr
1976

Jahresumsatz
115,2 Mio. Euro

Vorstand
Norbert Haimerl
Rainer Pumpe

Tochterfirmen im Klebstoffbereich
D: Panacol-Elosol GmbH Deutschland
       (Adhesives) - Steinbach/Taunus
       uv-technik Speziallampen GmbH
       (UV lamps)
F: Eleco Panacol-EFD, F-Gennevillers
       Cedex
USA: Panacol-USA, Inc., US-Torrington CT
KOR: Panacol-Korea, KR-Gyeonggi-do
I: Sales Office Hönle Italy
CHN: Hoenle UV Technology (Shanghai)
       Trading Ltd., CHN-Shanghai

Vertrieb
Dieter Stirner
Florian Diermeier

Vertriebswege
Eigener Außendienst und Vertriebspartner
weltweit

Das Produktprogramm

LED-UV-/UV-Strahlungstechnologie
zur Härtung UV-reaktiver und lichthärtender
Kleb- und Kunststoffe sowie Vergussmassen
zur Trocknung und Härtung UV-reaktiver
Farben und Lacke
zur Entkeimung von Luft, Wasser und
Oberflächen
zur Fluoreszenzanregung
zur Sonnensimulation

Klebstoffe
Entwicklung und Produktion von
industriellen Klebstoffen über Panacol:
UV- und lichthärtende Epoxid- und
Acrylatklebstoffe
elektrisch und thermisch leitende Klebstoffe
Strukturklebstoffe und Vergussmassen
1K- und 2K-Epoxidharze
Spezialklebstoffe für Medizintechnik und
Elektronik

Für Anwendungen im Bereich
Elektronik- und Mikroelektronikfertigung
Conformal Coating / Chip-Verguss
3D-Druck
Feinmechanik
Maschinen- und Apparatebau
Automotive Industry und E-Mobility
Luftfahrtindustrie
Glasindustrie
Optik
Medizintechnik
Photovoltaik

LED-UV / UV-Aushärtesysteme

Die Dr. Hönle AG bietet seit mehr als 40 Jahren hocheffiziente Aushärtelösungen für Klebe- und Vergussanwendungen — perfekt abgestimmt auf die Anforderungen des Kunden.

Unsere Technologie kommt in den unterschiedlichsten industriellen Fertigungsprozessen zum Einsatz: in Elektronik, Optik und Optoelektronik, in Medizintechnik, E-Mobility und Automobilindustrie.

Industrial Solutions. Hönle Group.   **www.hoenle.de**

Hilger u. Kern GmbH
Dosiertechnik
Käfertaler Straße 253
D-68167 Mannheim
Telefon +49 (0) 6 21-3705-500
Telefax +49 (0) 6 21-3705-200
E-Mail: info@dopag.de
www.dopag.de

Das Unternehmen

Gründungsjahr
1927

Größe der Belegschaft
> 350 weltweit

Vertrieb international
DOPAG Dosiertechnik und Pneumatik AG, Schweiz
DOPAG S.A.R.L., Frankreich
DOPAG UK Ltd., England
DOPAG Italia S.r.l.
DOPAG (US) Ltd.
DOPAG India Pvt. Ltd.
DOPAG (Shanghai) Metering Technology Co. Ltd.,
China
DOPAG Eastern Europe s.r.o., Tschechien
DOPAG Korea
DOPAG Mexico Metering Technology SA de CV
Dopag Nordic AB

Service
• Eigenes Technikum
• Dosierversuche
• Wartung
• Reparatur
• Ersatzteile
• Verbrauchsmaterialien
• Lohnfertigung

Weitere Unternehmensbereiche
Hilger u. Kern Industrietechnik

Das Produktprogramm

Dosiertechnik
• Anlagen für das Dosieren, Mischen und
Auftragen von ein- und zweikomponentigen
Materialien wie z.b. Schmierstoffen, Kleb-
stoffen, Dichtstoffen und Vergussmassen
• Zahnrad- und Kolbenpumpentechnik
• Automatisierte Dosiertechnik: Standard- und
linienintegrierbare Fertigungszellen, Stand-
alone Lösungen, Sondermaschinen
• Statische und statisch-dynamische Misch-
systeme
• Dynamische Mischtechnik für PU und Silikon-
Werkstoffe zum Dichtungsschäumen, Kleben
und Vergießen

Dosierkomponenten und Pumpen
• Fass- und Behälterpumpen
• Dosier- und Auslassventile
• Materialdruck-Reduzierventile
• Volumenzähler
• Zahnradpumpen

Für Anwendungen im Bereich
• Kleben und Dichten
• Befetten und Ölen
• Vergießen
• Composites
• Dichtungsschäumen

**Innotech Marketing und
Konfektion Rot GmbH**
Schönbornstraße 8c
D-69242 Rettigheim
Telefon 0 72 53 - 988 855 0
E-Mail: jr@innotech-rot.de
www.innotech-rot.de

Mitglied des IVK, GFAV, LBZ-BW und
SLV Fördergemeinschaft

Das Unternehmen

Gründungsjahr
1995

Größe der Belegschaft
34 Mitarbeiter

Gesellschafter/Inhaber
Joachim Rapp

Stammkapital
100.000 €

Vertriebswege
Fachhandel, Klebstoffhersteller, Industrie, weltweiter
Export, Internet, Direktvertrieb

Ansprechpartner
Geschäftsführung:
Joachim Rapp, Anja Gaber – jr@innotech-rot.de

Internet: www.innotech-rot.de

Weitere Informationen
Innotech bietet den Komplettservice rund um das Thema
Kleben und Dichten, speziell in der Handapplikation.
• Deutschlandweit die größte Auswahl an Klebepistolen
  unterschiedlichster Hersteller mit kompetentem
  Beratungs- und Reparaturservice, Sonderpistolen-
  fertigung
• Stationäre Pistolenanwendung, Baukastenlösungen
• Verkauf und Vertrieb von Klebstoffzubehör
  (Mischer, Düsen, Kartuschen, ...)
• Heiztechnik für Klebstoffe, beheizte Pistolen,
  Heizkoffer
• Klebeberatung und Schulung zum Thema Kleben
  und Dichten
• Lohnverklebungen (Marketingmuster)
• Klebstoffmusterlogistik

Das Produktprogramm

Kooperationspartner des Fraunhofer IFAM
Klebpraktiker und Klebfachkraft nach DVS®/EWF
Beratung im Bereich Qualitätssicherung
Anwendung und Anforderungen DIN 2304 und DIN 6701

Geräte-, Anlagen und Komponenten
Zum Fördern, Mischen, Dosieren und für den Klebstoffauftrag; zur Oberflächenvorbehandlung; Klebstoffhärtung
und -trocknung; Mess- und Prüftechnik

Für Anwendungen im Bereich
Baugewerbe (inkl. Fußboden, Wand und Decke)
Maschinen- und Apparatebau; Fahrzeug, Luftfahrtindustrie
Herstellung/Vertrieb von Normprüfkörpern und Bearbei-
tung von Kundenmaterial zu Prüfblechen

Kartuschenpistolen
(Hand-, druckluft- oder akku-betrieben,
eigene Servicewerkstatt)
Über 750 Modelle. Einige Klebstoffhersteller und Groß-
kunden nutzen Just-In-Time Lieferservice, um eigene
Lagerbestände zu minimieren. Leistungsstarke beheizte
Akkupistolen bis 220 Grad Celsius und 5 kN Druckkraft.
Wirtschaftlichkeitsberatung und alle namhaften
Hersteller weltweit durch Innotech inkl. Service. Der
1-Stop-Shop für Händler und Klebstoffhersteller.

Klebstoffzubehör
Jedes weltweit verfügbare Klebstoffzubehör wie Mischer,
Kartuschen, Düsen, Heiztechnik uvm.

Klebstoffmusterlogistik
Angebot der kompletten Bemusterungslogistik für Kleb-
stoff- bzw. Dichtstoffhersteller.

• Lagerhaltung, Konfektionierungen für Außendienstmitarbeiter, Abfüllung der Muster, Pickup Service,
  spezieller Partnerzugang mit aktuellen Beständen auf
  der Webseite und weltweiter Versand

Lohnverklebungen
Herstellung von Prüfkörpern, Marketingmustern
(Messe, Außendienst, Schulungen)

Almanach der manuellen Klebstoffapplikation
Der Almanach ist weltweit das umfassendste
Nachschlagewerk für die manuelle Klebstoffverarbeitung.
Hier liegt sehr großes Potenzial für Prozessverbesse-
rungen aber auch die Vergleichbarkeit von Kartuschen-
pressen, Mischersystemen und Kartuschen.

KDT AG
Lagerstrasse 8
CH-8953 Dietikon, Schweiz
Telefon +41 (0) 44 743 33 30
E-Mail: info@kdt-technik.ch
https://kdt-technik.ch

Mitglied des FKS

Das Unternehmen

Gründungsjahr
2021

Größe der Belegschaft
> 10 Mitarbeiter

Gesellschafter
Thomas Kraushaar, Inhaber

Stammkapital
CHF 100'000.00

Vertriebswege
Fachhandel, Direktvertrieb und Online-
handel von Klebstoffen und Dosiertechnik

Ansprechpartner
Geschäftsführung:
Thomas Kraushaar, General Manager
E-Mail: t.kraushaar@kdt-technik.ch

Anwendungstechnik und Vertrieb:
Marc Rohner, Sales Manager
E-Mail: m.rohner@kdt-technik.ch

Weitere Informationen
Henkel Premiumpartner für Loctite[®]
in der Schweiz. Klebtechnisches Eigineering,
Zertifizierung und Weiterbildung. Klebstoff-
fachhandel. Hersteller für Dosiergeräte KDG.

Das Produktprogramm

Klebstofftypen
• Reaktionsklebstoffe
• Dispersionsklebstoffe
• Haftklebstoffe

**Anlagen/Verfahren/Zubehör/
Dienstleistungen**
• Komponenten für die Förder-,
  Misch- und Dosiertechnik
• Oberflächen reinigen und vorbehandeln
• Klebstoffhärtung und -trocknung
• Dienstleistungen

Für Anwendungen im Bereich
• Elektronik
• Maschinen- und Apparatebau
• Fahrzeug, Luftfahrtindustrie
• Klebebänder, Etiketten

Nordson Deutschland GmbH
Heinrich-Hertz-Straße 42
D-40699 Erkrath
Telefon +49 (0) 2 11-92 05-0
Telefax +49 (0) 2 11-25 46 58
E-Mail: info@de.nordson.com
www.nordson.com

Das Unternehmen

Gründungsjahr
1967

Größe der Belegschaft
450 Mitarbeiter

Gesellschafter
Nordson Corporation, USA

Ansprechpartner
Geschäftsführung:
Ben Peuten, Michael Lazin

Gesamtverkaufsleitung Adhesive: Olaf Hoffmann
OEM Betreuung: Olaf Hoffmann
Verpackungs-/Montageapplikationen:
Olaf Hoffmann

Industrielle Anwendungen:
Nonwoven: Kai Kröger
Pulverbeschichtung: Thomas Krauze
Container/Nasslack: Ralf Scheuffgen
Automotive: Volker Jagielki
Battery Applikationen: Ezgi Uludag

Vertriebswege
Durch Außendienstmitarbeiter der
Nordson Deutschland GmbH

Weitere Informationen
Entwicklungszentren und Produktionsstätten
(ISO-zertifiziert) in den USA und Europa,
über 6.900 Mitarbeiter, Niederlassungen auf allen
Kontinenten. In Zusammenarbeit mit dem Kunden
entwickelt Nordson Komplettlösungen mit
integrierten Systemen und aufeinander abgestimmten
Komponenten, die mit den Anforderungen der
Kunden mitwachsen.

Das Produktprogramm

Anlagen und Systeme zur Applikation von Kleb- und
Dichtstoffen und zur Obeflächenbeschichtung mit Lacken,
anderem flüssigen Material oder Pulver. Nordson Anlagen
können in vorhandene Anlagen integriert werden.

Verpackungs- und Montageanwendungen
Komplette Klebstoffauftragssysteme (Hot Melt/Kalt-
leim) zur Ausrüstung von Verpackungslinien. Im Bereich
Montageanwendungen optimiert Nordson Fertigungs-
prozesse in vielen verschiedenen Industriezweigen.

Industrielle Anwendungen
Kleb- und Dichtstoffanwendungen für unterschiedlichste
Industriebereiche z. B. Automobil-Produktion sowie Luft-
und Raumfahrt, Elektronik, Mobilgeräte, Holzverarbeitung
etc. sowie Präzisions-Dosiersysteme und Ventile zum
Auftrag von Klebern und Schmierstoffen, zum Abdichten,
Vergießen, Einkapseln und Ausformen.

Nonwoven
Nonwoven (Maßgeschneiderte Anlagen zum Auftragen
von Klebstoff und superabsorbierendem Pulver zur
Herstellung von Babywindeln, Slipeinlagen, Damenbinden
und Inkontinenzartikeln).

Pulver- und Nasslackbeschichtungen
Anlagen und Systeme zur Oberflächenbeschichtung mit
Lacken, anderen flüssigen Materialien und Pulver sowie
zur Beschichtung und Kennzeichnung von Dosen und
anderen Behältnissen.

Electronics
Automatische Beschichtungs- und Dosieranlagen für
die Elektronikindustrie zur präzisen Applikation von
Klebstoffen, Vergussmassen, Lötpasten, Flussmitteln,
Schutzlacken etc.

Automobilindustrie
Kundenspezifische Anlagen und Systeme für die
Applikation von strukturellen Kleb- und Dichtstoffen.

Batterieherstellung
Dosiersysteme für 1K und 2K Materialien, die bei der
Herstellung von Speicher- oder Fahrzeugbatteriezellen
verwendet werden.

 **plasmatreat**

Plasmatreat GmbH
Queller Straße 76 – 80
D-33803 Steinhagen
Telefon +49 (0)5204-9960-0
Telefax +49 (0)5204-9960-33
E-Mail: mail@plasmatreat.de
www.plasmatreat.de

Mitglied des IVK

Das Unternehmen

Gründungsjahr
1995

Größe der Belegschaft
ca. 240 (weltweit)

Gesellschafter
Christian Buske

Vertriebswege
Direktvertrieb, Tochterfirmen,
Vertriebspartner

Ansprechpartner
Geschäftsführung:
Christian Buske

Vertriebsleitung Deutschland:
Joachim Schüßler

Weitere Informationen
Die Anwendung von Atmosphärendruck-
plasma gilt als Schlüsseltechnologie zur umwelt-
freundlichen und hocheffizienten Vorbe-
handlung und funktionalen Beschichtung von
Materialoberflächen. Durch die Entwicklung einer speziellen Düsentechnik ge-
lang es Plasmatreat im Jahr 1995 als erstem
Unternehmen weltweit, Plasma unter Normal-
druck in Serienprozesse „in-line" zu inte-
grieren und damit im industriellen Maßstab
nutzbar zu machen. Die patentierte
Openair-Plasma® - Technik wird heute in
nahezu allen Industriebereichen angewendet,
ihr geschätzter Marktanteil liegt bei ca.
90 Prozent. Als internationaler Marktführer
investiert Plasmatreat etwa zwölf Prozent
seines Jahresumsatzes in die Forschung und
Entwicklung. Das Unternehmen ist in

Das Produktprogramm

**Anlagen/Verfahren/Zubehör/
Dienstleistungen**
Oberflächenvorbehandlung: Feinreinigung
und simultane Aktivierung, Funktionsbe-
schichtungen

Für Anwendungen im Bereich
Verpackungstechnik
Möbelindustrie
Glasverarbeitung, Fensterbau
Elektronik
Maschinen- und Apparatebau
Automobilbau
Transport-Fahrzeugbau
Luftfahrtindustrie
Schiffbau
Medizintechnik
Neue Energien (Solartechnik, Windkraft,
E-Mobilität)
Konsumgüter
Textilindustrie
Klebebänder, Etiketten
Hygienebereich
Hausgeräte, Weiße Ware

---

zahlreiche Forschungsprojekte des BMBF
eingebunden, hinzukommen intensive
Kooperationen mit den Fraunhofer Instituten
sowie mit führenden Forschungsinstituten
und Universitäten in der ganzen Welt.

Die Plasmatreat Group besitzt Technologie-
zentren in Deutschland (Hauptsitz), den
USA, Kanada, Japan und China und ist mit
Tochtergesellschaften und Vertriebspartnern
in 35 Ländern vertreten.

Poly-clip System GmbH & Co. KG
Niedeckerstraße 1
D-65795 Hattersheim am Main
Telefon +49 (0) 6190 8886-0
E-Mail: Vermittlung@polyclip.de
www.polyclip.com/

Mitglied des IVK

Das Unternehmen

Year of formation
1922

Größe der Belegschaft
ca. 350 Mitarbeiter

Geschäftsführer
Dr. Joachim Meyrahn

Besitzverhältnisse
Privatbesitz

Ansprechpartner
Björn Arndt

Produktion und Vertrieb:
Verpackungslinien zur Schlauchbeutelabfüllung

Weitere Informationen
Poly-clip System ist der weltweit größte
Anbieter von Clipverschluss-Lösungen und
gilt in diesem Segment in der Lebensmittel-
industrie und Verpackungsbranche als
Weltmarktführer und Hidden Champion. Die
Geschichte des deutschen Familienunter-
nehmens mit Hauptsitz in Hattersheim, nahe
Frankfurt am Main, reicht zurück bis ins Jahr
1922. Bis heute besitzen wir mehr als 800
Patente, was unsere weltweite Technologie-
führerschaft unterstreicht. Mit einer Export-
quote von fast 90% sind unsere Clip-verschluss-
Lösungen weltweit im Einsatz.

Jeder kennt die Enden einer Wurst, die
„Zipfel". Ursprünglich von uns für die fleisch-
verarbeitende Industrie und das Fleischer-
handwerk entwickelt, ist unser Clipver-
schluss-System schon seit langem sowohl im

Das Produktprogramm

**Verpackungsmaschinen
für Klebstoffe**
Reaktive Klebstoffe
Klebstoffe auf Lösungsmittelbasis
Dispersionsklebstoffe

**Verpackungsmaschinen
für Dichtstoffe**
Acryl-Dichtstoffe
PUR-Dichtstoffe
Silikondichtstoffe
MS/SMP-Dichtstoffe

Ausrüstung, Anlagen und Komponenten
zum Fördern, Dosieren und für die
Verpackung von Mischungen

Für Anwendungen im Bereich
Bauindustrie, einschließlich Böden, Wände
und Decken
Maschinenbau und Ausrüstung Konstruktion
Automobilindustrie, Luftfahrtindustrie

---

sonstigen Lebensmittel- als auch im
Non-Food-Bereich erfolgreich im Einsatz.
Mit unserer clip-pak® Verpackungslösung
bieten wir eine nachhaltige und kosten-
effiziente Alternative zur traditionellen
Kartusche für Hersteller von Dicht- und
Klebstoffen.

Reka Klebetechnik GmbH & Co. KG
Siemensstraße 6
D-76344 Eggenstein-Leopoldshafen
Telefon +49 (0) 721 9 70 78-30
Telefax +49 (0) 721 70 50 69
E-Mail: adhaesion@reka-klebetechnik.de
www.reka-klebetechnik.de

Mitglied des IVK

Das Unternehmen

Gründungsjahr
1977

Besitzverhältnisse
Familienunternehmen

Vertriebswege
Direktvertrieb, Vertrieb über Händler

Ansprechpartner
Geschäftsführung:
Herbert Armbruster

Anwendungstechnik und Vertrieb:
Katharina Armbruster

Weitere Informationen
Handgeführte Heißklebepistolen für die
Industrie.
Seit 1977 bietet Reka Klebetechnik den
Kunden in über 70 Ländern zuverlässige
Qualität aus Deutschland. In Eggenstein
bei Karlsruhe werden die handbetriebenen
Heißklebegeräte von Reka entwickelt,
produziert und vertrieben.

Die Geräte eignen sich zur Verarbeitung
von Schmelzklebstoffen in nahezu allen
auf dem Markt befindlichen Formen. Sie
sind in der Industrie genauso geschätzt wie
im Handwerk und bei Verpackungsdienst-
leistern. Ob in Fertigung, Montage oder
Abdichtung – moderne Industrieprodukte
sind ohne Klebstoffe nicht mehr denkbar.

Das stetige Wachstum des weltweiten
Händlernetzwerks und die kontinuierliche
Optimierung der Produkte stärken das
inhabergeführte Familienunternehmen. Reka

Das Produktprogramm

Klebstofftypen
Schmelzklebstoffe
Haftschmelzklebstoffe

Auftragssysteme
Tankklebepistolen mit Druckluft
Tankklebepistolen ohne Druckluft
Kartuschenklebepistolen
(1-K-Systeme)

Für Anwendungen im Bereich
Papier/Verpackung
Buchbinderei/Graphisches Gewerbe
Holz-/Möbelindustrie
Baugewerbe, inkl. Fußboden, Wand und
Decke
Elektronik
Maschinen- und Apparatebau
Fahrzeug, Luftfahrtindustrie
Textilindustrie
Haushalt, Hobby und Büro

Klebetechnik legt großen Wert auf langfristige
Geschäftsbeziehungen und langlebige, einfach zu wartende Produkte.

Durch das kompetente und motivierte Team,
die jahrzehntelange Markterfahrung und
die Zusammenarbeit mit namhaften Klebstoffherstellern bietet Reka den Kunden
bedarfsabhängige und individuelle Lösungen.
Reka hilft Ihnen bei der Auswahl der pas-
senden Produkte für Ihre Anwendung.

ROBATECH
GLUING SOLUTIONS

Robatech AG
Pilatusring 10
CH-5630 Muri AG/Schweiz
Telefon (+41) 5 66 75 77 00
Telefax (+41) 5 66 75 77 01
E-Mail: info@robatech.ch
www.robatech.ch

Mitglied des IVK

Das Unternehmen

Gründungsjahr 1975

Größe der Belegschaft
über 670 Mitarbeiter weltweit

Gesellschafter
Robatech AG, CH-5630 Muri, Schweiz

Besitzverhältnisse
Robatech AG, CH-5630 Muri, Schweiz

Tochterfirmen
Tochtergesellschaft in Deutschland:
Robatech GmbH, Im Gründchen 2
65520 Bad Camberg
Telefon +49 (0) 64 34-94 11 0
E-Mail info@robatech.de

Vertreten in über 80 Ländern weltweit

Vertriebswege
via Headoffice, Tochtergesellschaften
und Agenturen

Geschäftsführung
Robatech AG, Schweiz:
Martin Meier
Robatech GmbH Deutschland:
Eberhard Schlicht, Andreas Schmidt

Anwendungstechnik und Vertrieb
Robatech AG, Schweiz
Direktor Verkauf: Kishor Butani, Harald Folk
Direktor Marketing: Kevin Ahlers
Robatech GmbH, Deutschland:
Geschäftsführer: Eberhard Schlicht

Weitere Informationen
Produktionsstätten in der Schweiz,
Deutschland und Hongkong

Das Produktprogramm

**Produktions- bzw. Vertriebsprogramm
des Unternehmens**
• Klebstoff-Auftragssysteme mit Kolben-
  pumpen und Zahnradpumpen für Hotmelt
  und Dispersionen, inklusive notwendigem
  Zubehör (Gesamtsystemlösungen)
• Mittlere Heißleimauftragssysteme von
  5 bis 30 Liter Klebstoff-Tankvolumen
• Große Heißleimauftragssysteme von 50
  bis 100 Liter Klebstoff-Tankvolumen
• Heißleimauftragssysteme für
  PUR-Klebstoffe von 2 bis 30 Liter
  Klebstoff-Tankvolumen
• Fassschmelzanlagen von 20 bis 200 Liter
  Klebstoff-Tankvolumen
• Auftragsmethoden: Raupenauftrag,
  Flächenauftrag, Sprühauftrag, Spezialitäten
• Walzenauftragssysteme
• Kaltleim-Auftragssysteme:
  Druckbehälter, Pumpen-Systeme,
  Auftragstechnik, Steuerungen und
  Auftragskontrolle

**Robatech bietet für mehrere
Industrien Lösungen an:**
Verpackungs-Industrie, Packmittel-Industrie,
Druck-Industrie, Hygiene-Industrie, Holz-
Industrie, Bauzuliefer-Industrie, Automobil-
Industrie und weitere Industrien.

Rocholl GmbH
Industriestrasse 28
D-74927 Eschelbronn
Telefon +49 (0) 6226 93330-0
Telefax +49 (0) 6226 93330-10
E-Mail: post@rocholl.eu
www.rocholl.eu

Mitglied des IVK

Das Unternehmen

Das Produktprogramm

Gründungsjahr
1977

Größe der Belegschaft
30 Mitarbeiter

Vertriebswege
direkt

Geschäftsleitung
Technik:
Dr. Matthias Rocholl

Verwaltung:
Bärbel Rocholl

Prüfkörper zur Prüfung von
Kleb- und Dichtstoffen, Lacken, Farben
und Beschichtungsmassen

Scheugenpflug

Part of the Atlas Copco Group

Scheugenpflug GmbH
Gewerbepark 23
D-93333 Neustadt a.d. Donau
Telefon +49 (0) 94 45-95 64-0
Telefax +49 (0) 94 45-95 64-40
E-Mail:
sales.de@scheugenpflug-dispensing.com
www.scheugenpflug-dispensing.com

Das Unternehmen

Gründungsjahr
1990

Größe der Belegschaft
mehr als 600 (weltweit)

Geschäftsführung
Olaf Leonhardt

Kontakt
sales.de@scheugenpflug-dispensing.com
www.scheugenpflug-dispensing.com

Niederlassungen
Atlas Copco Industrial Technique (Shanghai) Co.,
Ltd. Suzhou Branch
E-Mail: info@scheugenpflug.com.cn

Scheugenpflug Inc.
E-Mail: sales.us@scheugenpflug-dispensing.com

IAS CC Mexico
Atlas Copco Mexicana

Scheugenpflug S.R.L.
E-Mail: info.ro@scheugenpflug-dispensing.com

Atlas Copco (Thailand) Ltd.

Vertriebspartner weltweit:
Siehe Homepage > Über uns > Standorte &
Vertriebspartner

Über Scheugenpflug
Die Scheugenpflug GmbH (Neustadt/Donau) ist ein
weltweit führender Lösungsanbieter von Systemen
und Anlagen für effiziente Klebe-, Dosier- und
Vergussprozesse. Die innovative Produkt- und Tech-
nologiepalette reicht von Materialaufbereitungs- und
-förderanlagen über leistungsstarke Handarbeits-
stationen und Dosierzellen bis hin zu modularen,
speziell auf Kundenwünsche zugeschnittene Inline-
und Automatisierungslösungen. Die mit tiefem
Prozessverständnis entwickelten Scheugenpflug
Systeme ermöglichen Anwendern in der Automobil-
und Elektronikindustrie, in der Medizintechnik und
im Konsumgütersektor die Steigerung automatisier-
ter Produktion zukunftsweisender Technologien.

Das Produktprogramm

Dosierer
- Volumetrische Kolbendosierer
- Alternierende volumetrische Kolbendosierer
- Volumetrischer Kolbendosierer speziell für Wärme-
  leitmaterialien
- Zahnraddosierer
- Kleinmengen- und Mikrodosierer

Materialaufbereitung und -förderung
- Förderung aus Kartuschen und Drucktanks
- Förderung aus Hobbocks
- Systeme für selbstnivellierende Vergussmedien

Dosieranlagen
- Dosiersteuerungen auf einem Stativ oder zur
  Integration
- Dosierzellen
- Prozessmodule zur Integration
- Dosieranlagen für Vakuumverguss

Individuelle Automatisierungslösungen
Maßgeschneiderte automatisierte Lösungen für
unterschiedlichste Klebe-, Dosier- und Verguss-
aufgaben, basierend auf dem Scheugenpflug-
Baukastensystem

Qualitätssicherung
Vision-Systeme RTVision

Service
- Innovation Center: Anwendertechnikum,
  Dosierversuche
- Wartung, Störbehebung, Technischer Support,
  Hotline
- After Sales: Ersatzteile, Reparatur,
  Modernisierungen, Service-Verträge
- Akademie/Schulung und Weiterbildung
- Leihanlagen
- Lohnverguss

Die Scheugenpflug GmbH ist Teil des schwedischen
Atlas-Copco-Industriekonzerns und ist weltweit mit
Vertriebsniederlassungen, Service und Kunden-
zentren präsent. Innerhalb der Division „Industrial
Assembly Solutions" (IAS) agiert der Spezialist für
Dosiertechnik mit weltweit über 600 Mitarbeitern
als eigenständige Business Line.

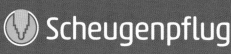

 **Klebetechnik**

SM Klebetechnik Vertriebs GmbH
Otto-Hahn-Straße 19a
D-52525 Heinsberg
Telefon +49 (0) 24 52-9172-0
Telefax +49 (0) 24 52-9172-20
E-Mail: info@sm-klebetechnik.de
www.sm-klebetechnik.de

Das Unternehmen

Gründungsjahr
1991

Größe der Belegschaft
70 Mitarbeiter

Tochterfirmen
SM Coating GmbH, SM Packaging GmbH

Vertriebswege
Direkt und über Vertriebspartner

Ansprechpartner
Geschäftsführung:
René Schog

Anwendungstechnik und Vertrieb:
Jürgen Simons, Wilhelm Steffens,
Jens Backer

Weitere Informationen
Die SM Klebetechnik entwickelt, produziert
und vertreibt Maschinen- und Anlagentech-
nik für die industrielle Klebstoffverarbeitung.
Sämtliche Klebstoffauftragsprozesse – vom
Schmelzen, Fördern, Dosieren bis zum Ap-
plizieren – können in unserem hauseigenen
Technikum getestet und nach individuellen
Vorgaben realisiert werden.

Das Produktprogramm

Auftragssysteme für:
Polyurethane (PUR), Polyolefine (PO, APAO),
Polyamide (PA, CoPA), PSA-Haftklebstoffe
(SIS, SBS), Ethylen Vinyl Acetat (EVA),
Acrylate, Bitumen und Butyl

Auftragstechniken:
Raupenauftrag, Sprühauftrag, Düsenauftrag,
Curtain Coat, Breitschlitzauftrag, Flächen-
sprühen, Befüllsysteme

Anlagen/Komponenten:
Fassschmelzer, Tankschmelzgeräte, Beutel-
schmelzgeräte, Flächenauftragsköpfe,
Pumpstationen, Dichtstoff-Applikations-
systeme, Pumpenauftragsköpfe, Düsenauf-
tragsköpfe, Messzellen, Druckregelungen,
Coexdüsen, Roboteranwendungen, Sondermaschinen

Wir bieten Lösungen für folgende Bereiche:
Automobil-, Holz-, Möbel-, Bau-, Folien-,
Verpackungs-, Papier- und Textilindustrie

Unitechnologies SA - mta®
Bernstrasse 5
CH-3238 Gals
Telefon +41 32 338 80 80
E-Mail: info@unitechnologies.com
www.unitechnologies.com
https://mtaautomation.com/dosieren/

Das Unternehmen

Gründungsjahr
1966

Größe der Belegschaft
40 Mitarbeiter

Eigentümerstruktur
AG (Aktiengesellschaft)

Management
Alessandro Sibilia – CEO
Stefan Eidam – CSO
Julien Mettraux – CFO

Filiale
USA – mta automation inc., 123 Poplar Pointe
Drive, Suite E, Mooresville, NC 28117

Verkaufsbüros in Deutschland und Italien

Firmenprofil
Unitechnologies ist mit über 50 Jahren Erfahrung ein Prozessspezialist in den Bereichen volumetrisches Dosieren und selektives Löten. Unitechnologies ist mit ihrer Marke mta® einer der führenden Hersteller standardisierter volumetrischer Dosiersysteme auf dem neuesten Stand der Technik.

Volumetrische Hochpräzisions-Dosiersysteme von mta® werden für flüssige bis hochviskose Materialien mit Ein- oder Zweikomponenten in einer Vielzahl von Dosierprozessen eingesetzt. Die Produktpalette umfasst einfache manuelle Systeme, halbautomatische Tischroboter sowie vollautomatisierte Produktionszellen, die eine perfekte Reproduzierbarkeit von Mikrovolumina ab 0,1 mm³ erreichen.

Das Produktprogramm

Volumetrische Dispenser
- Kolben-Zylinder-Dispenser
  (1K sowie 2K dynamisch)
- Exzenterschnecken-Dispenser
  (1K sowie 2K statisch und dynamisch)
- Jet-Dispenser
- Kartuschen-Dispenser

Materialzuführungen und -aufbereitungen
- Zuführung aus Kartuschen, Fässern,
  Hobbocks u.v.m.
- Materialhomogenisierung
- Materialentgasung

Prozesse und Anwendungsbereiche
Kleben, Dichten, Vergießen, Conformal Coating, Fetten, Dam & Fill, Glob-Top und Underfill in Bereichen wie Elektronik, Optoelektronik, Automobilindustrie, Uhrenindustrie, E-Mobility, Medizintechnik und Pharmazeutik.

Personalisierter Service
Unitechnologies konzentriert sich auf qualitativ hochwertige Anwendungen und verlässt sich auf die Expertise eigener hochqualifizierter Spezialisten zur Dosierprozessvalidierung in ihrem Labor. Zur Laborausrüstung zählen modernste automatisierte Standardzellen, Tischroboter und alle oben aufgeführten Dispenser. Weitere Komponenten wie zertifizierte Präzisionswaagen, Härteöfen, UV-Strahler und vieles mehr sind ebenfalls erhältlich.

Das Ziel der von uns durchgeführten Versuche besteht hauptsächlich in der Machbarkeitsprüfung der Aufgabenstellung und ermöglicht es uns, für jede kundenspezifische Anwendung eine Prozessgarantie anbieten zu können. Der Kunde erhält damit vor der Investition in eine neue Anlage den Prozessnachweis.

ViscoTec
Pumpen- u. Dosiertechnik GmbH
Amperstraße 13
D-84513 Töging a. Inn
Telefon +49 (0) 8631 9274-0
E-Mail: mail@viscotec.de
www.viscotec.de

Das Unternehmen

Gründungsjahr
1997

Größe der Belegschaft
300 Mitarbeiter (weltweit)

Geschäftsführung
Franz Kamhuber
Martin Stadler

Niederlassung
- Töging am Inn, Deutschland (Hauptsitz)
- Kennesaw, GA, USA
- Singapur
- Shanghai, China
- Pune, Indien
- Mérignac, Frankreich
- Hongkong

Vertriebswege
weltweit

Mehr Informationen
ViscoTec Pumpen- u. Dosiertechnik GmbH
ist Hersteller von Komponenten und
Systemen, die zum Dosieren, Auftragen,
Abfüllen und Entleeren von niedrig- bis
hochviskosen Flüssigkeiten verwendet
werden.

Das Produktprogramm

Geräte-/Anlagen und Komponenten
- Dispenser und Dosiersysteme
  (Auftragen und Applizieren,
  1K-/2K-Dosierung, Vergießen, Abfüllen,
  Prozessdosieren, Sprühen)
- Entnahme- und Zuführsysteme
- Aufbereitungssysteme/Entgasungsanlagen
- Komplette Anlagen
- Zugehöriges Equipment

Für Anwendungen im Bereich
- Automotive/E-Mobilität
- Luft- und Raumfahrt
- Elektronik
- General Industry
- Neue Energien
- Kunststoffe
- Lebensmittel
- Kosmetik
- Pharma
- Medizintechnik
- Biotechnologie
- 3D-Druck + Bioprinting
- Und viele weitere

VSE Volumentechnik GmbH
Hönnestraße 49
D-58809 Neuenrade
Telefon +49 (0) 23 94 / 6 16 - 30
E-Mail: info@vse-flow.com
www.vse-flow.com

Das Unternehmen

Gründungsjahr
1989

Gesellschafter
Jürgen Echterhage
Axel Vedder

Tochterfirmen
SucoVSE France S.A.R.L.
UK Flowtechnik Ltd.
Oleotec Srl. (Italien)
BEDA Flow Systems Pvt. Ltd. (Indien)
IC Flow Controls Inc. (USA)
E Fluid Technology (Shanghai) Co. Ltd.
(China)

Vertriebswege
weltweit

Ansprechpartner
Geschäftsführung:
Jürgen Echterhage
Axel Vedder

Weitere Informationen
VSE Volumentechnik steht für hochpräzise
Durchfluss-Messtechnik. Wir entwickeln
und produzieren Volumensensoren für fast
alle pumpfähigen Medien und entsprechende Auswerteelektronik. Egal, ob für
Wasser oder hochviskose Haftmedien mit
Füllgehalt – in unserer eigenen Entwick-
lungs- und Konstruktionsabteilung entste-
hen technisch anspruchsvolle Durchfluss-
sensoren. Wir fertigen zu einem Großteil
nach Kundenwunsch und verstehen uns
selbst als industrielle Manufaktur. Wir kön-

Das Produktprogramm

**Anlagen/Verfahren/Zubehör/
Dienstleistungen**
Komponenten für die Förder-, Misch- und
Dosiertechnik
Oberflächen reinigen und vorbehandeln
Klebstoffhärtung und -trocknung
Mess- und Prüftechnik

Für Anwendungen im Bereich Industrie
Holz-/Möbelindustrie
Baugewerbe, inkl. Fußboden, Wand und
Decke
Elektronik
Maschinen- und Apparatebau
Fahrzeug, Luftfahrtindustrie
Textilindustrie
Hygienebereich

nen auf modulare Systeme zurückgreifen,
die durch technische Spezifikationen für
jede einzelne Bestellung justiert werden.
So wird das Produkt optimal auf die Bedürfnisse des Kunden angepasst. VSE Volumensensoren kommen vor allem dort zum Einsatz, wo genaueste Messungen unabdingbar
sind. Unsere Durchfluss-Messtechnik wird
weltweit in verfahrenstechnischen Anlagen
in der Kunststoff-, Polyurethan-, Chemie-,
Pharma-, Farb- und Lack-, Hydraulik- und
Automobilindustrie sowie in der 2-Kompo-
nenten-Technologie eingesetzt.

WALTHER
Spritz- und Lackiersysteme GmbH
Kärntner Straße 18-30
D-42327 Wuppertal
Telefon +49 2 02-7 87-0
Telefax +49 2 02-7 87-22 17
E-Mail: info@walther-pilot.de
www.walther-pilot.de

Das Unternehmen

Größe der Belegschaft
159 Mitarbeiter

Niederlassungen
Wuppertal-Vohwinkel/
Neunkirchen-Struthütten

Geschäftsführung
Ralf Mosbacher
Christian Glaser

Verkaufsleitung
René Brettmann

Anwendungstechnik
Gerald Pöplau

Vertriebswege
Außendienst sowie Vertretungen
im gesamten Bundesgebiet,
Vertretungen in Europa und Übersee.

Das Produktprogramm

Systeme und Komponenten zur
Applikation von Kleb- und Dichtstoffen
sowie Lacken. Als Systemanbieter
erarbeitet WALTHER maßgeschneiderte
Komplettlösungen, die im Hinblick auf Wirt-
schaftlichkeit, Anwenderfreundlichkeit und
Schonung der Umwelt beste Ergebnisse auf
Dauer garantieren.

Applikation
Klebstoff-Spritzpistolen und -automaten
Extrusionspistolen
Dosierventile
Feinspritzgeräte für den randscharfen
Klebstoffauftrag
Mehrkomponenten-Dosier- und
Mischanlagen

Materialförderung
Druckbehälter
Membranpumpen
Kolbenpumpen
Pumpsysteme für hochviskose Medien
Zentrale Dickstoffversorgung
Systeme für den Transfer
scherempfindlicher Materialien

Sprühnebel-Absaugung
Kleberspritztische und -stände
Filtertechnik
Belüftungssysteme

PILOT 1030 SERIE

Vielseitige Produktfamilie für beste Auftragsergebnisse

GM 1030P // GM 1030G // GA 1030

Vorteile auf einen Blick:

✓ Alle materialberührende Teile aus Edelstahl

✓ Für Lösemittel- und Dispersionsklebstoffe bestens geeignet

✓ Langlebiges Produkt mit geringem Serviceaufwand

✓ Universell konfigurierbar

✓ Beste Auftragsergebnisse mit hohem Auftragswirkungsgrad

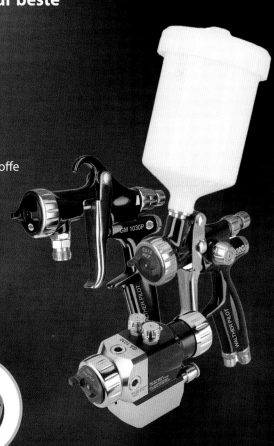

Zweigeteiltes Düsensystem

Kleber Luftkopf

www.walther-pilot.de

FIRMENPROFILE

Klebtechnische
Beratungsunternehmen

ChemQuest Europe

Bilker Straße 27
D-40213 Düsseldorf
Telefon +49 (0) 2 11-4 36 93 79
Telefax +49 (0) 2 11-14 88 23 86 46
www.chemquest.com

Mitglied des IVK

Das Unternehmen

Ansprechpartner
Europäische Repräsentanz
Geschäftsführung:
Dr. Jürgen Wegner
E-Mail: jwegner@chemquest.com
Telefon +49 (0) 2 11-4 36 93 79
Telefax +49 (0) 2 11-14 88 23 86 46
Mobil-Tel. (01 71) 3 41 38 38

Die ChemQuest Inc. ist ein international tätiges Beratungsunternehmen mit Hauptsitz in Cincinnati/Ohio (USA) sowie Regionalbüros in Düsseldorf und Guangzou/China.

Beratungsschwerpunkte sind Hersteller von Kleb- und Dichtstoffen, Beschichtungsmaterialien und bauchemischen Produkten einschließlich deren Zulieferer und Auftragstechnologien entlang der gesamten Wertschöpfungskette.

Unser Beratungsservice umfasst alle Formen von Management Consulting, der Erstellung kundenspezifischer Markt- und Trendanalysen und der Vermittlung und Begleitung von M&A Aktivitäten. Weitere Informationen unter www.chemquest.com

Chemquest hat seine Expertise inzwischen auch auf Farben, Lacke und Beschichtungen

Das Produktprogramm

ausgedehnt, und zwar sowohl im Sinne von Technischer Entwicklung als auch bezüglich innovativer Geschäftsmodelle. Letzteres betrifft etwa fortschrittliche Produktionstechnologien, Marktforschung und Beratung von M&A Aktivitäten. Durch das ChemQuest Technology Institute und ChemQuest Powder Coating Research bieten wir unabhängige F&E, Synthesen und Formulierungen, Test- und Anwendungs-Aktivitäten als unabhängiger und neutraler Spieler. Chemquest offeriert hier analog zu A&S ebenfalls sehr erfahrene Industrie- und Markt-Praktiker, mit denen jedes Projekt professionell begleitet wird, etwa in Bezug auf generelle Marktkenntnis einschließlich von Rohstoff-Herstellern, Beschichtungs-Produzenten, Endverbrauchern und Finanzinvestoren. Für weitere Details besuchen Sie uns bitte im Internet.

**Our know-how
– your future!**

HINTERWALDNER
CONSULTING

*Consulting Chemists &
Business Economists since 1956*

Hinterwaldner Consulting
Dipl.-Kfm. Stephan Hinterwaldner
Marktplatz 9
D-85614 Kirchseeon
Telefon +49 (0) 80 91-53 99-0
Telefax +49 (0) 80 91-53 99-20
E-Mail: info@HiwaConsul.de
www.HiwaConsul.de

Mitglied des IVK

Das Unternehmen

Gründungsjahr
1956

Geschäftsführung
Privatbesitz

Ansprechpartner
Dipl.-Kfm. Stephan Hinterwaldner
Brigitte Schmid
Andrea Hinterwaldner

Adhesive Consulting
info@HiwaConsul.de

Adhesive Conferencing
contact@mkvs.de
contact@in-adhesives.com

Veranstalter/Co-Veranstalter
• Münchener Klebstoff- und Veredelungs-
  Symposium
  Klebstoffe | Drucken | Converting
  www.mkvs.de

• in-adhesives Symposium
  Adhesives and Industrial Adhesives
  Technology
  Automotive | Aircraft | Construction |
  Composites | Lightweight | Electronics |
  Optics | Medicine
  www.in-adhesives.com

• European Coatings Congress

Die Beratungstätigkeit

Die Beratungstätigkeit
Globale Fachberatung in Forschung,
Entwicklung und Technologie
Konferenzen in der Welt der Klebstoffe
• Rohstoffe, Inhaltsstoffe, Intermediates,
  Additive
• Formulierungen, Anwendung, Pro-
  duktentwicklung, Verfahrenstechnik,
  Feasibility Studien
• Klebstoffe, Klebebänder, Beschich-
  tungen, Dichtungsmassen, Leime,
  Trennpapiere
• Haftklebstoffe, Schmelzklebstoffe,
  Chemisch und Strahlungshärtende Kleb-
  stoffsysteme, Strukturelles Kleben und
  Glazing
• Technologien für Fügen mit Klebstoffen,
  Beschichtungen, Converting, Film, Folie,
  Etiketten, Laminate, Druck, Leichtbau,
  Metallisierung, Verpackung, Dichtung,
  Oberflächen
• Polymer, Petrobasierte, Chemische,
  Strahlenhärtende, Biobasierte und Grüne
  Chemie
• Kosmetik, Hygieneprodukte, Schönheits-
  und Körperpflegemittel, Wasch- und
  Reinigungsmittel
• Natürliche, Erneuerbare, Nachhaltige,
  Biobasierte und Biologisch Zertifizierte
  Produkte

Klebtechnik
Dr. Hartwig Lohse e.K.

Hofberg 4
D-25597 Breitenberg
Telefon +49 (0) 48 22-9 51 80
Telefax +49 (0) 48 22-9 51 81
E-Mail: hl@hdyg.de
www.how-do-you-glue.de

Mitglied des IVK

Das Unternehmen

Gründungsjahr
2009

Ansprechpartner
Dr. Hartwig Lohse
E-Mail: hlohse@hdyg.de

Weitere Informationen
Die Fachkompetenz unseres Beratungsunternehmens resultiert aus einer langjährigen Tätigkeit im Bereich der Entwicklung, der Anwendungstechnik und dem Marketing von Industrieklebstoffen. Ergänzt wird diese durch ein umfangreiches, internationales, das weite Feld der verschiedenen Klebstofftechnologien und -anwendungen umfassendes Netzwerk. Ziel der Beratungstätigkeit ist es für unseren Kunden die jeweils beste Lösung für seine spezifische Aufgabe zu erarbeiten. Hierzu können wir auf unser eigenes klebtechnisches Labor zurückgreifen und arbeiten ggf. auch eng mit den jeweiligen Anbietern von Klebstoffen, der entsprechenden Anlagentechnik oder anderen externen Partnern zusammen, bleiben aber bewusst unabhängig.

Die Beratungstätigkeit

Kunden aus den verschiedenen Bereichen entlang der Wertschöpfungskette Kleben schätzen unsere erfolgsorientierte, projektbezogene und auf die jeweiligen individuellen Belange angepasste Arbeitsweise.

Im Einzelnen beinhaltet unser Leistungsangebot
- klebtechnische Beratung bei der Optimierung bestehender oder der Planung und Realisierung neuer Klebprozesses (neutrale, herstellerunabhängige Klebstoffauswahl; klebgerechte Bauteilkonstruktion; Oberflächenvorbehandlung; Auswahl der Anlagentechnik; Qualitätssicherung; Arbeitssicherheit; ...)
- Unterstützung bei der Implementierung der DIN 2304-1 bzw. der ISO 21368 in die klebtechnische Fertigung (Fehlerprophylaxe durch Adaption des QMS an die Besonderheiten des Fügeverfahrens Kleben)
- die Durchführung von Schadensanalysen, Auffinden und Beseitigen von Fehlerquellen („Troubleshooting")
- die Beratung bei der gezielten Entwicklung von Kleb- und Klebrohstoffen
- die Planung und Durchführung von projekt- und anwendungsspezifische Mitarbeiterschulungen
- Unterstützung bei der Expansion in neue Marktsegmente
- das Erstellen von kundenspezifischen Marktanalysen

Forschung und Entwicklung

Berner
Fachhochschule

Institut für Werkstoffe und
Holztechnologie IWH
Solothurnstrasse 102, CH-2504 Biel
Telefon +41 (0) 32 344 02 02
Telefax +41 (0) 32 344 03 91
E-Mail: iwh@bfh.ch
www.bfh.ch/de/forschung/forschungsbereiche/
institut-werkstoffe-holzechnologie-iwh/

Mitglied des IVK

Das Unternehmen

Gründungsjahr
1997

Größe der Belegschaft
2.613 Mitarbeiter, Stand 31.12.2021

Gesellschafter
Berner Fachhochschule

Besitzverhältnisse
Trägerschaft: Kanton Bern

Ansprechpartner
Frederic Pichelin
E-Mail: frederic.pichelin@bfh.ch

Anwendungstechnik und Vertrieb
Martin Lehmann
E-Mail: martin.lehmann@bfh.ch

Weitere Informationen
Mit Fokus auf einen nachhaltigen Ressour-
ceneinsatz entwickeln und optimieren wir
im Institut für Werkstoffe und Holztechnologie IWH multifunktionale Holz- und Verbundwerkstoffe sowie innovative Produkte für
die Holz- und Bauwirtschaft. Die Basis dafür
sind biobasierte Rohstoffe wie Holz oder
andere nachwachsende Rohstoffe. Die umfassende Kenntnis dieser Rohstoffe erlauben es uns, neue Einsatzmöglichkeiten für
sie zu finden. Im Zentrum unserer Tätigkeiten stehen dabei eine hohe Prozesssicherheit und Produktqualität.

Das Produktprogramm

Klebstoffarten
Reaktionsklebstoffe
Dispersionsklebstoffe
Pflanzliche Klebstoffe, Dextrin- und
Stärkeklebstoffe

Rohstoffe
Polymere

Für Anwendungen im Bereich
Holz-/Möbelindustrie
Baugewerbe, inkl. Fußboden, Wand und
Decke

 **Fraunhofer**

IFAM

Fraunhofer-Institut
für Fertigungstechnik und Angewandte
Materialforschung IFAM
– Klebtechnik und Oberflächen –

Wiener Straße 12
D-28359 Bremen
Telefon +49 (0) 4 21-22 46-0
Telefax +49 (0) 4 21-22 46-3 00
E-Mail: info@ifam.fraunhofer.de
www.ifam.fraunhofer.de

Mitglied des IVK

Das Unternehmen

Gründungsjahr 1968

Größe der Belegschaft
700 Mitarbeiter

Gesellschafter
Fraunhofer-Gesellschaft zur Förderung
der angewandten Forschung e.V.
mit 76 Instituten und
Forschungseinrichtungen

Ansprechpartner
Institutsleiter:
Prof. Dr. Bernd Mayer

Stellvertreter:
Prof. Dr. Andreas Hartwig

Die Arbeitsgebiete

Adhäsions- und Grenzflächenforschung
Dr. Stefan Dieckhoff
Telefon: +49 (0) 4 21/22 46-469
E-Mail: stefan.dieckhoff@ifam.fraunhofer.de

Plasmatechnik und Oberflächen – PLATO
Dr. Ralph Wilken
Telefon: +49 (0) 4 21/22 46-448
E-Mail: ralph.wilken@ifam.fraunhofer.de

Lacktechnik
Dr. Volkmar Stenzel
Telefon: +49 (0) 4 21/22 46-407
E-Mail: volkmar.stenzel@ifam.fraunhofer.de

Klebstoffe und Polymerchemie
Prof. Dr. Andreas Hartwig
Telefon: +49 (0) 4 21/22 46-470
E-Mail: andreas.hartwig@ifam.fraunhofer.de

Die Arbeitsgebiete

Klebtechnische Fertigung
Dr. Holger Fricke
Telefon: +49 (0) 4 21/22 46-637
E-Mail: holger.fricke@ifam.fraunhofer.de

Polymere Werkstoffe und Bauweisen
Dr. Katharina Koschek
Telefon: +49 (0) 421 / 22 46-698
E-Mail: katharina.koschek@ifam.fraunhofer.de

**Automatisierung und
Produktionstechnik**
Dr. Dirk Niermann
Telefon: +49 (0) 41 41/7 87 07-101
E-Mail: dirk.niermann@ifam.fraunhofer.de

**Qualitätssicherung und
Cyber-Physische Systeme**
Dipl.-Phys. Kai Brune
Telefon: +49 (0) 421/2246-459
E-Mail: kai.brune@ifam.fraunhofer.de

Business Development
Dr. Simon Kothe
Telefon: +49 (0) 421 / 2246-582
E-Mail: simon.kothe@ifam.fraunhofer.de

Weiterbildung und Technologietransfer
Prof. Dr. Andreas Groß
Telefon: +49 (0) 4 21/22 46-4 37
E-Mail: andreas.gross@ifam.fraunhofer.de

- Weiterbildungszentrum Klebtechnik
  Dr. Erik Meiß
  E-Mail: erik.meiss@ifam.fraunhofer.de
  www.kleben-in-bremen.de

- Weiterbildungszentrum
  Faserverbundwerkstoffe
  Dipl.-Ing. Stefan Simon
  E-Mail: stefan.simon@ifam.fraunhofer.de
  www.faserverbund-in-bremen.de

SKZ – KFE ggmbH

Friedrich-Bergius-Ring 22
D-97076 Würzburg
Telefon +49 (0) 931-4104-0
Telefax +49 (0) 931-4104-707
E-Mail: kfe@skz.de
www.skz.de

Mitglied des IVK

Das Unternehmen

Gründungsjahr
2002

Größe der Belegschaft
Ø 204 Mitarbeiter in 2019

Gesellschafter
FSKZ e.V.

Stammkapital
35.000 €

Besitzverhältnisse
100%ige Tochtergesellschaft

Ansprechpartner
Geschäftsführer
Dr. Thomas Hochrein

Fügen von Kunststoffen, Forschung
und Entwicklung
Dr. Eduard Kraus

Weitere Informationen
Dienstleistungen im Bereich Forschung,
Weiterbildung und Technologietransfer

Die Arbeitsgebiete

Recherchen bzgl. Klebstoffe
Schmelzklebstoffe
Reaktionsklebstoffe
lösemittelhaltige Klebstoffe
Dispersionsklebstoffe
pflanzliche Klebstoffe, Dextrin- und
Stärkeklebstoffe

Recherchen bzgl. Dichtstoffe
Acryldichtstoffe
Butyldichtstoffe
PUR-Dichtstoffe
Silikondichtstoffe
MS/SMP-Dichtstoffe

Recherchen bzgl. Rohstoffe
Additive
Füllstoffe
Harze
Lösemittel
Polymere: Thermoplaste, Duroplaste, FVK

**Versuche mit Geräten, Anlagen und
Komponenten**
zum Fördern, Mischen, Dosieren und für
den Klebstoffauftrag
zur Oberflächenvorbehandlung
zur Klebstoffaushärtung
Mess- und Prüftechnik

Für Anwendungen im Bereich
Holz-/Möbelindustrie
Baugewerbe, inkl. Fußboden, Wand und
Decke
Elektronik
Maschinen- und Apparatebau
Fahrzeug, Luftfahrtindustrie
Klebebänder, Etiketten

ZHAW
School of Engineering

Institut für Material- und Verfahrenstechnik (IMPE)

Labor für Klebstoffe und Polymere Materialien

Technikumstrasse 9
CH-8401 Winterthur/Schweiz
Telefon +41 (0) 58 934 6586
E-Mail: christof.braendli@zhaw.ch
www.zhaw.ch/impe

Mitglied des FKS

Das Unternehmen

Gründungsjahr
School of Engineering: 1874, Institut: 2007

Größe der Belegschaft
School of Engineering: 580, Institute: 40

Gesellschafter
School of Engineering: Prof. Dr. Dirk Wilhelm,
Tel.: +41 58 934 47 29,
E-Mail: dirk.wilhelm@zhaw.ch

Institut für Material- und Verfahrenstechnik (IMPE):
Dr. Rene Radis
E-Mail: rene.radis@zhaw.ch

Labor für Klebstoffe und Polymere
Materialien: Prof. Dr. Christof Brändli,
Tel.: +41 58 934 65 86,
E-Mail: christof.braendli@zhaw.ch

Besitzverhältnisse
Teil der Zürcher Hochschule für Angewandte Wissenschaften (ZHAW)

Ansprechpartner
Geschäftsführung:
Labor für Klebstoffe und Polymere Materialien:
Prof. Dr. Christof Brändli, Tel.: +41 58 934 65 86
E-Mail: christof.braendli@zhaw.ch

Weitere Informationen
Angewandte Forschung und Entwicklung im Bereich Klebstoffe. Klebstoffentwicklungen. Klebetests. Umfangreiche Kompetenzen einschließlich Klebstoffchemie und Analyse.

Synthese und Formulierung
• Klebstoffformulierung und -Synthese
  – Batchreaktor für komplexe Formulierungen
  – Kontinuierliche Extrusion für Schmelzklebstoffe
  – Film-, Granulat- und Pulververarbeitung
  – Breitschlitzbeschichtungsanlage für Klebefilme
• Polymercompoundierung und -Extrusion
  – Reaktive Extrusion zur Modifizierung von Polymeren
  – Pfropfreaktionen für innovative Funktionalisierungen/Modifizierungen
  – Mischungen (Blends) von thermoplastischen Polymeren
  – Chillrollanlage zur Herstellung von Filmen
• Online-Reaktionskontrolle mit IR-Spektroskopie
• Funktionalisierung von Nanopartikel

Das Produktprogramm

Klebstofftypen
Schmelzklebstoffe
Reaktionsklebstoffe
lösemittelhaltige Klebstoffe
Dispersionsklebstoffe
Haftklebstoffe

Für Anwendungen im Bereich
Papier/Verpackung
Baugewerbe, inkl. Fußboden, Wand und Decke
Elektronik
Maschinen- und Apparatebau
Fahrzeug, Luftfahrtindustrie
Textilindustrie
Klebebänder, Etiketten

Charakterisierung
• Klebstoffeigenschaften
• Aushärtestudien
• Thermische und mechanische Analyse
• Bestimmung der Fliesseigenschaften mittels rheologischen Methoden
• Morphologie- und Oberflächenanalysen
• Plasmabehandlungen

Anwendungen
• Klebstoffentwicklungen
  – Formulierungen und Prozessoptimierungen von Füllstoffuntersuchungen
  – Latent-reaktive PU-Klebstoffe
  – Schrumpfverhalten von Epoxidklebstoffen
• Polymerentwicklungen
  – Pfropfreaktionen an Polymeren für verbesserte Adhäsion und Kompatibilitätsstudien
  – Reaktive Extrusion für effiziente Prozesse
  – Thermoplastische Polymermischungen
  – Emulsionspolymerisationen
  – Analyse der Degradation von Polymeren

INSTITUTE UND FORSCHUNGSEINRICHTUNGEN

Forschung und Entwicklung

Die Klebtechnik leistet wesentliche Beiträge zur Entwicklung innovativer Produkte und bietet der Industrie branchenübergreifend in allen Bereichen die Voraussetzung für die Erschließung neuer, zukunftsorientierter Märkte. Auch kleinen und mittelständischen Unternehmen wird durch Einsatz dieses Fügeverfahrens die Möglichkeit gegeben, sich ihrem Wettbewerb durch Schaffung innovativer Produkte zu stellen.

Um die Vorteile der Klebtechnik im Vergleich zu anderen Fügeverfahren erfolgreich nutzen zu können, muss der gesamte Prozess von Produktplanung über die Qualitätssicherung bis hin zur Mitarbeiterqualifizierung sachgerecht umgesetzt werden.

Dies lässt sich allerdings nur erreichen, wenn Forschung und Industrie eng zusammenarbeiten, sodass die Forschungsergebnisse zügig und unmittelbar in die Entwicklung innovativer Produkte und Produktionsprozesse einfließen können.

Im Folgenden sind alle bekannten Forschungsstellen bzw. Institute aufgeführt, die es sich zur Aufgabe gemacht haben, klebtechnische Probleme aus den verschiedensten Bereichen gemeinsam mit industriellen Partnern zu lösen.

Deutsches Institut für Bautechnik
Abteilung II – Gesundheits- und Umweltschutz
Kolonnenstraße 30 B
D-10829 Berlin

Kontakt:
Dipl.-Ing. Dirk Brandenburger MEM (UTS)
Telefon: +49 (0) 30 78730 232
Fax: +49 (0) 30 78730 11232
E-Mail: dbr@dibt.de
www.dibt.de

FH Aachen - University of Applied Sciences
Klebtechnisches Labor
Goethestraße 1
D-52064 Aachen

Kontakt:
Prof. Dr.-Ing. Markus Schleser
Telefon: +49 (0) 241 6009 52385
Fax: +49 (0) 241 6009 52368
E-Mail: schleser@fh-aachen.de
www.fh-aachen.de

Fogra Forschungsinstitut für
Medientechnologien e.V.
Einsteinring 1a
D-85609 Aschheim b. München

Kontakt:
Dr. Eduard Neufeld
Telefon: +49 (0) 89 43182 112
Fax: +49 (0) 89 43182 100
E-Mail: info@fogra.org
www.fogra.org

FOSTA Forschungsvereinigung
Stahlanwendung e.V.
Stahl-Zentrum, Sohnstraße 65
D-40237 Düsseldorf

Kontakt:
Dipl.-Ing. Rainer Salomon
Telefon: +49 (0) 211 6707 853
Fax: +49 (0) 211 6707 840
E-Mail: rainer.salomon@stahlforschung.de
www.stahlforschung.de

Fraunhofer-Institut für Fertigungstechnik und
Angewandte Materialforschung – IFAM
Wiener Straße 12
D-28359 Bremen

Kontakt:
Prof. Dr. Bernd Mayer
Telefon: +49 (0) 421 2246 419
Fax: +49 (0) 421 2246 774401
E-Mail: bernd.mayer@ifam.fraunhofer.de
Prof. Dr. Andreas Groß
Telefon: +49 (0) 421 2246 437
Fax: +49 (0) 421 2246 605
E-Mail: andreas.gross@ifam.fraunhofer.de
www.ifam.fraunhofer.de

Fraunhofer-Institut für Holzforschung –
Wilhelm-Klauditz-Institut – WKI
Bienroder Weg 54 E
D-38108 Braunschweig

Kontakt:
M. Sc. Malte Mérono
Telefon: +49 (0) 531 2155 354
E-Mail: malte.merono@wki.fraunhofer.de
www.wki.fraunhofer.de

Fraunhofer-Institut für Werkstoff- und
Strahltechnik – IWS
(Klebtechnikum an der TU Dresden, Institut
für Fertigungstechnik,Professur für Laser-
und Oberflächentechnik)
Winterbergstraße 28
D-01277 Dresden

Kontakt:
Dr.-Ing. Maurice Langer
Gruppenleiter Kleben und Faser-
verbundtechnik
Telefon: +49 (0) 351 83391 3852
E-Mail: maurice.langer@iws.fraunhofer.de
www.iws.fraunhofer.de

Fraunhofer-Institut für Zerstörungsfreie
Prüfverfahren – IZFP
Campus E3.1
D-66123 Saarbrücken

Kontakt:
Prof. Dr.-Ing. Bernd Valeske
Telefon: +49 (0) 681 9302 3610
Fax: +49 (0) 681 9302 11 3610
E-Mail: bernd.valeske@izfp.fraunhofer.de
www.izfp.fraunhofer.de

Johann Heinrich von Thünen Institut (vTI)
Bundesforschungsistitut für Ländliche Räume,
Wald und Fischerei
Institut für Holzforschung
Leuschnerstraße 91
D-21031 Hamburg

Kontakt:
Prof. Doz. Dr. Habil. Gerald Koch
Telefon: +49 (0) 40 73962 410
Fax: +49 (0) 40 73962 499
E-Mail: gerald.koch@thuenen.de
www.thuenen.de/de/hf/

Hochschule München
Fakultät 05 - Verpackungstechnik
Lothstraße 34
D-80335 München

Kontakt:
Prof. Dr. Dirk Burth
Telefon: +49 (0) 89 1265 1558
Fax: +49 (0) 89 1265 1502
E-Mail: dirk.burth@hm.edu

Institut für Verfahrenstechnik Papier e.V. (IVP)
Schlederloh 15
D-82057 Icking

Kontakt:
Prof. Dr. Stephan Kleemann
Telefon: +49 (0) 89 1265 1668
Fax: +49 (0) 89 1265 1560
E-Mail: info@ivp.org
https://ivp.org/de

Hochschule für nachhaltige Entwicklung
Eberswalde (FH)
Fachbereich Holzingenieurwesen
Schlickerstraße 5
D-16225 Eberswalde

Kontakt:
Prof. Dr.-Ing. Ulrich Schwarz
Telefon: +49 (0) 3334 657 374
Fax: +49 (0) 3334 657 372
E-Mail: ulrich.schwarz@hnee.de
www.hnee.de/holzingenieurwesen

IFF GmbH
Induktion, Fügetechnik, Fertigungstechnik
Gutenbergstraße 6
D-85737 Ismaning

Kontakt:
Prof. Dr.-Ing. Christian Lammel
Telefon: +49 (0) 89 9699 890
Fax: +49 (0) 89 9699 8929
E-Mail: christian.lammel@iff-gmbh.de
www.iff-gmbh.de

ift Rosenheim GmbH
Institut für Fenstertechnik e.V.
Theodor-Gietl-Straße 7-9
D-83026 Rosenheim

Kontakt:
Prof. Jörn Peter Lass
Telefon: +49 (0) 80 31261 0
Fax: +49 (0) 80 31261 290
E-Mail: info@ift-rosenheim.de
www.ift-rosenheim.de

ihd – Institut für Holztechnologie
Dresden GmbH
Zellescher Weg 24
D-01217 Dresden

Kontakt:
Dr. rer. nat. Steffen Tobisch
Telefon: +49 (0) 351 4662 257
Fax: +49 (0) 351 4662 211
Mobil: +49 (0) 1622 696330
E-Mail: steffen.tobisch@ihd-dresden.de
www.ihd-dresden.de

Georg-August-Universität Göttingen
Institut für Holzbiologie und Holzprodukte
Büsgenweg 4
D-37077 Göttingen

Kontakt:
Prof. Dr. Holger Militz
Telefon: +49 (0) 551 393541
Fax: +49 (0) 551 399646
E-Mail: hmilitz@gwdg.de
www.uni-goettingen.de

Institut für Fertigungstechnik
Professur für Fügetechnik und Montage
TU Dresden
George-Bähr-Straße 3c
D-01069 Dresden

Kontakt:
Prof. Dr.-Ing. habil. Uwe Füssel
Telefon: +49 (0) 351 46337 615
Fax: +49 (0) 351 46337 249
E-Mail: uwe.fuessel@tu-dresden.de
https://tu-dresden.de/ing/
maschinenwesen/if/fue

IVLV - Industrievereinigung für Lebens-
mitteltechnologie und Verpackung e.V.
Giggenhauser Straße 35
D-85354 Freising

Kontakt:
Dr.-Ing. Tobias Voigt
Telefon: +49 (0) 8161 491140
Fax: +49 (0) 8161 491142
E-Mail: tobias.voigt@ivlv.org
www.ivlv.org

iwb - Institut für Werkzeugmaschinen und
Betriebswissenschaften
Fakultät für Maschinenwesen - Themengruppe
Füge- und Trenntechnik
Technische Universität München
Boltzmannstraße 15
D-85748 Garching b. München

Kontakt:
M.Sc. Christian Stadter
Telefon: +49 (89) 289 15505
E-Mail:christian.stadter@iwb.tum.de
www.mw.tum.de/iwb

Kompetenzzentrum Werkstoffe der Mikrotechnik
Universität Ulm
Albert-Einstein-Allee 47
D-89081 Ulm

Kontakt:
Prof. Dr. Hans-Jörg Fecht
Telefon: +49 (0) 731 50254 91
Fax: +49 (0) 731 50254 88
E-Mail: info@wmtech.de
www.wmtech.de

Leibniz-Institut für Polymerforschung
Dresden e. V.
Hohe Straße 6
D-01069 Dresden

Kontakt:
Prof. Dr. Brigitte Voit
Telefon: +49 (0) 351 4658 590 591
Fax: +49 (0) 351 4658 565
E-Mail: voit@ipfdd.de
www.ipfdd.de

Naturwissenschaftliches und Medizinisches
Institut an der Universität Tübingen
Markwiesenstraße 55
D-72770 Reutlingen

Kontakt:
Dr. Hanna Hartmann
Telefon: +49 (0)7121 51530 872
Fax: +49 (0)7121 51530 62
E-Mail: hanna.hartmann@nmi.de
www.nmi.de

ofi Österreichisches Forschungsinstitut
für Chemie und Technik
Technische Kunststoffbauteile,
Klebungen & Beschichtungen
Franz-Grill-Straße 1, Objekt 207
A-1030 Wien

Kontakt:
Ing. Martin Tonnhofer
Telefon: +43 (0)1798 16 01 201
E-Mail: martin.tonnhofer@ofi.at
www.ofi.at

Papiertechnische Stiftung PTS
Pirnaer Straße 37
D-01809 Heidenau

Kontakt:
Dr. Thorsten Voß
Telefon: +49 (0) 3529 551 783
E-Mail: info@ptspaper.de
www.ptspaper.de

Prüf- und Forschungsinstitut Pirmasens e.V.
Marie-Curie-Straße 19
D-66953 Pirmasens

Kontakt:
Dr. Kerstin Schulte
Telefon: +49 (0)6331 2490 0
Fax: +49 (0)6331 2490 60
E-Mail: info@pfi-germany.de
www.pfi-pirmasens.de

RWTH Aachen
ISF - Institut für Schweißtechnik und
Fügetechnik
Pontstraße 49
D-52062 Aachen

Kontakt:
Prof. Dr. -Ing. Uwe Reisgen
Telefon: +49 (0) 241 80 93870
Fax: +49 (0) 241 80 92170
E-Mail: office@isf.rwth-aachen.de
www.isf.rwth-aachen.de

Technische Universität Berlin
Fügetechnik und Beschichtungstechnik im
Institut für Werkzeugmaschinen und
Fabrikbetrieb
Pascalstraße 8 – 9
D-10587 Berlin

Kontakt:
Prof. Dr.-Ing. habil. Christian Rupprecht
Telefon: +49 (0) 30 314 25176
E-Mail: info@fbt.tu-berlin.de
www.fbt.tu-berlin.de

Technische Universität Braunschweig
Institut für Füge- und Schweißtechnik
Langer Kamp 8
D-38106 Braunschweig

Kontakt:
Univ.-Prof. Dr.-Ing. Prof. h.c. Klaus Dilger
Telefon: +49 (0) 531 391 95500
Fax: +49 (0) 531 391 95599
E-Mail: k.dilger@tu-braunschweig.de
www.ifs.tu-braunschweig.de

Technische Universität Kaiserslautern
Fachbereich Maschinenbau und
Verfahrenstechnik
Arbeitsgruppe Werkstoff- und Oberflächen-
technik Kaiserslautern (AWOK)
Gebäude 58, Raum 462
Erwin-Schrödinger-Straße
D-67663 Kaiserslautern

Kontakt:
Univ.-Prof. Dr.-Ing. Paul Ludwig Geiß
Telefon: +49 (0) 631 205 4117
Fax: +49 (0) 631 205 3908
E-Mail: geiss@mv.uni-kl.de
www.mv.uni-kl.de/awok

TechnologieCentrum Kleben
TC-Kleben GmbH
Carlstraße 54
D-52531 Übach-Palenberg

Kontakt:
Dipl.-Ing. Julian Band
Telefon: +49 (0) 2451 9712 00
Fax: +49 (0) 2451 9712 10
E-Mail: post@tc-kleben.de
www.tc-kleben.de

Universität Kassel
Institut für Werkstofftechnik, Kunststoff-
fügetechniken, Werkstoffverbunde
Mönchebergerstraße 3
D-34125 Kassel

Kontakt:
Prof. Dr.-Ing. H.-P. Heim
Telefon: +49 (0) 561 80436 70
Fax: +49 (0) 561 80436 72
E-Mail: heim@uni-kassel.de
www.uni-kassel.de/maschinenbau

Universität Kassel
Fachgebiet Trennende und Fügende
Fertigungverfahren
Kurt-Wolters-Straße 3
D-34125 Kassel

Kontakt:
Prof. Dr.-Ing. Prof. h.c. Stefan Böhm
Telefon: +49 (0) 561804 3236
Fax: +49 (0) 561804 2045
E-Mail: s.boehm@uni-kassel.de
www.tff-kassel.de

Universität Paderborn
Laboratorium für Werkstoff- und Fügetechnik
Pohlweg 47-49
D-33098 Paderborn

Kontakt:
Prof. Dr.-Ing. Gerson Meschut
Telefon: +49 (0) 5251 603031
Fax: +49 (0) 5251 603239
E-Mail: meschut@lwf.upb.de
www.lwf-paderborn.de

Wehrwissenschaftliches Institut für Werk- und
Betriebsstoffe - WIWeB
Institutsweg 1
D-85435 Erding

Kontakt:
Telefon: +49 (0) 81 229590 0
Fax: +49 (0) 81 229590 3902
E-Mail: wiweb@bundeswehr.org
www.bundeswehr.de/de/organisation/
ausruestung-baainbw/organisation/wiweb

Westfälische Hochschule Abteilung
Recklinghausen
Fachbereich Ingenieur- und
Naturwissenschaften
Organische Chemie und Polymere
August-Schmidt-Ring 10
D-45665 Recklinghausen

Kontakt:
Prof. Dr. Klaus-Uwe Koch
Telefon: +49 (0) 2361 915 456
Fax: +49 (0) 2361 915 751
E-Mail: klaus-uwe.koch@w-hs.de
www.w-hs.de/service/
informationen-zur-person/person/koch/

Industrieverband
Klebstoffe e.V.
Innovationen erkleben

JAHRESBERICHT 2021/2022

Konjunkturbericht

Die deutsche Klebstoffindustrie befindet sich seit Anfang 2020 auf einer Berg- und Talfahrt. Nachdem unsere Industrie im März 2020 von der COVID-19-Pandemie getroffen wurde und das Jahr mit einem Umsatzrückgang von - 4,5 % abschloss, wirkten sich im Frühjahr 2021 zeitgleich zur Wiederbelebung der globalen Wirtschaft massive Produktionsausfälle durch Anlagestillstände nachhaltig negativ aus. Einerseits wurden langgeplante Wartungsarbeiten an Großanlagen durchgeführt, andererseits meldeten einige europäische und US-amerikanische Chemieher- steller Force Majeure. Zusätzlich führte Mitte Februar ein überraschend starker Wintereinbruch in Texas zum Ausfall eines großen Teils der dortigen Raffinerie-, Petrochemie- und Chemiepro- duktion, was die Situation weiter verschärfte. Viele Unternehmen konnten erst im Sommer die Lieferausfälle infolge höherer Gewalt als beendet erklären.

Weiter beeinträchtigt wurde die Lage durch Probleme in der Transportlogistik. Im März blockierte dann der Frachter „Ever Given" den Suezkanal, durch den rund 12 % der Welthandelsgüter verschifft werden. Weitere Staus und Sperrungen der großen Containerhäfen – insbesondere in China aufgrund von Corona-Ausbrüchen – verringerten die Transportkapazitäten zusätzlich und trieben die Frachtkosten in die Höhe. In dieser sowieso schon äußerst angespannten Lage traf im August 2021 Hurricane Ida auf die Golfküste der USA und ein Großteil der Öl- und Gaspro- duktion wurde als Vorsichtsmaßnahme kontrolliert heruntergefahren. Große Häfen im Golf von Mexiko mussten den Betrieb zeitweise einstellen, wodurch die Erholung der Logistikkette weiter verzögert wurde. Um den stark schwankenden Rohstoffverfügbarkeiten entgegenzuwirken, planten viele Unternehmen, ihre Lagerkapazitäten deutlich auszubauen und beanspruchten mit Vorratskäufen verfügbare Kapazitäten noch zusätzlich. All diesen Umständen zum Trotz konnte die deutsche Klebstoffindustrie das Wirtschaftsjahr 2021 mit einem deutlichen Plus von 22 % abschließen. Die Hoffnung, dass sich die Lieferketten Anfang 2022 weiter erholen, wurde durch den russischen Krieg in der Ukraine zunichte gemacht. Der Krieg und die weiterhin andauernde Pandemie treiben weltweit Transport- und Logistikkosten in die Höhe und verursachen weiterhin Lieferengpässe. Energie- und Rohstoffpreise verbleiben auf Rekordniveau.

Die wirtschaftliche Situation 2021 – Keine Prognose für 2022 möglich

Die deutsche Klebstoffindustrie bewegt sich in den Jahren 2021 und 2022 in einem anhaltend heterogenen und volatilen wirtschaftlichen Umfeld. Die COVID-19-Pandemie, die einge- schränkten Verfügbarkeiten von (Kleb-)Rohstoffen und der russische Krieg in der Ukraine beeinflussen auch weiterhin die wirtschaftliche Situation. Die Kürzungen der Gaslieferungen bringen die gesamte deutsche chemische Industrie in eine ernste Versorgungslage mit Blick auf den Herbst und Winter. Vor diesem Hintergrund ist eine verlässliche bzw. seriöse Prognose zur wirtschaftlichen Entwicklung der deutschen Klebstoffindustrie für das Jahr 2022 und darüber hinaus derzeit nicht möglich.

Langfristig werden Megatrends wie E-Mobilität oder autonomes Fahren, Kommunikationstech- nologien aber insbesondere auch die Transformation hin zur Klimaneutralität ein für die Klebstof- findustrie deutlich positiveres Marktumfeld schaffen und Innovationen vorantreiben.

Deutsche Klebstoffindustrie im europäischen und internationalen Wettbewerbsumfeld

Ungeachtet möglicher wirtschaftlicher Auswirkungen der anhaltenden COVID-19-Pandemie, des russischen Kriegs in der Ukraine und der gestörten Lieferketten ist die deutsche Klebstoffindustrie sowohl europäisch als auch global gut aufgestellt. Mit einem globalen Marktanteil von mehr ca. 19 % ist sie Weltmarktführer, und auch in Europa belegt die Branche mit einem Klebstoffverbrauch von 29 % und einem Klebstoffproduktionsanteil von über 34 % jeweils die ersten Plätze.

Weltweit werden mit Kleb- und Dichtstoffen, Klebebändern und Systemprodukten jährlich etwa 63 Mrd. EUR (nicht wechselkursbereinigt) umgesetzt. Die überwiegend mittelständisch geprägte deutsche Klebstoffindustrie agiert international: Ein Großteil der Unternehmen produziert in Deutschland und exportiert weltweit; und darüber hinaus bedienen deutsche Klebstoffunternehmen die Weltmärkte aus ihren mehr als 250 lokalen Produktionsstandorten außerhalb Deutschlands.

Mit beiden Geschäftsmodellen generiert die deutsche Klebstoffindustrie weltweit jährlich einen Umsatz von rund 12 Mrd. EUR. Der deutsche Markt hat dabei ein Umsatzvolumen von mehr als 4 Mrd. EUR/Jahr. Durch den Einsatz von „Klebstoffsystemen erdacht in Deutschland" in fast allen produzierenden Industriebranchen und in der Bauwirtschaft generiert die Klebstoffindustrie eine indirekte Wertschöpfung von deutlich über 400 Mrd. EUR im Inland; weltweit beläuft sich die Wertschöpfung auf mehr als 1 Billion EUR.

Diese starke Position resultiert unmittelbar aus innovativen technologischen Entwicklungen für ausnahmslos alle Schlüsselmarktsegmente und Anwendungsbereiche, für die die Klebstoffindustrie als Systempartner praxisorientierte und wertschöpfende Lösungen anbietet.

Aus der Gremienarbeit

Mitgliederversammlung

Nach zwei Jahren pandemiebedingtem Ausfall feierte der Industrieverband Klebstoffe e.V. vom 8. bis 10. Juni 2022 im Rahmen seiner Jahrestagung sein 75-jähriges Bestehen.

Die Mitgliederversammlung 2022 fand am 10 Juni 2022 zum ersten Mal in Düsseldorf statt. 146 Personen aus 79 Mitgliedsfirmen haben an der Veranstaltung teilgenommen.

Die deutsche Klebstoffindustrie befindet sich zurzeit in einem „perfekten Sturm". Die COVID-19-Pandemie, die eingeschränkten Verfügbarkeiten von (Kleb-)Rohstoffen, die anhaltende Störung von Lieferketten und der russische Krieg in der Ukraine beeinflussen die wirtschaftliche Situation. Die Kürzungen der Gaslieferungen bringen die gesamte deutsche chemische Industrie in eine ernste Versorgungslage mit Blick auf den Herbst und Winter. Vor diesem Hintergrund ist eine verlässliche Prognose zur wirtschaftlichen Entwicklung der deutschen Klebstoffindustrie für das Jahr 2022 und darüber hinaus derzeit nicht möglich.

Laut Statistischen Bundesamt ist die Produktionsmenge von Klebstoffen in Deutschland 2021 im Vergleich zum Jahr 2020 um 5 % und der Produktionswert um 13 % gewachsen.

Die Ergebnisse der verbandsinternen Produktionsstatistik zeigen für Deutschland einen Umsatzzuwachs von 22 % (global + 13 %) gegenüber 2020, wobei vor allem das Inlandsgeschäft mit +25 % ins Gewicht fällt. In Deutschland gibt es ca. 106 Produktionsstätten (global 382). Die Mitarbeiterzahl beläuft sich auf ca. 17.800 (+ 8,0 %) in Deutschland und ca. 51.600 weltweit.

Das Stimmungsbarometer der deutschen Klebstoffindustrie zeigt eine weiterhin positive Umsatzentwicklung, wenngleich die Stimmungskurve für die Geschäfts- und Marktlage stark nach unten zeigt.

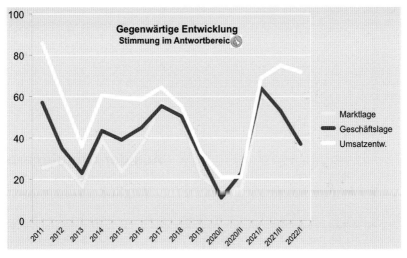

Quele: IVK

Die Arbeit des Industrieverbands Klebstoffe im Service für seine Mitglieder konzentriert sich schwerpunktmäßig und im Wesentlichen auf die drei Themenschwerpunkte:
• Technik
• Kommunikation
• Zukunftsinitiativen

Technische Themen genießen im Industrieverband Klebstoffe weiterhin höchste Priorität, weil eine gemeinsame Bearbeitung und Implementierung insbesondere gesetzlicher Anforderungen an die Unternehmen für den Erfolg der Branche wesentliche Bedeutung haben. Das gilt für die Themen REACH, Kennzeichnung (GHS/CLP), zugelassene Biozide, Normung, Nachhaltigkeit sowie Merkblätter, Seminare und Tagungen sowie Kontakte zu Kundenorganisationen.

Die Technischen Kommissionen des Verbands haben mehr als 60 Publikationen (Merkblätter, Berichte, Informationsblätter) veröffentlicht, welche eine wichtige und renommierte Informationsquelle für die Kunden der Klebstoffindustrie bilden. Fast alle sind auch in englischer Sprache verfügbar. Die Merkblätter sind kostenlos abrufbar unter: https://www.klebstoffe.com/informationen/merkblaetter/

Auch das Engagement in der **Normung** unterstreicht die europäische bzw. globale Leitfunktion des Industrieverbands Klebstoffe auf technischer Ebene. Über die IVK-Normenkompetenzplattform konnten wichtige deutsche Industriestandards international platziert und realisiert werden, die zunehmend mehr Beachtung im Rahmen der Globalisierung der Klebstoffabnehmermärkte finden.

Kommunikation und Öffentlichkeitsarbeit des Verbands haben unverändert hohe und wichtige Bedeutung.

Die diesjährige Printausgabe „**Kleben fürs Leben**" – erstellt in Kooperation mit den Klebstoffverbänden aus Österreich und der Schweiz – wurde pünktlich zur Jahrestagung fertiggestellt. In dieser Ausgabe wird wieder einmal einen Blick in die unterschiedlichen Anwendungsgebiete der Klebstoffe geworfen. Ob im Bereich Lifestyle, Technologie, Wohnen, Wissenschaft oder Alltag – Klebstoffe waren und sind ein fester Bestandteil unseres Lebens. Durch sie können neue Produktionsideen und Innovationen häufig erst in die Tat umgesetzt werden. Auf Recyclingpapier klimaneutral gedruckt, setzt die diesjährige Ausgabe erneut ein Zeichen für einen umweltbewussteren Umgang mit unseren Ressourcen.

Die Neuauflage des „**Handbuchs Klebtechnik 2022**" ist für den Spätsommer geplant. Die Mitglieder des IVK haben wieder die Möglichkeit, kostenlos den Eintrag des Firmenprofils und Werbeeinträge zu Sonderkonditionen zu platzieren.

Auch in den einschlägigen Social-Media-Kanälen wie Facebook, LinkedIn, Twitter oder YouTube ist der IVK präsent – auf allen Kanälen wird geklebt.

Der Green Deal mit der Chemikalienstrategie für Nachhaltigkeit und dem Aktionsplan Kreislaufwirtschaft entwickelt sich kontinuierlich zu einem gesellschaftspolitischen Megatrend. Der 2018 berufene **Beirat für Nachhaltigkeit** gestaltet die Positionierung des Verbands in diesem breit aufgestellten Themenfeld mit und begleitet fachinhaltlich die Aktivitäten. Die Klebstoffindustrie sieht in dem Thema Nachhaltigkeit ein neues Regelungsfeld, das die Anforderungen an Klebungen in den nächsten Jahrzehnten erheblich beeinflussen wird.

Der **Product Carbon Footprint (PCF)** stellt die Bilanz der Treibhausgasemissionen im gesamten Lebenszyklus eines Produktes, in Bezug auf eine definierte Anwendung und eine definierte Nutzeinheit dar. Obwohl die Klebstoffe im Endprodukt meist nur einen sehr geringen Anteil ausmachen und so den PCF des Endproduktes nur wenig beeinflussen können, werden die Klebstoffhersteller von Unternehmen der nachgeschalteten Lieferkette zu PCF-Werten ihrer Produkte angefragt, sodass eine PCF Berechnung notwendig wird. Um eine gemeinsame Berechnungsgrundlage für die Klebstoff-bzw. Klebrohstoff-Industrie zu finden und um Unterstützung für IVK-Mitgliedsfirmen (insbesondre KMU) bei der PCF-Berechnung zu bieten, führt die IVK-Geschäftführung Verhandlungen mit unterschiedlichen Software-Anbietern.

Der Beirat für Nachhaltigkeit ist in die Organisation eines ganztägigen **Workshops** zum Thema Nachhaltigkeit involviert. Der Workshop findet am Tag vor dem Kolloquium Klebtechnik (Ende Februar 2023) statt (entweder in Würzburg oder in Köln). Der Workshop adressiert industrielle Anwender, aber auch Klebstoffinteressierte (beispielsweise Doktoranden) sollen angesprochen werden.

Die EU **Taxonomie** verfolgt das Ziel, ein EU-weites Klassifizierungssystem für die Bewertung ökologischer Nachhaltigkeit von wirtschaftlichen Aktivitäten zu etablieren. Dies soll das Vertrauen bei Investoren stärken, grüne Investitionen transparenter und attraktiver machen und Anleger vor Greenwashing schützen. Die Taxonomie-Verordnung gibt einen Rahmen zur Offenlegung von finanziellen Informationen, vor allem im Bereich der nachhaltigen Investitionen. Ein Klassifikationssystem gibt an, welche wirtschaftlichen Tätigkeiten als nachhaltig angesehen werden können. Unternehmen werden zusätzliche finanzielle und nicht-finanzielle Informationen melden müssen. Ab 2024 müssen alle großen Unternehmen (Bilanzsumme > 20 Millionen Euro, Umsatz > 40 Millionen Euro, mindestens 250 Mitarbeiter) zum Geschäftsjahr 2023 nichtfinanzielle Berichte vorlegen. Obwohl auf den ersten Blick nur börsennotierte und große Unternehmen betroffen sind, können aber indirekt auch kleine und mittelständische Unternehmen betroffen sein, wenn Finanzmarktteilnehmer wie z. B. Banken für ihre Kreditlinien Taxonomie-Konformität fordern. Trotz der Aktualität dieses Themas ist der Informationsbedarf der Unternehmen über dieses Thema groß. Der IVK hat es sich zur Aufgabe gemacht, insbesondere die KMU-Mitglieder des Industrieverbands Klebstoffe hinsichtlich der möglichen Auswirkungen zu informieren und zu unterstützen. Als erster Schritt ist eine Webinarreihe im Spätsommer 2022 geplant.

Die Muster-EPDs (Muster-Umwelterklärungen für Bauklebstoffe) und die dazugehörigen Leitfäden sind auf der IVK-Homepage unter https://www.klebstoffe.com/epd-nachhaltigkeit/ veröffentlicht.

Die ursprünglich nationalen Leitfäden wurden zwischenzeitlich auf einen europäischen Standard gehoben, durch IBU zertifiziert und als europäische Muster-EPDs ebenfalls im FEICA-Internetportal veröffentlicht. Diese Dokumente werden überwiegend in Europa anerkannt; teilweise jedoch unter Anforderung weiterer nationaler Daten.

Darüber hinaus gibt es eine Fülle von Themen und Projekten, die der Verband und seine Gremien im Rahmen eines bedarfsorientierten Service-Portfolios aktiv bearbeiten. Hierzu gehören unter anderem:
• Weitere Themen unter dem Green Deal wie die Chemikalienstrategie für Nachhaltigkeit und der Aktionsplan Kreislaufwirtschaft
• Einführung der DIN 2304 „Qualitätsanforderungen an Klebprozesse"
• Genehmigung von Topfkonservierern und Kennzeichnungsänderungen
• REACH-Beschränkung von Diisocyanaten
• Meldungen an Giftinformationszentren
• REACH und REACH für Polymere
• Mikroplastik
• Unterstützung des EMICODE für ‚sehr emissionsarme Produkte'
• …

Da die offizielle Produktionsstatistik des Statistischen Bundesamts keine verlässlichen Daten (mehr) liefert, wurde eine verbandsinterne, kartellrechtlich unbedenkliche und für die Mitgliedsunternehmen mit nur geringem Aufwand verbundene Produktionsstatistik ins Leben gerufen. Diese jährlich bei den Mitgliedsunternehmen über eine Treuhandstelle durchgeführte Datenerhebung dient dem Zweck, die wirtschaftliche Bedeutung der deutschen Klebstoffindustrie – auch im europäischen und internationalen Wettbewerbsumfeld – dokumentieren zu können.

Seit der letzten online Tagung 2021 sind die nachstehend genannten Firmen dem Industrieverband Klebstoffe beigetreten:
• Biesterfeld Spezialchemie GmbH
• DuPont Specialty Products GmbH & Co. KG
• Keil Anlagenbau GmbH & Co. KG

Nach dem Beitritt dieser 3 Firmen hat der Industrieverband Klebstoffe derzeit 151 Mitglieder, davon sind 128 ordentliche, 10 außerordentliche und 13 assoziierte.

Nachhaltigkeit

Der Gedanke der Nachhaltigkeit beeinflusst unser Handeln in allen Bereichen des Lebens. Dies betrifft nicht zuletzt auch den Einsatz der Klebtechnik. Nachhaltigkeit steht für eine zukunftsfähige, anhaltende Entwicklung, die nicht nur auf das Erfüllen momentaner Bedürfnisse ausgerichtet ist, sondern gleichzeitig die Möglichkeiten künftiger Generationen erhält. Dabei gilt es, ökologische, ökonomische und soziale Faktoren zu berücksichtigen.

Der „Green Deal" der Europäischen Kommission umfasst unterschiedlichste ambitionierte Klimaschutzmaßnahmen – alle mit dem Ziel, Europa bis 2050 zum ersten klimaneutralen Kontinent zu entwickeln. Konkret wirken sich momentan die Chemikalienstrategie für Nachhaltigkeit und der Aktionsplan Kreislaufwirtschaft auf die Klebstoffindustrie aus. Die bevorstehende REACH-Revision sieht eine Registrierungspflicht für bestimmte Polymere vor, die Einführung eines Mixture Assessment Factors (MAF) sowie den Generic Risk Approach (GRA). Zum jetzigen Zeitpunkt ist noch völlig unklar, wie die Umsetzungen konkret aussehen werden. Der Industrieverband Klebstoffe arbeitet aktiv über den europäischen Klebstoffverband FEICA und den VCI an diesen Themen mit und informiert seine Mitglieder. Da es sich häufig um technische Fragestellungen handelt, wird die Geschäftsstelle dabei vom Technischen Ausschuss und den Technischen Kommissionen unterstützt.

Getrieben durch den EU Green Deal gewinnt der Product Carbon Footprint (PCF) zunehmend an Bedeutung. Der PCF beschreibt die Menge der Treibhausgasemissionen, die von einem Produkt in seinen verschiedenen Lebenszyklusphasen verursacht werden und ist daher eine Maßeinheit für die Treibhausgasbilanz eines Produkts. Trotz ihrer wichtigen Funktion ist die Menge an Klebstoffen in geklebten Produkten in der Regel sehr gering und liegt in den meisten Fällen bei unter 1 % des Gesamtgewichts. Entsprechend tragen Klebstoffe nur einen geringen prozentualen Anteil zum PCF des Endprodukts bei. Der IVK hat bereits 2014 typische PCF-Werte für gängige Klebstoffsysteme in Wertbändern zusammengefasst, die bisher in einer Vielzahl von Berechnungen zum Einsatz kamen. Trotzdem fragen mittlerweile immer mehr Kunden der Klebstoffindustrie nach den spezifischen PCF-Werten einzelner Klebstoffe, um die PCF-Werte der eigenen Produkte immer genauer bestimmen zu können. Es ist dabei unbedingt zu vermeiden, dass die Auswahl des Klebstoffs nicht mehr Performance-basiert, sondern basierend auf PCF-Werten geschieht. Beraten durch den Beirat für Nachhaltigkeit ist das Ziel des Industrieverbands Klebstoffe, eine harmonisierte Lösung für die deutsche Klebstoffindustrie zu erarbeiten, die vor allem den mittelständischen und kleinen Unternehmen zugutekommen soll.

Die verantwortungsvolle Nutzung von Ressourcen ist auch eine Grundanforderung in der EU-Bauproduktenverordnung, die Gebäude und damit auch Bauklebstoffe betrifft. Der Bereich Bauen und Gebäude verursacht einen großen Teil der Treibhausgasemissionen und des Energieverbrauchs. Eine Voraussetzung für nachhaltige Entwicklung ist die genaue Analyse der Umweltwirkungen der verwendeten Bauprodukte, wie sie Ökobilanzen darstellen. Eine Umweltproduktdeklaration (Environmental Product Declaration, EPD) ist eine standardisierte Methode zur Beschreibung der Ökobilanz eines Bauprodukts. Klebstoffe werden in einer solchen Vielzahl von Anwendungen und Formulierungen in Gebäuden eingesetzt, dass sich die Erstellung von einzelnen, produktspezifischen EPDs schon aus Kostengründen verbietet. Es wurde daher ein System von Muster-EPDs entwickelt, die jeweils bestimmte Formulierungen und Anwendungen abdecken und in denen für das Produkt mit der höchsten Umweltbelastung die Umweltwirkungen angegeben werden. Die Muster-EPDs dürfen von allen Mitgliedern des IVK verwendet werden: https://www.klebstoffe.com/epd-nachhaltigkeit/

All diese Aspekte werden fachkundig vom IVK-Beirat für Nachhaltigkeit und weiteren Gremien wie dem Technischen Ausschuss oder den Technischen Kommissionen begleitet.

Auf Vorschlag des Vorstands und mit der Zustimmung der Mitgliederversammlung hat der IVK eine wissenschaftliche Studie mit dem Titel „Kreislaufwirtschaft und Klebtechnik" am Fraunhofer-Institut IFAM unterstützt, die Mitte 2020 fertiggestellt wurde. Die Ausarbeitung der Studie wurde vom Technischen Ausschuss und vom Beirat für Nachhaltigkeit begleitet. Die Studie steht für Sie zum kostenfreien Download bereit: https://www.ifam.fraunhofer.de/de/Presse/Kreislaufwirtschaft-Klebtechnik.html (deutschsprachige Version) und https://www.ifam.fraunhofer.de/en/Press_Releases/adhesive_bonding_circular_economy.html (englischsprachige Version).

Die IVK-Geschäftsführung sieht in dem Thema Nachhaltigkeit ein neues Regelungsfeld, das die Anforderungen an Klebungen in den nächsten Jahrzehnten erheblich beeinflussen wird.

Leitfaden „Kleben – aber richtig"

Eine belastbare Klebung herzustellen bedeutet mehr als nur den richtigen Klebstoff auszuwählen. So sind beispielsweise Werkstoffeigenschaften, Oberflächenbehandlung, ein klebgerechtes Design oder der Nachweis der Gebrauchssicherheit wichtige Parameter, über die es zu entscheiden gilt. Der Industrieverband Klebstoffe hat in Zusammenarbeit mit dem Fraunhofer Institut IFAM den interaktiven Leitfaden „Kleben – aber richtig" entwickelt. Er ist für Handwerks- bzw. Industriebetriebe konzipiert, die zusätzliche Informationen rund um die Klebtechnik benötigen.

Der Einsatz von Klebstoffen ist heutzutage so vielfältig, dass es Klebstoffherstellern kaum mehr möglich ist, alle und vor allem die speziellen Einsatzgebiete in den Datenblättern zu berücksichtigen. Mit dem Leitfaden „Kleben – aber richtig" haben der Industrieverband Klebstoffe und das Fraunhofer Institut IFAM eine praktische Hilfestellung für Handwerks- und Industriebetriebe entwickelt, die grundlegende oder Zusatzinformationen benötigen. Planung, Entwicklung und Fertigung eines fiktiven Produktes werden Schritt für Schritt erläutert und damit alle Stufen der Planungs- sowie der Fertigungsphase systematisch berücksichtigt. Die Durchführung aller erforderlichen Prozessschritte und die Einhaltung der korrekten Reihenfolge bedeuten an sich schon ein nicht zu unterschätzendes Maß an Qualitätssicherung – hierfür ist der interaktive Leitfaden ein geeignetes Instrumentarium. Der Leitfaden beinhaltet ebenfalls ein Glossar und eine Suchfunktion; damit sind die wichtigsten Punkte des praktischen Einsatzes der Klebtechnik abgedeckt.

Der Leitfaden kann kostenlos und interaktiv im Internetportal des Industrieverband Klebstoffe genutzt werden: http://leitfaden.klebstoffe.com

Der Leitfaden liegt auch als englischsprachige Version „Adhesive Bonding – the Right Way" vor: http://onlineguide.klebstoffe.com

Vorstand

Der Vorstand des Industrieverbands Klebstoffe spiegelt in seiner personellen Zusammensetzung die im Markt vorhandene Unternehmensstruktur der deutschen Klebstoffindustrie – bestehend aus kleinen, mittelständischen und multinational operierenden Firmen – wider. Darüber hinaus garantiert die ausgewogene personelle Besetzung ein optimales Maß an Kern- und Fachkompetenzen im Hinblick auf die für die Klebstoffindustrie wichtigen Schlüsselmarktsegmente.

Das prioritäre Ziel des Vorstands des Industrieverbands Klebstoffe ist, die Struktur des Verbands und seiner Gremien kontinuierlich und zeitnah neuen politischen, ökonomischen und technologischen Rand- bzw. Rahmenbedingungen anzupassen, um damit eine stets effizient arbeitende Organisation und einen maximalen Nutzen für die deutsche Klebstoffindustrie zu gewährleisten.

Die fachliche Diskussion und Einschätzung von wirtschaftlichen, politischen und technologischen Trends in den verschiedenen Schlüsselmarktsegmenten der Klebstoffindustrie gehören ebenso wie die Beobachtung und Analyse der Aktivitäten der zahlreichen kaufmännischen und technischen Gremien des Verbands zum integralen Aufgabenprofil des obersten Leitungsgremiums des Verbands.

Der Industrieverband Klebstoffe gilt als die unangefochtene Kompetenzplattform in Sachen „Kleben und Dichten". Das Fundament für diese erfolgreiche Positionierung sind zum einen die Verbindungen des Industrieverbands Klebstoffe zum Verband der chemischen Industrie (VCI) und seinen Fachsparten und darüber hinaus ein strategisch und fachinhaltlich hocheffizientes 360°-Kompetenznetzwerk zu allen relevanten Systempartnern, wissenschaftlichen Einrichtungen, Spitzenverbänden von Industrie und Handwerk, Berufsgenossenschaften, Verbraucherorganisationen sowie zu Veranstaltern von Messen/Fortbildungsveranstaltungen/Kongressen. Damit wird jedes einzelne Element entlang der gesamten Wertschöpfungskette „Kleben" abgebildet.

Im Rahmen der vom Vorstand entwickelten Strategie einer qualifizierten Markterweiterung begleitet der Industrieverband Klebstoffe aktiv die verschiedenen wissenschaftlichen Forschungsarbeiten auf dem Gebiet der Klebtechnik. Diese systematische Forschung ist primär interdisziplinär geprägt, d. h. konkret, dass naturwissenschaftliches Wissen mit ingenieurswissenschaftlichen Erkenntnissen verbunden wird, um damit praxisorientierte Forschungsergebnisse zu generieren. Im Ergebnis hat dieser interdisziplinäre Forschungsansatz dazu geführt, dass die Klebtechnik heute kalkulierbar ist und seinen festen Platz als zuverlässige Verbindungstechnologie in den Ingenieurwissenschaften hat. Die Klebtechnik gilt zu Recht und unangefochten als die Schlüsseltechnologie des 21. Jahrhunderts.

Als Gründungsmitglied der ProcessNet-Fachgruppe Klebtechnik unter dem Dach der DECHEMA und des Gemeinschaftsausschuss Kleben (GAK) steht der Industrieverband Klebstoffe im regelmäßigen Kontakt zu allen relevanten Forschungseinrichtungen und Forschungsinstitutionen der Bereiche Stahl-, Holz- und Automobilforschung, mit denen er gemeinsam öffentlich geförderte wissenschaftliche Forschungsprojekte auf dem Gebiet der Klebtechnik begutachtet und fachinhaltlich begleitet. Im Rahmen dieser Kooperation kann und konnte der Industrieverband Klebstoffe wichtige Forschungsprojekte erfolgreich platzieren, von deren Ergebnissen insbesondere die im Verband organisierten Klebstoffunternehmen maßgeblich profitieren. Die bewilligten Projektskizzen, aber auch die dazu gehörigen Forschungsergebnisse, werden regelmäßig im Rahmen des jährlich stattfindenden DECHEMA-„Kolloquium: Gemeinsame Forschung in der Klebtechnik" präsentiert.

Das vom Industrieverband Klebstoffe finanziell und inhaltlich stark forcierte Personalqualifizierungsprogramm des Fraunhofer IFAM in Bremen hat sich zwischenzeitlich zu einer festen und anerkannten Bildungseinrichtung entwickelt. Zunehmend mehr Klebstoffverarbeiter sehen die – durchaus messbaren – Vorteile einer Qualifizierung ihrer Mitarbeiter im Umgang mit technisch anspruchsvollen Klebstoffsystemen; so werden klebtechnische Anwendungen bei der Herstellung von Schienenfahrzeugen ausschließlich durch entsprechend qualifiziertes Personal durchgeführt. Die Klebstoffindustrie selbst profitiert in jedweder Hinsicht von kompetenten Systempartnern.

Das Personalqualifizierungsprogramm ergänzend wurde zwischenzeitlich – von den Fachgremien des Verbands begleitet – eine DIN-Norm zur Sicherstellung der Qualität bei der Herstellung lastübertragender/struktureller Klebverbindungen für definierte Sicherheitsbereiche erarbeitet und veröffentlicht. Diese Norm wird derzeit im Rahmen eines ISO-Normenprojekts internationalisiert.

Die Strategie des Vorstands, das Personalqualifizierungsprogramm auch im europäischen und internationalen Wettbewerbsumfeld zu positionieren, ist damit voll aufgegangen. Nachdem die vom Fraunhofer IFAM entwickelten Lehrinhalte der verschiedenen Ausbildungsstufen (Klebpraktiker, Klebfachkraft, Klebfachingenieur) mit der finanziellen Unterstützung des Verbands u. a. in Englisch und Chinesisch übersetzt und den verschiedenen europäischen und international geltenden Standards angepasst wurden, finden nunmehr regelmäßig Ausbildungskurse zur Klebfachkraft in Polen, Tschechien, der Türkei, den USA, China und Südafrika statt. Bis heute haben die Bremer Wissenschaftler auf nationaler, europäischer und globaler Ebene mehr als 13.000 Klebpraktiker, -fachkräfte und Klebfachingenieure ausgebildet.

Mit der Entwicklung dieser weltweit gültigen Ausbildungsstandards und der Implementierung eines adäquaten Ausbildungssystems auf einer globalen Ebene hat der Vorstand des Industrieverbands Klebstoffe ein weiteres wichtiges Zeichen zur Dokumentation der Schlüsselposition der deutschen Klebstoffindustrie im internationalen Wettbewerbsumfeld gesetzt.

Ebenso wichtig wie die solide Ausbildung bzw. die klebtechnische Qualifizierung von Klebstoffverarbeitern ist für den Vorstand auch eine fundierte Ausbildung von Schülern und Schülerinnen im Rahmen der Unterrichtsfächer Chemie, Technik oder Materialkunde. In diesem Zusammenhang wurde die Informationsserie „Die Kunst des Klebens" gemeinsam mit Experten des Industrieverbands Klebstoffe, des Fonds der Chemischen Industrie und Didaktikern fachinhaltlich und didaktisch grundlegend überarbeitet. Dieses Lehrmaterial steht deutschlandweit fast 20.000 Fachlehrer:innen zur Verfügung.

Vor dem Hintergrund der von der deutschen Bundesregierung beschlossenen und auf den Weg gebrachten Initiative „Digitalisierung des schulischen Unterrichts" hat der Vorstand beschlossen, die Unterrichtsserie „Die Kunst des Klebens" zu digitalisieren und mit anderen Informationsmaterialien des Verbandes (E-Paper Berufsbilder, Imagefilm, Klebstoff-Leitfaden, Klebstoffmagazin, etc.) zu verknüpfen. Für dieses Projekt hat der Industrieverband Klebstoffe mit dem Hagemann Bildungsmedienverlag einen fachlich kompetenten Kooperationspartner gefunden, mit dem die Digitalisierung des Unterrichtsmaterials umgesetzt wurde. Den Fachpädagog:innen steht damit ein Instrument zur Verfügung, das den neuen Vorgaben für einen digitalen, berufsbezogenen Unterricht entspricht.

Die Klebstoffindustrie ist damit eine der ersten Chemiebranchen, die den Pädagog:innen ein solches „Digitalpaket" anbietet, und es erhöht die Chance, das Thema „Kleben/Klebstoff" in dieser Form in den schulischen Unterricht zu platzieren. Das digitale Lehrmaterial wurde erstmals auf der Messe didacta 2018 in Hannover vorgestellt und erhielt seitens Pädagogen/innen ein durchweg positives Feedback. Seit Beginn des Schuljahres 2018/2019 steht dieses Material den Schulen offiziell zur Verfügung. Das digitale Angebot wurde insbesondere auch in der ersten Phase der COVID-19-Pandemie, in der alle Schulen geschlossen waren und der Unterricht digital stattgefunden hat, vielfach heruntergeladen und von Lehrerinnen und Lehrern aber auch von Eltern fürs sogenannte „Homeschooling" genutzt. Das Material steht weiterhin zum kostenlosen Download zur Verfügung: www.klebstoffe.com/informationen/unterrichtsmaterialien/.

Über dieses Unterrichtsmaterial hinaus hat der Industrieverband Klebstoffe in Kooperation mit dem Medieninstitut der Länder (FWU) zwei Lehr-DVDs für den Einsatz im Unterricht konzipiert und realisiert. Die Lehr-DVD „Grundlagen des Klebens" wurde für den Einsatz im Unterricht an allgemeinbildenden und Berufsschulen konzipiert, „Kleben in Industrie und Handwerk" beschreibt konkrete Anwendungen von Klebstoffen für verschiedene Materialkombinationen in der Praxis und eignet sich besonders für den Einsatz im Technik- oder Materialkundeunterricht an berufsbildenden Schulen. Beide Bildungsmedien bestehen aus verschiedenen Filmen, Animationssequenzen, interaktiven Lernzielkontrollen sowie umfangreichem Informationsmaterial für Lehrer und Schüler. Die Lehr-DVDs können über die Mediathek der FWU im Internet abgerufen werden – www.fwu.de.

Das Thema „Kleben im Unterricht" wird in den regelmäßig stattfindenden Lehrerseminaren des Verbands der Chemischen Industrie vertieft.

Auch auf der technischen Ebene übernimmt der Industrieverband Klebstoffe in einem immer stärkeren Maß eine europäische bzw. globale Leitfunktion.

Dies gilt sehr aktuell für die gemeinsam vom Vorstand und dem Technischen Ausschuss konzeptionell erarbeitete Normenkompetenz-Plattform im Industrieverband Klebstoffe. Hinter diesem Projekt stand und steht die Zielsetzung, über das ohnedies starke und erfolgreiche Engagement des deutschen Klebstoffverbands in der europäischen Normung (CEN) hinaus auch aktiv in das internationale Normungsgeschehen auf der ISO-Ebene einzugreifen. Die treibenden Faktoren für diese Initiative waren zum einen die zunehmende Zahl von ISO-Normen für Klebstoffe, die zunehmend mehr Beachtung im Rahmen der Globalisierung der Märkte finden. Zum anderen verfolgt der Vorstand – perspektivisch betrachtet – das Ziel, für die Klebstoffindustrie wichtige deutsche Industriestandards weltweit zu etablieren. Über die Normenkompetenz-Plattform des Verbands konnten wichtige Normenprojekte aus den Bereichen Bodenbelag- und Holzklebstoffe und für lasttragende Klebverbindungen international platziert und realisiert werden. Darüber hinaus konnten für die Mitgliedsunternehmen wichtige Informationen über zukünftige Entwicklungen in der Elektronikindustrie und das Anforderungsprofil für entsprechend benötigte Klebstoffe generiert werden.

Der Industrieverband Klebstoffe hat auch die Leitung des europäischen Normungsprojekts „Mandatierte Belagsklebstoff-Normung" sowie die des europäischen Normensekretariates „Holz- und Holzwerkstoffe" übernommen,

Letzterer sichert die spezifischen Interessen der deutschen Klebstoffindustrie im komplex geregelten Markt für Brettschichtholzprodukte für lasttragende Anwendungen.

Der „Green Deal" der Europäischen Kommission umfasst unterschiedlichste ambitionierte Klimaschutzmaßnahmen – alle mit dem Ziel, Europa bis 2050 zum ersten klimaneutralen Kontinent zu entwickeln. Konkret wirken sich momentan die Chemikalienstrategie für Nachhaltigkeit und der Aktionsplan Kreislaufwirtschaft auf die Klebstoffindustrie aus. Aus diesem Grund wurde auf Initiative des Vorstands der Beirat für Nachhaltigkeit gegründet, der diese komplexen Themenstellungen fachinhaltlich für die deutsche Klebstoffindustrie bearbeitet. Darüber hinaus wurde in enger Abstimmung mit dem Beirat für Öffentlichkeitsarbeit eine „Kommunikationsstrategie Nachhaltigkeit" entwickelt, deren Ziel es ist, die Vorteile und das Potenzial der Klebtechnik als Teil der Lösung zur Nachhaltigkeit darzustellen.

Mit dem Regelwerk der Taxonomie legt die EU-Kommission Standards für ökologisches Wirtschaften fest. Auf den ersten Blick sind nur börsennotierte und große Unternehmen betroffen. Indirekt können aber auch kleine und mittelständische Unternehmen betroffen sein, wenn Finanzmarktteilnehmer wie z. B. Banken für ihre Kreditlinien Taxonomie-Konformität fordern. Der Vorstand hat es sich zur Aufgabe gemacht, insbesondere die KMU-Mitglieder des Industrieverbands Klebstoffe hinsichtlich der möglichen Auswirkungen zu informieren und zu unterstützen. Als erster Schritt ist eine Webinarreihe im Spätsommer 2022 geplant.

Die aktive Beteiligung des Industrieverbands Klebstoffe und seiner Mitglieder an global wichtigen Konferenzen unterstreicht die international herausragende Position der deutschen Klebstoffindustrie. Dies gilt insbesondere für die alle 4 Jahre stattfindenden Welt-Klebstoff-Konferenzen (World Adhesives Conference, WAC). Die für April 2020 geplante WAC in Chicago, USA, wurde Pandemie-bedingt um zwei Jahre verschoben und fand im April 2022 mit Rekordteilnehmerzahl statt. Das Thema Nachhaltigkeit kam in nahezu allen Sessions zur Sprache und auch der IVK war mit einem Vortrag vertreten und hat dargestellt, wie Klebstoffe die Kreislaufwirtschaft unterstützen

In den regelmäßig stattfindenden Dialogen mit US-amerikanischen und asiatischen Klebstofforganisationen wird immer deutlicher, dass der deutschen Klebstoffindustrie sowohl die Rolle des globalen Technologieführers als auch die einer leitenden Kompetenzplattform in punkto „Responsible Care®" und Sustainable Development respektvoll zugesprochen wird. Die deutsche Klebstoffindustrie hat schon vor vielen Jahren in Abstimmung mit ihren Systempartnern damit begonnen, bereits im Vorfeld gesetzlicher Regelungen, praxisnahe Konzepte für einen adäquaten Umwelt-, Arbeits- und Verbraucherschutz zu entwickeln und diese – entsprechend der strategischen Vorgaben des Vorstandes – erfolgreich zu implementieren. Mit der Entkopplung des

Lösemittelverbrauchs von der Klebstoffproduktion, mit der erfolgreichen Platzierung des EMICODE® und des GISCODE-Systems und mit Muster-EPDs wird die deutsche Klebstoffindustrie ihrer Verantwortung gegenüber der Umwelt und gegenüber ihren Kunden entlang der Wertschöpfungskette im vollen Umfang gerecht - und sie ist damit weltweit führend.

Mit den Initiativen zum freiwilligen Verzicht des Einsatzes von Lösungsmitteln bei Parkettklebstoffen sowie Phthalaten im Bereich Papier-/Verpackungsklebstoffe und mit der Informations-Serie „Klebstoffe im lebensmittelnahen Bereich" hat der Industrieverband Klebstoffe zum wiederholten Mal neue Maßstäbe in den Bereichen Arbeits-, Umwelt- und Verbrauchersicherheit gesetzt.

Ein ausgewogenes Verhältnis von Technologieführerschaft und sozialer Kompetenz ist für den Vorstand des Industrieverbands Klebstoffe ein wesentlicher Schlüssel für die erfolgreiche und glaubwürdige Positionierung der Industrie. Diese Positionierung sichert dem Verband jederzeit verlässliche und wichtige Informationen, beispielsweise über zukünftige Ausrichtungen von Gesetzesvorhaben, und für die Verbandsmitglieder bietet sich - perspektivisch betrachtet – die Chance mit Produkten, die den Anforderungen von Umwelt-, Arbeits- und Verbraucherschutz gerecht werden, in Europa und darüber hinaus auch weltweit neue Märkte zu erschließen.

Die Mitglieder des Vorstands werten die stetig steigende Zahl an Teilnehmern an den verschiedenen Veranstaltungen des Industrieverbands Klebstoffe sowie die Aufnahme von vielen neuen Mitgliedsunternehmen in den letzten Jahren als einen überzeugenden Indikator dafür, dass der Industrieverband Klebstoffe e. V. richtig positioniert ist, für seine Mitglieder nutzenstiftende Arbeit mit einer ausgeprägten Praxisrelevanz leistet und damit für die Klebstoffindustrie insgesamt einen hohen Grad an Attraktivität besitzt.

Technischer Ausschuss (TA)

In seinen regelmäßigen Sitzungen hat der Technische Ausschuss (TA) auch in den Jahren 2021/2022 die fachspezifischen Arbeiten der Technischen Kommissionen, der Unterausschüsse und der ad hoc-Gremien aufgenommen, eingehend diskutiert und Szenarien für die gesamte Klebstoffindustrie erarbeitet. Darüber hinaus wurden zahlreiche fachübergreifende Themenfelder nach intensiver Diskussion im Technischen Ausschuss durch entsprechende Verbandsaktivitäten proaktiv mitgestaltet.

Ein besonderer Schwerpunkt der Arbeiten des Technischen Ausschusses war und ist weiterhin das Thema **Green Deal der Europäischen Kommission (KOM).** Unter dem Dach des Green Deals gibt es 50 Strategie- und Legislativmaßnahmen, die dazu führen sollen, dass die EU 2050 insgesamt klimaneutral sein wird. Innerhalb dieser Maßnahmen wird die Klebstoffindustrie am stärksten vom New Circular Economy Action Plan - CEAP (Transition to a Circular Economy) und von der Strategy on the sustainable use of chemicals (CSS) bzw. den Clean Air and Water Action Plans (A zero pollution Europe) betroffen sein.

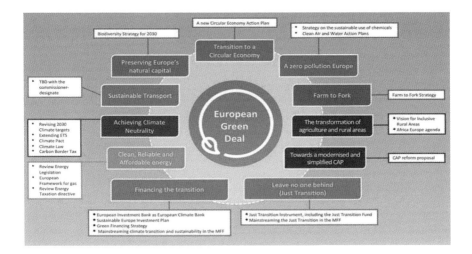

Der **Circular Economy Action Plan (CEAP)** der EU ist ein Paket miteinander verknüpfter Initiativen mit dem Ziel, einen starken und kohärenten Rahmen für die Produktpolitik zu schaffen, durch den nachhaltige Produkte, Dienstleistungen und Geschäftsmodelle zur Norm werden, und die Verbrauchsmuster so zu verändern, dass kein Abfall erzeugt wird.

Der Schwerpunkt des CEAP liegt auf Produktgruppen Elektronik, Information and Communication Technology (ICT), Batterien und Fahrzeuge, Verpackungen, Kunststoffe, Bauwirtschaft und Gebäude, Lebensmittel, Wasser und Nährstoffe sowie Textilien. Darüber hinaus sollen auch Möbel sowie Zwischenprodukte mit hohen Umweltauswirkungen wie Stahl, Zement und Chemikalien in Betracht gezogen werden.

Der CEAP bietet auch die Rahmenbedingungen, um die **Ökodesign-Richtlinie** auf ein möglichst breites Produktspektrum auszuweiten, mit Blick auf:
- eine Verbesserung der Haltbarkeit, Wiederverwendbarkeit, Nachrüstbarkeit und Reparierbarkeit, Umgang mit dem Vorhandensein gefährlicher Chemikalien sowie Steigerung der Energie- und Ressourceneffizienz
- eine Erhöhung des Rezyklatanteils bei Gewährleistung von Leistung und Sicherheit
- die Ermöglichung der Wiederaufarbeitung und eines hochwertigen Recyclings
- die Verringerung des CO_2- und des ökologischen Fußabdrucks
- die Beschränkung von Einmalprodukten und Maßnahmen gegen vorzeitige Obsoleszenz
- ein Verbot der Vernichtung unverkaufter, nicht verderblicher Waren
- „Produkte als Dienstleistung" o. ä. Modelle, bei denen der Hersteller Eigentümer des Produkts bleibt oder die Verantwortung für dessen Leistung während des gesamten Lebenszyklus übernimmt
- eine Digitalisierung von Produktinformationen, wie z. B. digitale Produktpässe, Markierungen und Wasserzeichen
- eine Auszeichnung von Produkten auf der Grundlage ihrer jeweiligen Nachhaltigkeitsleistung, u. a. auch durch Schaffung von Anreizen

Um die Rolle der Klebtechnik im Kontext von Kreislaufwirtschaft sowie Ökobilanzen zu erkunden hat der Klebstoffverband eine **Studie** beim **Fraunhofer-Institut für Fertigungstechnik und Angewandte Materialforschung IFAM** im Auftrag gegeben. Der nachhaltige Umgang mit Ressourcen bei der Herstellung, Nutzung und Entsorgung eines Produktes wird durch die politischen Rahmenbedingungen bestimmt und auch innerhalb der Gesellschaft gefordert. Für den Einsatz von Ressourcen, der Entstehung von Abfall und Emissionen sowie einer effizienten Nutzung von Energie werden konkrete Zielsetzungen formuliert. Instrumente zur Umsetzung sind beispielsweise langlebige Konstruktionen, Instandhaltung, Sanierung, Reparaturfähigkeit, Wiederverwendung, Wiederaufarbeitung und -verwertung. In der Industrie sind deshalb Materialentwicklungen und Verbindungstechnologien zur Ressourcenschonung und Vermeidung einer Linearwirtschaft gefragt. Die Klebtechnik als wärmearme und nicht den Werkstoff verletzende Verbindungstechnik nimmt damit eine Schlüsselposition ein. Der Technische Ausschuss hat die **Studie „Kreislaufwirtschaft und Klebtechnik"** inhaltlich mit begleitet.

Am 30. März 2022 ist von der KOM ein **Vorschlag** für eine neue **Ökodesign Rahmenverordnung** vorgestellt sowie ein **Arbeitsplan 2022 – 2024 „Ecodesign and Energy labelling"** veröffentlicht worden. So werden im neuen Rechtsrahmen Regelungen für annähernd alle physischen Produkte möglich sein. Die bisherige Beschränkung auf energieverbrauchsrelevante Massenprodukte wird ebenso entfallen wie die meisten Generalausnahmen z.B. für Transportmittel. Produkte sind im Entwurf sehr allgemein definiert, auch Stoffe und Zubereitungen sowie Zwischenprodukte sind unter der zukünftigen Verordnung regelbar. Weitere Neuerungen sind die Einführung eines digitalen Produktpasses, weitreichender Informations- und Kennzeichnungspflichten sowie einer Berichtspflicht über die Entsorgung nicht verkaufter Konsumgüter. Die beabsichtigten Anforderungen an konkrete Produkte werden neben dem jetzigen Schwerpunkt Energieverbrauch vor allem die Nachhaltigkeit betreffen.

Die **Chemicals Strategy for Sustainability (CSS)** umfasst mehr als 80 legislative und nicht-legislative Maßnahmen. Ihre Umsetzung bedeutet mehr Daten, mehr Verbote und mehr Regulierungen.

Insgesamt sind 56 legislative Maßnahmen in zahlreichen Regelungen (u. a. in REACH und CLP) geplant. Neben der REACH- und CLP-Revision sind weitere Regulierungen von Produkten (z. B. zu Kosmetika, Wasch- und Reinigungsmitteln, Lebensmittel-kontaktmaterialien) geplant. Hinzu kommt die Einführung neuer Begrifflichkeiten und Leitelemente, wie **Essential Use, SSbD – Safe and Sustainable by Design** und **„One substance, One assessment"** (ein Stoff - eine Bewertung).

Das gesamte Chemikalienrecht soll damit wesentlich gefahrenbasierter ausgerichtet werden!

Im Rahmen der **CLP-Revision** sollen neue Gefahrenklassen (M – Mobil, ED – Endokriner Disruptor) aufgenommen werden.

Die **REACH-Revision** beinhaltet neue Informations-/Datenanforderungen, wie z. B. die Polymerregistrierung, die Identifizierung der Kanzerogenität unabhängig vom Mengenband, Stoffsicherheitsberichte auch für 1-10 t/a-Stoffe sowie den gesamten ökologischen Fußabdruck von

Stoffen, soweit möglich. Darüber hinaus werden auf Basis der in CLP implementierten neuen Gefahrenklassen (M, ED) neue SVHC-Kriterien eingeführt: ED, PMT, vPvM. Durch die Einführung eines **Mixture Assessment Factors (MAF)** soll angeblichen Risiken durch unbeabsichtigt auftretende Mischungen von Stoffen begegnet werden. Das Zulassungsverfahrens soll unter Einbeziehung des sogenannten Essential Use neu geregelt werden. Der **Essential Use** findet auch Eingang in das neue „**Generische Risk Assessment**" (GRA).

Der Zeitplan für die Einführung der verschiedenen Änderungen ist sehr ambitioniert.

Die allgemeine Definition des Begriffes „Essential Use" hat seinen Ursprung im Montreal Abkommen zu ozonschädigenden Stoffen und beinhaltet die Notwendigkeit für Gesundheit, Sicherheit oder das Funktionieren der Gesellschaft, wobei gleichzeitig keine Alternativen verfügbar sein dürfen.

Allerdings gibt es bisher keine Definition der verwendeten Begrifflichkeiten. So wurden Fragen, wie
• Was heißt „notwendig"?
• Was beinhaltet „Gesundheit", „Sicherheit", „Funktionieren der Gesellschaft"?
• Was ist mit „use" gemeint (Stoff, Erzeugnis, die Anwendung/Funktion)?
bisher nicht beantwortet.

Der Umgang mit „Essential Use" wird besonders in Kombination mit dem „generischen Ansatz zu Risikomanagement" (GRA), entscheidend dafür sein, ob auch künftig die für Innovationen benötigte Chemikalienvielfalt in Europa verfügbar ist oder planwirtschaftliche Elemente wissenschaftliche Risikobewertungen verdrängen.

Safe and Sustainable by Design (SSbD) ist ein übergreifendes Konzept, das die Sicherheit als integralen Bestandteil der Nachhaltigkeit umfassen soll. Dabei handelt es sich um einen Steuerungsmechanismus für Innovationen mit zu erfüllenden Mindestanforderungen. Als auf Gefahreneigenschaften basierender Ansatz sollen so in Zukunft Chemikalien, Materialien und Produkte, die als gefährlich oder umweltschädlich eingestuft wurden, nicht länger hergestellt und in Verkehr gebracht werden. Langfristiges Ziel ist es, das Konzept als Leitprinzip entlang der gesamten Entwicklungsketten in Schlüsselsektoren der Wirtschaft (z. B. Landwirtschaft, Fertigung, Verkehr) anzuwenden. Der Anwendungsrahmen beinhaltet langfristig auch Forschung, Entwicklung und künftige Innovationen in den Unternehmen der chemisch-pharmazeutischen Industrie im Einklang mit SSbD-Kriterien.

SSbD kann in Form freiwilliger Leitprinzipien mit entsprechendem Selbstmonitoring oder als Legislativ-Entwurf eingeführt werden. VCI und IVK plädieren für freiwillige Leitprinzipien. Sowohl der Rahmen als auch die Kriterien dieses Konzeptes für sichere und nachhaltige Produkte sollen bis Ende 2022 finalisiert werden.

Im bisherigen Risiko-Ansatz unter REACH werden die jeweiligen Risiken je nach Verwendung des Stoffes betrachtet. Eine Ausnahme bildet REACH Art. 68, Absatz 2, der Verwendungsverbote allein aufgrund von cmr-Eigenschaften ermöglicht. Allerdings ist diese Ausnahme beschränkt auf cmr-Stoffe der Kat. 1A und 1B, welche von privaten Endverbrauchern verwendet werden.

Beim **Generischen Risikomanagement (GRA)** sind die intrinsischen Eigenschaften von Stoffen ausschlaggebend für regulatorische Maßnahmen, wie z. B. Verwendungsverbote. Eine Risikobewertung findet nicht statt, auch wenn unter bestimmten Bedingungen eine sichere Verwendung möglich wäre.

Im Rahmen der Chemikalienstrategie für Nachhaltigkeit (CSS) soll die Anwendung des Generischen Risikomanagement jetzt in zwei Richtungen ausgeweitet werden:

(a) Anwendung des Ansatzes von derzeit cmr Kat. 1A/1B zunächst zusätzlich auf endokrin wirkende Stoffe und Stoffe mit PBT- und vPvB-Eigenschaften. In einem zweiten Schritt erfolgt eine Prüfung einer Ausweitung auf atemwegssensibilisierende, immuno- und neurotoxische Stoffe sowie auf Stoffe mit spezifischer Zielorgan-Toxizität (STOT).

(b) Ausweitung des Generischen Risikomanagement von Produkten für den privaten Endverbraucher auf Produkte für die Verwendung im gewerblichen Bereich. Begründet wird dies von der KOM damit, dass gewerbliche Verwender im Vergleich zu industriellen Verwendern nicht dem gleichen Risikomanagement unterliegen, die Produkte aber im Vergleich zum privaten Verbraucher häufiger anwenden.

VCI und IVK fordern, dass sichere Verwendungen nicht verboten werden. Spezifische Risikobewertungen müssen für proportionale Entscheidungen über Beschränkungen erforderlich bleiben. Der risikobasierte Ansatz darf nicht durch einen gefahrenbasierten Ansatz ersetzt werden. Professionelle Verwendungen unterscheiden sich zudem von Verbraucherverwendungen insbesondere durch die Ausbildung der gewerblich Beschäftigten und durch umfassende Arbeitsschutzkonzepte. Pauschale Verbote sind dementsprechend nicht angemessen und zielführend.

Der TA unterstützt bei diesen Themen sowohl auf europäischer Ebene die FEICA als auch auf nationaler Ebene den VCI durch eine intensive Mitarbeit in den jeweiligen Fachgremien und technischen Arbeitsgruppen.

Ein weiteres TA-Projekt ist die Erarbeitungen von **Muster-EPDs** (EPD = Environmental Product Declaration) für den Baubereich. Diese Arbeiten wurden notwendig, nachdem ab 2011 die EU-Bauproduktenverordnung den Einsatz „nachhaltiger" Produkte verlangt, wobei die Nachhaltigkeit der Produkte durch EPDs nachgewiesen werden muss. Diese gesetzlich geforderten EPDs umfassen eingehende Analysen und Dokumentationen, z. B. über den CO2-Verbrauch bei der Herstellung, Energieverbrauch, Ressourcenabbau, Ökobilanzen, Lebenszyklusanalysen, etc. Die Erarbeitung solcher EPDs ist mit einem enormen Arbeits- und Kostenaufwand verbunden, so dass sich für diesen Bereich eine Branchenlösung anbietet. Die deutschen EPDs wurden fertig gestellt und im Rahmen der FEICA auch anderen europäischen Ländern zur Übernahme angeboten.

Die Umwelt-Produktdeklarationen (EPDs) müssen alle 5 Jahre überarbeitet werden; Die im Rahmen der Aktualisierung entstandenen FEICA-EPDs gelten derzeit für Polyurethanklebstoffe, SMP (silanmodifizierte Polymere) und Dispersionsklebstoffe. Weitere EPDs für Epoxidharze, Silikone und modifizierte mineralische Mörtel stehen kurz vor der Veröffentlichung.

Eine Analyse der überarbeiteten Version der EN 15804 „Nachhaltigkeit von Bauwerken - Umweltproduktdeklarationen - Grundregeln für die Produktkategorie Bauprodukte" ergab folgendes Bild:

- Da die FEICA-Model-EPDs auf Gewichtseinheiten basieren, sind sie von veränderten Regeln für Funktionseinheiten nicht betroffen.
- Die FEICA-Model-EPDs erfüllen die Anforderungen der Ausnahmeregel. Das heißt, Use Phase (Modul C) und End-of-life Phase (Modul D) müssen nicht berücksichtigt werden, transport on-site und Installation (A4 und A5) sind in den aktuellen EPDs enthalten.
- Umweltindikatoren: Die FEICA-Model-EPDs basieren auf den Umweltindikatoren GWP (Global Warming Potential), ADPF (Abiotic depletion potential fossil) und POCP (photochemical ozone creation potential), die die die Basis für die Einzelsubstanzbewertung bilden. Die Gültigkeit dieser pragmatischen Ableitung muss ggf. verteidigt werden, zumal im Rahmen der Überarbeitung der EN 15804 ‚Tox-Kriterien‘ zusätzlich eingeführt werden sollen.

Einen weiteren Schwerpunkt der Arbeiten des Technischen Ausschusses bildeten auch während der letzten beiden Jahre die Aktivitäten zum europäischen Chemikalienrecht „REACH" (Registrierung, Bewertung, Zulassung und Beschränkung von Chemikalien), der REACH-Verordnung (EU) Nr.1907/2006.

Die ECHA hat am 11. Januar 2019 einen **Beschränkungsvorschlag** unter REACH für **Mikroplastik** veröffentlicht. Der Fokus der Regelung liegt auf „intentionally added microplastic". Hierzu wurde am 20. März 2019 eine öffentliche Konsultation gestartet, die für sechs Monate offen war. Mittlerweile liegt der gemeinsame Entwurf von RAC und SEAC vor.

Der o. g. Beschränkungsvorschlag gilt für Mikroplastik-Konzentrationen $\geq 0,01\%$ (w/w) mit der Definition „Feste Polymerpartikel $0,1\ \mu m \leq x \leq 5\ mm$" und Fasern mit einer Länge von $0,3\ \mu m \leq x \leq 15\ mm$ und ein Länge-zu-Durchmesser-Verhältnis von > 3, wobei sich der Begriff „fest" auf die Definition nach Anhang I der CLP-VO bezieht und für Polymere weitestgehend untauglich ist.

Es sind Produkte jeglicher Art betroffen. Unter die Definition „Mikroplastik" der ECHA fallen u. a.
- Dispersionen
- Faserarmierte und vergütete zementäre Produkte
- Abstandshalter/Spacer
- Granulierte Hotmelts
- Microballoons (Klebebänder)
- 3D-Druck-Pulver
- …

Der Beschränkungsvorschlag der KOM wurde von März 2019 bis Juli 2020 vom Ausschuss für Risikobewertung (RAC) und vom Ausschuss für sozioökonomische Analysen (SEAC) geprüft, bewertet und es wurden zunächst separate Stellungnahmen formuliert. Dabei soll die Untergrenze von bisher 1 nm voraussichtlich auf 100 nm angehoben werden. Die Definition „fest" wird um Testmethoden ergänzt. In Wasser (teilweise) lösliche Polymere sollen ausgenommen werden (derogtation from scope). Darüber hinaus soll es neue Sonderregelungen für (Sport)kunstrasenplätze, Nahrungsmittel, Klärschlamm und Kompost (derogation from restriction) geben. Einzelne Übergangsfristen nach Inkrafttreten sollen verlängert werden. Die Kennzeichnung/Anwenderinformation soll auch über Piktogramme auf der Verpackung möglich sein.

Der Kommissionsentwurf wurde im Sommer 2021 erwartet; ist jedoch bisher (Stand Juni 2022) nicht veröffentlicht worden. Ein Inkrafttreten ist damit für frühestens Ende 2022 zu erwarten. Allerdings haben 80 EU-Parlamentarier ein Schreiben aufgesetzt, in dem sie fordern, die Maßnahmen schnellstmöglich umzusetzen.

In Vorbereitung für einen **Beschränkungsentwurfs für unbeabsichtigt freigesetztes Mikroplastik** wurde über eine öffentliche Konsultation zur Folgenabschätzung aufgerufen. Zu den angedachten Maßnahmen gehören obligatorische Mitarbeiterschulungen und eine Kennzeichnung von Kunststoffgranulate enthaltenden Behältern und Containern als umweltschädlich. Hinzu kommt die Einführung eines Regelungsrahmens für Haftungs- und Entschädigungspflichten zur Sanierung von durch Kunststoffgranulat verursachte Umweltschäden sowie die Einführung eines Regelungsrahmens, der die Ausrichtung der gesamten Lieferkette an bewährten Verfahren vorschreibt, um die Freisetzung von Kunststoffgranulat zu vermeiden, einschließlich unabhängiger Audits und Zertifizierungen durch Dritte.

Der IVK hat hinsichtlich des Beschränkungsentwurfs für sekundäres Mikroplastik kommentiert, dass seitens der Klebstoffindustrie immer geschlossene Behältnisse verwendet werden und keine Freisetzung von Kunststoffgranulaten zu erwarten ist. Darüber hinaus hat er die unnötige Belastung insbesondere für den Mittelstand dargestellt.

REACH-Beschränkung von Diisocyanaten: Mit dem Ziel, Atemwegssensibilisierungen durch Diisocyanate zu vermeiden und somit den gewerblichen bzw. industriellen Arbeitsschutz zu verbessern, hat die KOM den Anhang XVII der REACH-Verordnung (EG) (neue Nr. 74) mit der Verordnung (EU) 2020/1149 geändert, welche am 24. Aug. 2020 in Kraft getreten ist. Nach dem 24. Aug. 2023 dürfen Diisocyanate weder als Stoff noch als Bestandteil in anderen Stoffen oder Gemischen industriell oder gewerblich verwendet werden, es sei denn, (a) die Konzentration von Diisocyanaten einzeln und in Kombination beträgt weniger als 0,1 Gewichtsprozent oder (b) der Arbeitgeber oder Selbstständige stellt sicher, dass industrielle oder gewerbliche Anwender vor der Verwendung des Stoffes oder Gemisches erfolgreich eine Schulung zur sicheren Verwendung von Diisocyanaten abgeschlossen haben. Konsumentenprodukte werden von dieser Verordnung nicht erfasst. Der Arbeitgeber dokumentiert die Bescheinigungen oder Nachweise über den erfolgreichen Abschluss einer Schulung. Die Schulung muss mindestens alle fünf Jahre wiederholt werden. Der Lieferant des Stoffes oder Gemisches ist dafür verantwortlich, dass der Arbeitgeber und Selbständige von der Schulungsverpflichtung Kenntnis hat. Zu diesem Zweck stellt der Lieferant ab dem 24. Feb. 2022 sicher, dass auf der Verpackung die folgende Erklärung deutlich von den übrigen Angaben auf dem Etikett unterscheidbar angebracht ist: „Ab dem 24. Aug. 2023 muss vor der industriellen oder gewerblichen Verwendung eine angemessene Schulung erfolgen."

Bezüglich der Schulung hat sich FEICA einer gemeinsamen Industrieinitiative verschiedener Downstream-User Verbände unter der Führung von ISOPA/ALIPA angeschlossen. Die Schulungsunterlagen sind entsprechend den Vorgaben in der Beschränkungsverordnung in drei Ebenen aufgebaut. Es wird empfohlen, dass Manager/Supervisor das gleiche Trainingsmodul wie ihre Mitarbeiter durchlaufen.

Mitglieder von FEICA und nationalen Verbänden erhalten getrennte Voucher Codes zur web-basierten Schulung ihrer Mitarbeiter und ihrer Kunden. Die Voucher sind kostenfrei, wobei die FEICA Voucher Codes nur für durch die von der FEICA erarbeiteten Trainings gültig sind. Für unternehmenseigene Präsenzschulungen kann ein Trainer-Konto zu reduzierten Kosten erworben werden.

Darüber hinaus hat die Europäische Kommission (KOM) am 28. Januar 2019 an die ECHA ein Mandat für die Ableitung/Einführung eines harmonisierten Arbeitsplatzgrenzwertes (OEL) für Diisocyanate gegeben. Im „Scientific Reports for Evaluation of Limit Values at the Workplace" der ECHA wurde für Diisocyanate kein OEL vorgeschlagen und dem RAC stattdessen ein Ansatz zur Ableitung einer „exposure response" empfohlen. Eine deutliche Absenkung in den Bereich zwischen 0,1 und 1 ppb hätte einen größerer Messaufwand zur Erzielung niedrigerer Nachweisgrenzen sowie ggf. Investitionen in zusätzliche Absaugvorrichtungen an Anlagen zur Folge. Um die Folgen einer Absenkung abschätzen zu können, wurde von der KOM ein Consultant mit einer entsprechenden Studie beauftragt, in die sich IVK und FEICA intensiv eingebracht haben. Der Consultant Report von August 2021 bescheinigt einem sehr niedrigen OEL einen nur begrenzten Nutzen, prognostiziert jedoch signifikante Kosten (insbesondere für KMUs) und einen signifikanten Wettbewerbsnachteil gegenüber Anbietern außerhalb der EU. Zudem wären Ziele des Green Deals gefährdet, da unterstützende Sektoren hart getroffen würden.

Das EU Advisory Committee on Safety and Health (ACSH) hat in seiner Sitzung am 24. Nov. 2021 einen Kurzzeitwert (STEL, 15min) von 12 µg/m3 NCO und einen Arbeitsplatzgrenzwert (TWA) von 6 µg/m3 NCO beschlossen. Die Übergangsfrist soll bis 2029 gelten. Für die Klebstoffindustrie ist dieser OEL akzeptabel.

Ein weiteres REACH-Thema ist die **Polymerregistrierung unter REACH.**

Derzeit sind unter REACH die Monomere zu registrieren – und nicht die Polymere. Gemäß Art. 138 Abs. 2 der REACH-Verordnung kann die KOM jedoch unter definierten Bedingungen Legislativvorschläge zur Registrierung bestimmter Polymertypen vorlegen. Ende 2018 hatte die KOM die Consultant Wood und Peter Fisk Associates (PFA) mit der Erstellung einer Studie beauftragt. Auf Basis der Studie erfolgt seitdem eine Diskussion im CARACAL bzw. in der CARACAL Subgroup („CASG Polymers"), wie diese Polymerregistrierung umgesetzt werden könnte. Das Impact Assessment der KOM ist noch nicht veröffentlicht.

Mit einer Polymerregistrierung werden Formulierer zu Registranten von Polymeren, die sie selbst herstellen oder chemisch modifizieren oder aus nicht EU-27 Mitgliedsstaaten importieren.

Der Gesamteindruck der aktuellen Entwicklung ist nicht sehr positiv. Es gibt viele gut ausgearbeitete, praxisorientierte Vorschläge der Industrie. Auf Behördenseite werden jedoch derzeit nahezu alle Vorschläge abgelehnt, die nicht dem Verfahren für Stoffe unter REACH entsprechen; die Mitgliedsstaaten erwarten ein "Schutzniveau" wie bei Stoffen.

Im Fokus der IVK-Aktivitäten stehen vor allem Erleichterung für „Polymeric Precursors", also polymere Vorstufen, die zur Fertigung von Erzeugnissen abreagieren und in einem industriellen Umfeld verwendet werden. Hierzu wurden zahlreiche Beispiele seitens EPDLA, VCI und IVK erarbeitet (PUR-HM, Epoxy-Amin-Addukte, nachvernetzende Acrylate). In der aktuellen Diskussion um Polymeric Precursors sieht der KOM Vorschlag vor, Polymeric Precursors mit der Bedingung „strictly controlled conditions" (SCC) zu verknüpfen, wie sie bei Zwischenprodukten, wie z.B. Phosgen, eingehalten werden müssen. Die Industrieverbände schlagen stattdessen vor, für den Umgang mit Polymeric Precursors „adequately controlled conditions" zu definieren und damit die SCC zu ersetzen.

Die Polymerregistrierung soll für alle Polymere >1t/a gelten. Zudem sollen alle Polymere (auch jene, die nicht registriert werden müssen) einer Verpflichtung zur Notifizierung unterliegen, welche ihrerseits bereits sehr umfangreiche Informationen verlangt.

Wie der tatsächliche Legislativvorschlag aussehen wird, ist derzeit völlig offen.

Eine konkrete Maßnahme, die auch im „Chemicals Strategy for Sustainability Action Plan" der Europäischen Kommission (KOM) enthalten ist, betrifft die Einführung sogenannter **Mixture Assessment Factors (MAFs).**

Unter REACH werden aktuell alle Stoffe in Gemischen gemäß den Expositionsabschätzungen in den Expositionsszenarien „sicher verwendet". Eine „sichere Verwendung" ist dann gegeben, wenn der sogenannte RCR-Wert (RCR = Risk Characterisation Ratio) kleiner 1 ist. Der RCR ist immer dann kleiner 1, wenn die zu erwartende Exposition kleiner ist, als die Konzentration, bei der gerade noch kein adverser Effekt auf den Menschen bzw. die Umwelt zu erwarten ist („Wirkschwelle" Mensch bzw. Umwelt).

Seitens der KOM und verschiedener Mitgliedsstaaten besteht die Besorgnis, dass sich die Einzelsubstanzen in unbeabsichtigten Gemischen gegenseitig beeinflussen und in ihrer Wirkung verstärken können. Es wurde deshalb vorgeschlagen, REACH dahingehend zu ändern, dass bei der Bewertung des Risikos eines einzelnen Stoffes ein MAF eingeführt wird, mit dem der RCR-Wert zu multiplizieren ist.

Mit der Einführung eines allgemeinen (generischen) MAF würden insbesondere Gemische wesentlich risikoträchtiger als bislang eingestuft, da die RCR-Werte aller Stoffe im Gemisch jeweils mit dem MAF multipliziert würden. Damit das Gemisch auch weiterhin als sicher gilt, müssen alle RCR-Werte im Gemisch kleiner 1 sein.

Wenn der berechnete RCR-Wert eines Stoffes in einem Gemisch durch einen MAF größer als 1 wird, kann der Hersteller / REACH-Registrant dieses Stoffes im Rahmen des REACH-Registrierungsdossiers mittels folgender Verfahren (einzeln oder in Kombination) versuchen, den RCR-Wert wieder auf unter 1 zu bringen. So kann der Registrant entweder komplexere, verfeinerte Rechenmethoden verwenden, die zulässige Konzentration im Gemisch beschränken, die Umgangsdauer verkürzen oder zusätzliche Risikomanagementmaßnahmen einführen. Gelingt es nicht, den RCR-Wert wieder unter 1 zu bringen, muss der Hersteller von der Verwendung abraten.

Klebrohstoffe, welche unter Berücksichtigung eines MAF die REACH-Sicherheitsbewertung nicht mehr bestehen, dürfen dann möglicherweise in Klebstoffen nicht mehr verwendet werden. Das heißt, Klebstoffhersteller wären mit ihren Klebstoffformulierungen insbesondere durch Verwendungsbeschränkungen von Klebrohstoffen (seitens der Rohstoffhersteller) oder deren möglicher Wegfall in besonderer Weise betroffen.

In der europäischen CARACAL-Gruppe haben erste Diskussionen zum MAF stattgefunden. Es gibt jedoch bisher kein Konzept und keine konkreten Festlegungen. Die KOM hat deshalb eine Studie ausgeschrieben, die den Themenkomplex beleuchten und Vorschläge machen soll. Auftragnehmer ist die Beratungsfirma Wood.

In einem ersten Workshop im Nov. 2021 zur in Arbeit befindlichen MAF-Studie (Wood et. al.) wurde deutlich, dass die Argumente für einen MAF vornehmlich aus dem Umweltbereich (ENV) stammen. In den gezeigten Beispielen war immer eine stark limitierte Anzahl von Stoffen für die Überschreitung eines postulierten Summen-RCRs verantwortlich. Ein generischer MAF wurde von Industrievertretern und einigen Mitgliedsstaaten nicht unterstützt. Der Endbericht war für Mai 2022 angekündigt, ist aber noch nicht veröffentlicht.

VCI- und IVK-Position ist, dass bei dem derzeitigen Risikomanagement seltene Kombinationswirkungen bereits durch konservative Ansätze berücksichtigt werden. Außerdem ist ein Impact Assessment bezüglich der Auswirkungen eines MAF dringend notwendig.

Aufgrund einer Initiative des Bundesumweltministeriums (BMU) zur Reduzierung von VOC im Hinblick auf die Sommersmoggefahr war der VCI zusammen mit weiteren Fachverbänden aufgerufen, die Möglichkeiten zur VOC-Minderung aufzuzeigen. Aus dieser umweltschutzgetriebenen Initiative haben die Klebstoffhersteller in den vergangenen Jahren ihren Verbrauch an Lösemittel deutlich reduziert, wie die Auswertung der **IVK-Lösemittelstatistik** zeigt. Der Technische Ausschuss konnte anhand einer Lösemittelverbrauchsumfrage darlegen, dass das gesteckte Ziel einer VOC-Reduzierung von 70 % bis zum Jahr 2007 (auf Basis des Verbrauchs im Jahr 1988) schon weit früher erreicht wurde. Die Lösemittelstatistik wird in zweijährlichem Abstand weitergeführt und findet Eingang in die Diskussionen mit nationalen und europäischen Behörden und Institutionen z. B. bei der Einführung neuer Gesetzesvorhaben. Die Statistik ist ein sehr wichtiges Instrument zur Kommunikation mit Behörden und unverzichtbar zur Dokumentation des Umweltbewusstseins der deutschen Klebstoffindustrie.

Weitere Themen der Erörterung im Technischen Ausschuss waren:
• Normung
• Arbeits-, Umwelt- und Verbraucherschutz
• Begleitung verschiedener Projekte der EU-Kommission auf nationaler Ebene

Technische Kommission Bauklebstoffe (TKB)

Die Technische Kommission Bauklebstoffe (TKB) im Industrieverband Klebstoffe (IVK) vertritt die Interessen der im IVK zusammengeschlossenen Hersteller von Bauklebstoffen und Trockenmörtelsystemen. Gesprächs- und Verhandlungspartner sind dabei Behörden, Handwerksgremien, Berufsgenossenschaften, andere Industrieorganisationen und Normungsgremien.

Ziele sind das Schaffen von technischen Standards und Normen, die Einflussnahme auf chemikalienrechtliche Regelungen, die Mitbestimmung bei baurechtlichen Themen, die Förderung des technischen Fortschritts sowie des Verarbeiter- und Umweltschutzes, die technische und informative Unterstützung unserer Kunden, des verarbeitenden Bauhandwerks sowie die Förderung des Zuspruchs zu Bauklebstoffen und Mörtelsystemen durch objektive technische Information.

Themenübersicht

Die Aktivitäten der TKB lassen sich in mehrere Kategorien unterteilen:
- Technische Themen zu Bauklebstoffen/Verlegewerkstoffen und deren Anwendungsbereichen.
- Normung von Bodenbelags- und Parkettklebstoffen, Spachtelmassen, Fliesenklebstoffen, Estrichbindemitteln, Grundierungen und Spezialprodukten.
- Technische Informationsveranstaltungen für das boden- und parkettlegende Handwerk und angrenzende Gewerke.
- TKB-Publikationen zu aktuellen anwendungstechnischen und baurechtlichen Themen sowie zu Fragen der Normung und des Umwelt- und Verarbeiterschutzes.
- Baurechtliche Themen wie europäische und nationale Zulassungen.
- Chemikalienrechtliche Themen wie die nationale, europäische und internationale Gefahrstoffkennzeichnung oder REACH.
- Arbeitsschutz sowie Umwelt- und Verbraucherschutz.

Arbeitsinhalte

Mörtelsysteme
In den internationalen und nationalen Normungsgremien ISO/TC 189/WG3, CEN/TC 67/WG 3, CEN TC 193, WG 4, CEN TC 303, WG 2, NA 062-10-01 AA, und NA 005-09-75 AA gestalten TKB-Vertreter die Normung von Boden-/Parkett-Klebstoffen, Fliesenklebstoffen, Spachtelmassen, Verbundabdichtungen und Estrichen mit.

Bei den Fliesenklebstoffen wurde die Anforderungsnorm (EN 12004-1) im April 2017 veröffentlicht. Allerdings wurde sie bisher nicht im EU-Amtsblatt veröffentlicht, womit für die CE-Kennzeichnung weiterhin der Anhang ZA der alten Norm gültig ist. Mittlerweile wurde ein neuer

Normentwurf erarbeitet, der die juristischen Vorgaben seitens der EU-Kommission streng einhält, auch wenn dies zu Lasten der technischen Relevanz geht. Weiterhin wichtige technische Eigenschaften sollen in einem Teil 3 der Normenreihe geregelt werden, der dann nicht in den Bereich der harmonisierten Normung fallen wird. Aktuell wurde der erste Entwurf für eine überarbeitete Bauproduktenverordnung veröffentlicht. Vieles deutet darauf hin, dass EN 12004-1 erst im Amtsblatt der EU veröffentlicht werden wird, wenn die neue Bauproduktenverordnung in Kraft tritt

Ähnlich ist die Situation bei den Verbundabdichtungen. Der Entwurf zur EN 14891 wurde entsprechend der Vorgaben der EU-Kommission überarbeitet und zudem soll ein Teil 2 der Norm mit den nichtharmonisierten Eigenschaften erscheinen. Auch hier steht die Reaktion der EU-Kommission noch aus und wird erst mit Inkrafttreten der neuen Bauproduktenverordnung erwartet.

Produkt- und Anwendungstechnik
Gemeinsam mit dem Heimtex-Verband wurden beim TFI orientierende Brandprüfungen an Bodenbelägen mit fünf unterschiedlichen Klebstoffen durchgeführt. Eine eindeutige Korrelation zwischen Klebstoff-Festigkeit und Brandverhalten ließ sich daraus nicht ableiten auch ergänzend durchgeführte Wärmestandsuntersuchungen mit diesen Klebstoffen ließen keine Korrelation erkennen. Das Projekt wurde daraufhin beendet.

Zur KRL-Messung wurde in der Zeitschrift Fußbodentechnik ein Beitrag publiziert, der auf einfache Weise das Prinzip und die Wirkungsweise dieser Feuchtemessmethode beschreibt. Von diesem Beitrag wurde auch ein Sonderdruck für die TKB erstellt. Der BVPF hat 50 KRL-Becher drucken lassen und bietet diese seinen Mitgliedern an. Mittlerweile gibt es diesen Messbecher auch erstmals bei einem kommerziellen Anbieter zu kaufen. Es ist geplant den bestehenden TKB-KRL-Becher bis Jahresende zu optimieren, um dessen Gebrauchstauglichkeit weiter zu erhöhen. Auf der BVPF-Sachverständigentagung konnte die praktische Anwendung der KRL-Methode vorgestellt werden. Dabei wurde auch darauf hingewiesen, dass zementarme, sog. „magere" Zementestriche zunehmend an Marktbedeutung gewinnen. Aufgrund ihres geringen Zementgehalts weisen solche Estriche beim bestehenden CM-Grenzwert von 2 CM-% noch rel. Luftfeuchten von um die 90 % r. F auf und sind somit noch nicht belegreif, obwohl der CM-Wert dies suggeriert. Die Belegreife solcher mageren Zementestriche ist nur über die KRL-Messung sicher zu ermitteln. Weiterhin laufen Gespräche mit Calciumsulfatestrich-Herstellern bzw. den Lieferanten der Bindemittel, um vertiefte Informationen zum Trocknungsverhalten dieser Estrichart zu gewinnen.

Vom BVPF-Sachverständigenbeirat wurde eine Untersuchung des Trocknungsverhaltens von mageren Zementestrichen in Abstimmung mit der TKB veranlasst. Aus den vorläufigen Daten ist erkennbar, dass die untersuchten Zementestriche ein Trocknungsverhalten zeigten, wie es von der TKB erwartet worden war.

Normung

Die TKB hat über die IVK-Normenkompetenzstelle in der ISO/TC 61/SC 11/WG 5, der CEN/TC 193/WG 4, im NA 062-04-54 AA und NA 005-09-75 AA internationale, europäische und deutsche Normen mitgestaltet.

Auf ISO-Ebene läuft das Normungsprojekt zur Ermittlung des Emissionsverhaltens von Klebstoffen entsprechend dem GEV-Verfahren planmäßig. Mit der Publikation der Norm wird für das 1. Halbjahr 2023 gerechnet. Ähnlich ist der Stand bei der ISO-Normung der Spachtelzahnungen. Nachdem die finale Abstimmung erfolgt ist, wird mit einer Publikation im 1. Halbjahr 2023 gerechnet.

Das auf CEN-Ebene angestoßene Normungsprojekt zur Ermittlung der Feuchte in Verlegeuntergründen wurde in der finalen Abstimmung akzeptiert und kann jetzt als EN 17668 publiziert werden.

Für Spachtelmassen wirken TKB-Vertreter über den NA 005-09-75 AA und CEN/TC 303 an der Überarbeitung der EN 13813 mit. Die deutsche Entwurfsfassung der überarbeiteten Norm wurde im März 2018 veröffentlicht. Für das Schwindverhalten von Estrichen wurde neu die Anforderungsnorm EN 13892-9 in die Norm EN 13813 integriert. Diese Norm wurde in den CEN-Gremien verabschiedet, allerdings nicht durch die EU-Kommission im EU-Amtsblatt veröffentlicht. Der Grund war derselbe wie bei EN 12004 und EN 14891 (siehe Mörtelsysteme). Auf Basis der Ergebnisse aus Messungen nach EN 13892-9 wurden in der überarbeiteten DIN 18560-1 Schwindklassen für mineralische Estriche eingeführt. Eine Zusammenarbeit zwischen CEN/TC 193, das die Spachtelmassenprüfnormen erarbeitet hat, und CEN/TC 303 ist über die personelle Besetzung (Liason) gewährleistet. Für die Normenreihe DIN 18560 wurde die Arbeit an der Überarbeitung der DIN 18560, Teil 2 (Estriche auf Dämmschicht) nach der Einspruchssitzung abgeschlossen. Die überarbeitete Norm wird voraussichtlich im Herbst 2022 publiziert. Die Arbeit am neuen Teil 8 dieser Normenreihe (Designestriche) geht zügig voran. Zu DIN 18560, Teil 1 hat die TKB für die Prüfung der Dimensionsstabilität die Streichung der auf 90 Tage verlängerten Prüfdauer beantragt - die Entscheidung darüber ist nach wie vor offen. Spachtelmassen können zwar als Estrichmörtel geprüft werden und damit die CE-Kennzeichnung tragen, Haupteinsatzgebiet sind jedoch Spachtelschichten auf Estrichen. Um hier eine klare Abgrenzung gegenüber Estrichen zu manifestieren, hat die TKB über DIN NA 062-10-01 AA ein Projekt für eine Anwendungsnorm für Spachtelmassen angestoßen. Ein erster Entwurf liegt als E-DIN 53298 vor und soll voraussichtlich im Herbst vom Normenausschuss verabschiedet werden.

Im Zuge der Nachhaltigkeitsdiskussion wurde auch die Dauerhaftigkeit von Klebstoffen thematisiert. Zur vertieften Bearbeitung wurde eine zugehörige TKB-Arbeitsgruppe gegründet.

Veranstaltungen/Publikationen

Die Pandemielage ließ wiederum keine Präsenztagung zu, so dass die für den 16.3.2022 geplante TKB-Fachtagung abgesagt werden musste. Als Ersatz wurde das 2021 sehr gut angenommene Format des „TKB-Update" am 16.3.2022 durchgeführt. Schwerpunktthema waren dabei Sonderkonstruktionen. Durchgeführt wurden eine Podiumsdiskussion verbunden mit einem einführenden Vortrag zur juristischen Bewertung von Sonderkonstruktionen. Darüber hinaus wurde das überarbeitete TKB-Merkblatt 20 „Sonderkonstruktionen" im Detail vorgestellt. Mit rund 200 angemeldeten Teilnehmern fand das TKB-Update eine sehr hohe Resonanz mit sehr positiven Rückmeldungen zum Verlauf der Veranstaltung.

Pünktlich zum 25-jährigen Jubiläum des erstmaligen Erscheinens eines TKB-Merkblatts wurde die überarbeitete Version von TKB-Merkblatt 1 „Kleben von Parkett" publiziert. Das TKB-Merkblatt 10 „Bodenbelags- und Parkettarbeiten auf Fertigteileestrichen - Holzwerkstoff- und Gipsfaserplatten" wurde überarbeitet und um Trockenhohl- und -doppelböden als Verlegeuntergrund erweitert. Es wird neu unter dem Titel „Bodenbelags- und Parkettarbeiten auf System- und Trockenunterböden - Holzwerkstoff- und Gipsfaserplatten" publiziert. Das TKB-Merkblatt 13 „Kleben von textilen Bodenbelägen" wurde ebenfalls überarbeitet und inhaltlich um das Verlegen von selbstliegenden Teppichfliesen erweitert. Die Inhalte von TKB-Merkblatt 11 „Verlegen von selbstliegenden SL-Teppichfliesen" sind somit in die TKB-Merkblätter 10 und 13 integriert, so dass dieses Merkblatt nicht mehr aktualisiert werden wird. Wie das TKB-Merkblatt 8 beschäftigt sich auch das BEB-Hinweisblatt 8.1 mit der Vorbereitung von Untergründen. Die Arbeiten, mit dem Ziel die beiden Merkblätter zusammenzuführen, sind sehr weit fortgeschritten, ein erster gemeinsamer Entwurf liegt vor.

Die inhaltliche Arbeit an der Überarbeitung von TKB-Merkblatt 14 „Schnellzementestriche und Zementestriche mit Estrichzusatzmitteln" wurde beendet. Nach Abschluss der Verbändeabstimmung kann es publiziert werden. TKB Merkblatt 20 „Übliche Sonderkonstruktionen" wurde durch erläuternde Hinweise für Boden- und Parkettleger erweitert und um zwei neue Sonderkonstruktionen (vorhandene keramischen Beläge bzw. vorhandene textile und elastische Bodenbeläge als Verlegeuntergrund) ergänzt. Um die positiven Auswirkungen der Klebung von Bodenbelägen gegenüber schwimmend verlegten Bodenbelägen zu belegen, wurde eine umfangreiche Untersuchung der Wärmeleistung von Fußbodenheizungen durchgeführt und deren Ergebnis als TKB-Bericht 9 „Einfluss des Bodenbelagsklebstoffs auf die Leistung eines Fußbodenheizungssystem" publiziert. Stellungnahmen der TKB zu aktuellen Themen, u.a. zu den neuen TKB-Merkblättern und TKB-Berichten, wurden unter der Rubrik 'TKB informiert ...' in der Fachpresse und auf der IVK-Homepage veröffentlicht.

Zusammenarbeit mit anderen Verbänden/Institutionen
Die TKB stimmt sich mit verschiedenen Verbänden und Organisationen zu technischen und regulatorischen Fragen ab. Zum Bundesverband Estrich und Belag (BEB) und zum Fachverband der Hersteller elastischer Bodenbeläge (FEB) wird über die Fördermitgliedschaft einiger Verlegewerkstoffhersteller ein informeller Kontakt gepflegt.

Die Zusammenarbeit mit dem Bundesverband Parkett- und Fußbodentechnik (BVPF), als wichtigstem Organ der Parkett- und Bodenleger, gestaltet sich auch dank der Mitwirkung im BVPF-Sachverständigenbeirat als sehr fruchtbar. Aktuelle thematische Schwerpunkte sind die Definition der Belegreife, die Feuchtemessung an Estrichen über die KRL-Methode und die Untersuchung des Trocknungsverhaltens „magerer" (zementarmer) Zementestriche. Zudem wurde an den BVPF-Hinweisblättern „Untergrundprüfung von OSB- und Spanplatten" sowie „Bewertung lose verlegter Designbeläge" mitgewirkt.

Auf europäischer Ebene begleiten TKB-Vertreter insbesondere in der FEICA Working Group Construction die Umsetzung der Bauproduktenverordnung und fördern die europäische Normung von Verlegewerkstoffen. Die aus Deutschland auf die europäische Ebene übertragenen Muster-EPDs werden derzeit überarbeitet; für Polyurethan-Produkte liegen sie vor, für die anderen Produktgruppen werden sie zur Jahresmitte 2022 vorliegen.

Das Projekt „Praxisgerechte Regelwerke im Fußbodenbau" (PRiF) wurde von der Bundesfachgruppe Estrich und Belag initiiert. Die beteiligten Verbände verfolgen das Ziel der gegenseitigen Anerkennung von Merkblättern, um diese im Sinne allgemein anerkannter Regeln der Technik zu etablieren. Die TKB ist aktiver Projektteilnehmer. Das Projekt wurde auf der BEB-Sachverständigentagung 2021 erstmals der Fachöffentlichkeit vorgestellt. Aktuell wird angestrebt, eine einheitliche Durchführung und Bewertung der CM-Messung zu definieren.

Baurechtliche Themen

Die EU-Kommission hat den ersten Entwurf für eine überarbeitete Bauproduktenverordnung vorgelegt. Aus Kommissionsicht war insbesondere die Zusammenarbeit mit CEN ein Hauptkritikpunkt. Die EU-Kommission strebt daher an, Produktanforderungen vermehrt durch delegierte Rechtsakte zu regeln. Der Vorschlag wird aktuell intensiv diskutiert, wobei die Verbände IVK/ TKB, Deutsche Bauchemie und FEICA sich eng abstimmen. Im Raum steht eine Koexistenzphase zwischen alter und neuer Bauproduktenverordnung bis ins Jahr 2045.

Gefahrstoffrechtliche Themen / Arbeitsschutz

Für Vinyltrimethoxysilan, das bei der Formulierung von Silanklebstoffen und -grundierungen eingesetzt wird, wurden die Kennzeichnungsbedingungen verschärft. Infolgedessen wurden mit GISCODE RS 15 und RS 25 zwei neue Klassen eingeführt, um diesen Anforderungen gerecht werden zu können. Für Herbst 2022 ist geplant die TRGS 610 zu überarbeiten. Dabei soll die Lösemitteldefinition der der Decopaint-Richtlinie angepasst werden, was einen maximalen Siedepunkt von 250 °C für Lösemittel bedeutet. Voraussichtlich wird dann die TRGS 617 zurückgezogen.

Zum EIS-Projekt wurde der Abschlussbericht zur Bewertung von höhermolekularen Aminhärtern veröffentlicht. Die Zahl der Nutzer des Gemischrechners ist deutlich angestiegen und dieser soll jetzt auch ins Englische übersetzt werden. Es ist geplant dieses Projekt bis 2024 weiterzuführen.

Diisocyanathaltige Produkte müssen seit Februar 2022 einen entsprechenden Hinweis auf der Verpackung tragen und ab August 2023 dürfen Anwender mit diesen Produkten nur noch arbeiten, wenn sie eine zugehörige Schulung nachweisen können. Die zugehörigen Schulungsunterlagen sind erstellt und werden für die betroffenen Verarbeiter über eine Internetplattform zur Verfügung gestellt.

Die EU-Kommission arbeitet an einer Registrierung von Polymeren unter REACH. Die TKB ist über den VCI in den Informationsfluss einbezogen. Ein erster konkreter Regulierungsentwurf wird für Anfang 2023 erwartet.

Unter dem Schlagwort des Green Deals werden unterschiedliche Nachhaltigkeitsinitiativen seitens der EU-Kommission vorangetrieben. Da diese sowohl sehr stark den Baubereich als auch die Chemikaliengesetzgebung betreffen, werden diese Initiativen intensiv durch die TKB begleitet. Dabei erfolgt ein permanenter Informations- und Meinungsaustausch mit der Deutschen Bauchemie, der FEICA und der GEV.

Technische Kommission Haushalt-, Hobby- und Büroklebstoffe (TKHHB)

Arbeitsgruppe und Technische Kommission Haushalt-, Hobby- und Büroklebstoffe tagen regelmäßig gemeinsam und begleiten eine Vielzahl von gesetzlichen Aktivitäten auf europäischer und nationaler Ebene. Das Hauptinteresse gilt dabei den Regelungen und Themen, die Klebstoffe in Kleinpackungen betreffen, soweit sie für den privaten Endverbraucher bestimmt sind. Wichtige Themen dieses Kreises sind:
- Kennzeichnung und Verpackung von Klebstoffen, Informationspflichten (CLP-Verordnung)
- Anforderungen aus bestimmten Anwendungsbereichen von Klebstoffen (Geräte-Produktsicherheitsgesetz/Spielzeugverordnung/Medizinproduktegesetz)
- Weitere normative/gesetzliche Beschränkungen und Anforderungen an Klebstoffe

Kennzeichnung und Verpackung von Klebstoffen, Informationspflichten
(CLP-Verordnung Nr. 1272/2008)
Nach Artikel 4 der CLP-Verordnung hat der Hersteller oder Einführer Stoffe und Zubereitung
- vor dem Inverkehrbringen einzustufen
- entsprechend der Einstufung zu verpacken und
- zu kennzeichnen.

Ergänzungen zur CLP-Verordnung brachten neue Pflichten für die Hersteller.

Im März 2017 wurde die CLP-Verordnung zur Umsetzung der harmonisierten Informationsanforderungen für Meldungen um einen neuen Anhang VIII ergänzt. Zentrale Elemente der Harmonisierung sind das einheitliche Mitteilungsformat (PCN-Format), sowie die Möglichkeit die Mitteilungen über ein zentrales Mitteilungsportal bei der ECHA einzureichen.

Anhang VIII definiert drei verschiedene Verwendungskategorien von Gemischen. Für die verschiedenen Verwendungskategorien gelten unterschiedliche Mitteilungsfristen, ab denen die neuen Regelungen angewendet werden müssen:
1. Für Gemische für die Verwendung durch Verbraucher: Seit dem 01.01.2021
2. Für Gemische für die gewerbliche Verwendung: Seit dem 01.01.2021
3. Für Gemische für die industrielle Verwendung: Ab dem 01.01.2024

Bis zu den entsprechenden Mitteilungsfristen gelten die nationalen Regelungen fort. In Deutschland sind in § 28 Absatz 12 ChemG Übergangsregelungen geregelt.

Zentrale Neuerung der harmonisierten Mitteilung ist unter anderem der eindeutige Rezepturidentifikator (UFI - Unique Formula Identifier). Dieser 16-stellige alpha-nummerische Code wird jedem zu meldenden Gemisch zugeordnet und muss grundsätzlich auf dem Kennzeichnungsetikett oder der inneren Verpackung angebracht werden. Bei unverpackten Gemischen oder Gemischen für die industrielle Verwendung kann der UFI im Sicherheitsdatenblatt (SDS) angegeben werden.

Mitteilungen im neuen PCN-Format können in Deutschland an das BfR übermittelt oder über ein zentrales Portal der ECHA eingereicht werden. Das BfR erhält die bei der ECHA eingereichten und an Deutschland gerichteten Mitteilungen dann von der ECHA. In diesem Fall liegt eine wirksame Mitteilung erst dann vor, wenn die Mitteilung beim BfR eingegangen ist. In Deutschland wird keine Gebühr für die Meldung erhoben.

Zahlreiche Informationen zum Anhang VIII CLP-Verordnung können Unternehmen auf folgender Homepage der Europäischen Chemikalienagentur (ECHA) abrufen: https://poisoncentres.echa.europa.eu/de/steps-for-industry .

Anforderungen aus bestimmten Anwendungsbereichen von Klebstoffen - (Medizinproduktegesetz, Geräte-Produktsicherheitsgesetz/Spielzeugverordnung)
Allgemein gilt: Ein Produkt darf nur in Verkehr gebracht werden, wenn es so beschaffen ist, dass bei bestimmungsgemäßer Verwendung oder vorhersehbarer Anwendung Sicherheit und Gesundheit von Verwendern oder Dritten nicht gefährdet werden.

Betroffen sind Hersteller von verwendungsfertigen Gebrauchsgegenständen. Klebstoffe unterliegen dieser Regelung nicht unmittelbar, sondern sind über das gefertigte Endprodukt nur indirekt beteiligt, wenn die Sicherheit (und Gebrauchstauglichkeit) des Artikels von der Eignung des Klebstoffs abhängt.

Klebstoffe als Spielzeuge bzw. Bestandteile in Spielzeugen im Sinne der Spielzeugverordnung/ Geräte- und Produktsicherheitsgesetzes - Spielzeugrichtlinie - EN 71
Die EN 71 wurde im Auftrag der EU-Kommission überarbeitet. Grundlage sind die Sicherheitsanforderungen der Spielzeugrichtlinie 2009/48/EG , wonach Spielzeuge, d. h. Erzeugnisse, die zum Spielen für Kinder im Alter bis zu 14 Jahren bestimmt sind, vor dem Inverkehrbringen sicher sein müssen. Die Beachtung der in der EN 71 genannten Anforderungen wird durch die CE-Kennzeichnung dokumentiert. Dabei kann die Prüfung eigenverantwortlich oder durch eine Prüfstelle erfolgen, alternativ kann eine EU-Baumusterprüfung durchgeführt werden, falls anders keine Übereinstimmung mit der EN 71 festgestellt werden kann.

Produktinformationen bei Notfallfragen (DIN EN 15178), Kennzeichnungscheckliste
Sinn der Produktinformationsnorm DIN EN 15178:2007-11 ist es, die Identifizierung der Produkte bei Notfallanfragen zu verbessern. Der Buchstabe „i" in der Nähe des Barcodes auf der Verpackung verweist auf den Handels- oder Produktnamen oder die Nummer, unter der das Produkt registriert oder amtlich zugelassen ist.

Neues Verpackungsgesetz

Ferner befasst sich die AGHHB mit dem 2021 und 2022 novellierten Verpackungsgesetz, das das Inverkehrbringen von Verpackungen sowie die Rücknahme und hochwertige Verwertung von Verpackungsabfällen regelt. Hersteller, Händler und Importeure, die als Erstverkehrbringer von systembeteiligungspflichten B2C-Verpackungen in Deutschland auftreten, müssen sich zur Sicherstellung der flächendeckenden Rücknahme und Verwertung der entsprechenden Verpackungsabfälle einem (Dualen) System anschließen.

Im rein gewerblichen Bereich gibt es keine Systembeteiligungspflicht, hier kann also ein alternatives gewerbliches System mit der Rücknahme beauftragt oder die Verpackung durch den Lieferanten zurückgenommen werden.

Seit Januar 2021 müssen Erzeugnisse die > 0,1 % SVHC-haltige Substanzen beinhalten der SCIP-Datenbank gemeldet werden. Dies gilt auch für Verpackungen.

Gegenüber der ‚Zentralen Stelle Verpackungsregister' sind Vollständigkeitserklärung Registrierung und Meldung der gebrauchten Verpackungen zu melden. Die ZSVR hat 2022 wiederholt Details zum Mindeststandard für die Bemessung der Recyclingfähigkeit von systembeteiligungspflichtigen Verpackungen veröffentlicht. Die besonders ökologische Gestaltung solcher Verpackungen soll in Zukunft durch finanzielle Anreizsysteme belohnt werden.

Die 2. Novelle VerpackG vom 3. Juli 2021 sieht zahlreiche neue Pflichten für Unternehmen vor.
• Schadstoffhaltige Stoffe sind mit einer gesonderten Entsorgung der restentleerten Verpackungen verbunden, allerdings nur dann, wenn die Verpackung entsprechend kontaminiert ist. Die Definition von „schadstoffhaltig" wird nun an die aktuelle Version der ChemVV (von 2017) geknüpft.
• Auch nicht-systembeteiligungspflichtigte Verpackungen (gewerblich oder industriell) und alle mit Ware befüllten Verpackungen müssen bei der ZSVR nun im System LUCID registriert werden.

Neues zum Lieferkettengesetz

Das Lieferketten-Sorgfaltspflichtengesetz (LkSG) wurde als soziale Dimension der Nachhaltigkeitsanforderungen am 16.07.2021 verabschiedet und und soll menschenrechtlichen Standards weltweit durch die Inpflichtnahme von Unternehmen zum Durchbruch verhelfen, die Rohstoffe oder Vorprodukte beziehen.

Das LkSG gilt für Unternehmen ab 3.000 Beschäftigen ab 2023, bei 1.000 Beschäftigten ab 2024, wird indirekt über vertragliche Anforderungen jedoch die gesamte Wirtschaft in die Pflicht nehmen.

Zu den Pflichten der Unternehmen gehört es ein Risikomanagement zu errichten und einen Menschenrechtsbeauftragten zu benennen. Auf Basis einer jährlichen Risikoanalyse sind Präventionsmaßnahmen, bei Kenntnis von Verletzungen sind Abhilfemaßnahmen zu treffen. Ferner ist ein anonymes Beschwerdeverfahren einzurichten oder das Unternehmen kann sich an einem externen System beteiligen.

Die Aktivitäten sind zu dokumentieren und hierüber der Öffentlichkeit zu berichten; der Bericht ist mindestens 7 Jahre aufzubewahren.

Baurecht

Auch Neuerungen im Baurecht spielen für die Arbeitsgruppe eine Rolle. Nationale Regelungen zu Bauprodukten sowie Kennzeichnungen wie in Frankreich, Belgien oder Zulassungsregelungen über das DIBt in Deutschland sind wichtige Informationen, da sie z.T. auch DIY-Produkte betreffen.

Mit einer neuen Musterbauordnung und der Entwicklung der Musterverwaltungsvorschrift Technische Baubestimmungen (MVV TB) haben die Bundesländer unter Koordination des DIBt die Zulassungsregelungen für Bauprodukte neu strukturiert. In der Anlage 8 der MVV TB sind u.a. Bodenbelags- und Strukturklebstoffe von gesundheitlichen Anforderungen betroffen, wenn auch der rechtliche Bestand (Urteil v. 07.10.2020 des OVG Mannheim zu OSB-Platten) und die Kennzeichnungspflicht (Ü-Zeichen) unklar bleiben. Entsprechend unterschiedlich gestaltet sich die Umsetzung in den Bundesländern.

Auf EU-Ebene stockt die harmonisierte Normung. Seit 2019 wurden keine harmonisierten Normen mehr veröffentlicht. Der Entwurf der Novelle einer neuen Bauprodukten-Verordnung (CPR) wurde Ende März 2022 veröffentlicht und gibt der EU-Kommission weitgehende Eingriffsrechte über sog. ‚delegated acts‘. Schwerpunkt bildet die Umsetzung des ‚Green Deals‘ mit zahlreichen Nachhaltigkeitsanforderungen.

In Deutschland werden Bauverträge ab 2018 nicht mehr über das Werksvertragsrecht abgewickelt, sondern in eigenen Bestimmungen (§§ 650a ff BGB) geregelt. Hiernach haben Bauherren zusätzliche Ansprüche und Rechte, z. B. die Angabe des Fertigstellungsdatums und eine 14-tägige Widerrufsfrist. Zudem haben Baufirmen umfassende Informationspflichten, z. B. über Pläne, Genehmigungen und Nachweise. Sollten einzelne Leistungen nicht dem nach in den Auslobungen erwartbaren Niveau entsprechen, geht dies zulasten der Baufirma, falls hierauf nicht eindeutig im Bauvertrag hingewiesen wurde. Auch zur Höhe der Abschlagszahlungen wurden Festlegungen getroffen.

Technische Kommission
Holzklebstoffe (TKH)

Das letzte Jahr war immer noch sehr geprägt durch die Covid-19 Pandemie, was unsere Arbeit als TKH nicht unbeeinflusst gelassen hat. Persönliche Treffen waren nicht oder nur eingeschränkt möglich. Trotz dieser Widrigkeiten fand weiterhin ein reger Informationsaustauch innerhalb der Arbeitsgruppe statt.

Zirkularität von Möbeln gewinnt immer mehr an Bedeutung. Hier gibt es einen Arbeitsausschuss der schon einen ersten Norm Entwurf „Furniture – Circularity – Requirement and evaluation methods for dis/reassembly" vorgelegt hat. Das Dokument umfasst ein allgemeines Verfahren zur Bewertung der Demontagefähigkeit und Remontagefähigkeit von Möbeln in Bezug auf die Zirkularität mittels festgelegter Kriterien. Mit dem Verfahren können einzelne Bauteile, Baugruppen oder ganze Möbel verglichen werden.

Unsere Datenblattreihe konnten wir dieses Jahr mit einem TKH informiert: „Informationen über die flüchtigen Bestandteile in Dispersionsklebstoffen" ergänzen. Die englische Version hierzu wird in Kürze auf der IVK-Webseite veröffentlicht werden.

Die TKH Expertenrunde arbeitet zurzeit an einer neuen Datenblattreihe, welche sich mit der Vermeidung von Fehlverleimungen bei verschiedenen Anwendungen/Klebstofftypen beschäftigt. Zu dem Thema Klebung im Massivholzbereich, wurde der finale Entwurf nun fertig gestellt.

Das Datenblatt wird nach Fertigstellung an gewohnter Stelle auf der Internetpräsenz des IVK in deutscher und englischer Sprache zum Download zur Verfügung stehen.

Neben ihren internen Arbeiten beteiligt sich die TKH auch an branchenüber-greifenden Arbeitskreisen wie der AG Profilummantelung oder dem Initiativkreis 3D Möbelfronten.

Mitglieder des Arbeitskreises AG Profilummantelung sind ebenfalls aktive Mitglieder in der CEN/TC 249 WG 21, wo weiterhin die Norm DIN EN 12608-2 „Profile aus weichmacherfreiem Polyvinylchlorid (PVC-U) zur Herstellung von Fenstern und Türen - Klassifizierung, Anforderungen und Prüfverfahren - Teil 2: PVC-U Profile beschichtet mit Folien, die mit Klebstoffen befestigt sind" bearbeitet. Hierdurch ist es unseren Mitgliedern möglich, aktiv an dieser Norm mitzuwirken.

3D Möbelfronten haben wieder an Popularität gewonnen, zurzeit finden aber keine Aktivitäten innerhalb des Initiativkreises statt. Die Kontakte und die Expertise sind aber weiterhin als Netzwerk vorhanden.

Das VDI Merkblatt „VDI-RL 3462-3 Emissionsminderung – Holzbearbeitung und Verarbeitung; Bearbeitung und Veredelung von Holzwerkstoffen" ist im August 2021 erschienen und kann beim Beuth Verlag bezogen werden.

Regelmäßig ist die TKH im Normenausschuss CEN TC 193 SC1 Holzklebung sowie deren Unterausschüssen vertreten.

Deutschland hat für die Bestätigung der Normen DIN EN 204:2016 „Klassifizierung von thermoplastischen Holzklebstoffen für nichttragende Anwendungen" und DIN EN 205:2016 „Klebstoffe – Holzklebstoffe für nichttragende Anwendungen - Bestimmung der Klebfestigkeit von Längsklebungen im Zugversuch" gestimmt.

Im Januar 2022 wurden die Normen DIN EN 17618 „Klebstoffe - Holz auf Holz-Klebeverbindungen für nicht tragende Anwendungen - Bestimmung der Scherfestigkeit durch Druckbelastung" und DIN EN 17619 „Klassifizierung von Holzklebstoffen für nicht tragende Holzprodukte zur Verwendung im Außenbereich" veröffentlicht.

Gerade in der Normungsarbeit ist es von großer Wichtigkeit die Normen und Normungsvorschläge in Bezug auf die Praxisrelevanz im Auge zu behalten, um bei Bedarf entsprechend reagieren zu können

Das Umweltzeichen Blauer Engel für Emissionsarme Möbel und Lattenroste aus Holz und Holzwerkstoffen (DE-ZU 38) wurde im März 2022 veröffentlicht. Hier gilt eine Laufzeit bis 31.12.2026.

Trotz des schwierigen Umfeldes des letzten Jahres, haben unsere Mitgliedsfirmen ihren Mitarbeitern die Möglichkeit gegeben innerhalb der TKH mitzuarbeiten. Dafür möchte ich mich herzlich bedanken. Auch für die gute und sehr konstruktive Zusammenarbeit innerhalb der TKH zusammen mit dem IVK, die es erst möglich macht das gebündelte Fachwissen der Branche zum Nutzen der Anwender einzusetzen.

Technische Kommission Klebebänder (TKK)

Die Technische Kommission Klebebänder (TKK) unterstützt und begleitet öffentlich geförderten Forschungsprojekte. Im Berichtszeitraum 2021 waren es zwei Projekte, von denen inzwischen eines erfolgreich abgeschlossen worden ist. Es ist inzwischen aber auch gelungen ein neues Projekt anzustoßen, sodass die Projekt Pipeline stets gefüllt ist; daneben gibt es schon erste Gedanken in der TKK für ein weiteres Projekt. Sowohl das inzwischen beendete als auch das laufende Projekt waren coronabedingt verzögert; die Verzögerungen wurden durch entsprechende Verlängerungen ausgeglichen.

Die Motivation hinter diesen Projekten ist unverändert gültig:
Antrieb sind zum einen Fragestellungen aus den Abnehmer-Industrien, z. B. der Fahrzeugindustrie, zum anderen aber auch die generelle Erkenntnis, dass es, verglichen z. B. mit dem Bereich der flüssig applizierbaren Klebstoffe, einen sehr begrenzten Stand der öffentlich zugänglichen Forschungsergebnisse gibt. Für eine deutlich breitere Aufstellung in diesem Bereich zu sorgen, ist wiederum eine Voraussetzung für die Verbreitung der Anwendung von Klebebändern in technisch immer anspruchsvolleren Anwendungen.

Das gilt ganz besonders für das aktuelle Projektvorhaben zur „Dämpfung mechanischer Schwingungen durch Haftklebstoffe und Haftklebeprodukte – VIBROSTOPP". Die Idee wurde schon in 2021 in der TKK diskutiert und vom IFAM Bremen zu einer Projektskizze ausgearbeitet. Die Vorstellung der Skizze im Gemeinschaftsausschuss Klebtechnik (GAK) erfolgte am 12. Januar 2022. In der anschließenden Diskussion und Abstimmung konnte sie sich in einem anspruchsvollen Wettbewerbsfeld behaupten und wurde vom GAK zur Ausarbeitung eines Vollantrags empfohlen – auch dank der Unterstützung durch mehrere Mitglieder der TKK in der Sitzung.

Worum geht es inhaltlich? Ziel soll sein das Dämpfungsverhalten von Haftklebesystemen weiter zu optimieren und über einen möglichst weiten Temperatur- und Frequenzbereich auszudehnen. Erste Recherchen zeigen, dass die Vibrationsdämpfung u. a. im Fahrzugbau, im Baugewerbe und bei Hausgeräten von großem Interesse ist. Es gibt schon eine Reihe von Produkten, die bei Raumtemperatur hervorragend sind und sich möglicherweise als Referenz eignen.

Die Dämpfung ist bei Maximum von tan δ am höchsten, dies entspricht dem Tg. Um eine Dämpfung über einen breiten Temperaturbereich zu realisieren, bedarf es eines Multiphasensystem (kommt Haftklebeprodukten ganz besonders entgegen) mit Polymeren mit jeweils unterschiedlichem Tg, welche so gewählt sind, dass der gesamte tan δ über den gewünschten Temperatur- und Frequenzbereich möglichst hoch ist. Der Verlauf des tan δ hängt dabei auch von der Morphologie ab. Wie die Vorarbeit des IFAM ergeben hat, gibt es zu diesen Fragestellungen bezogen auf Haftklebeprodukte kaum Literatur, das Projekt wird also hier einen deutlich besseren Stand der Technik liefern.

Der Arbeitsplan beinhaltet zunächst die Materialauswahl und Basischarakterisierung des Dämpfungsverhaltens, die Festlegung des Referenzsystems sowie Temperatur- und Frequenzbereich für alle Folgeversuche. Unterschiedliche Kombinationen, die das Prinzip des Multiphasensystems in der Klebschicht oder/und im Trägersystem umsetzen, sind angedacht.

Es sollen die Dämpfungskapazität des besten Systems in Abhängigkeit von der Dicke bestimmt und ein einfacher Demonstrator (z. B. Fußbodenbelag, Lagerung eines Elektromotors oder Pumpe, Prüfung mit Schwing- oder Klopftest) gebaut werden.

Das Projekt „Möglichkeiten und Grenzen der Reaktionsgeschwindigkeits-Regelung nach Arrhenius bei der Schnellalterung von Haftklebstoffen" (IGF 2014N) ist im September 2021 abgeschlossen worden, der Abschlussbericht liegt seit dem 10. Januar 2022 vor.

Im Projekt sollten die Mechanismen der thermooxidativen und der hydrothermalen Alterung von Acrylat-PSA spezifiziert werden. Hierzu gehörte eine Methodenentwicklung zur Bestimmung des zuverlässigen Einsatzbereiches der beschleunigten Alterung und die Ermittlung von Grenztemperaturen. Angestrebt werden Alterungsprüfungen mit der maximal möglichen Geschwindigkeit, ohne Veränderung des Alterungsverhaltens, welches für den realen Einsatz bestimmend ist. Dabei wurde angenommen, dass die Alterungsmechanismen der Acrylat-Haftklebstoffklasse weitgehend unabhängig vom kommerziellen Produkt sind.

Als Vergleichsbasis wurden für die beiden Alterungsprozesse Normtests aus der Automobilbzw. der Bauindustrie herangezogen. Es zeigte sich, dass für den Fall der thermooxidativen Alterung normtest-begleitende Methoden eingesetzt werden können, mit denen man bis zu einer dreifach höheren Geschwindigkeit zu Aussagen über das Alterungsverhalten der Klebsysteme kommen kann. Im Falle der hydrothermalen Alterung führten die Untersuchungen allerdings zum Schluss, dass von einer Beschleunigung der Alterung über Temperaturerhöhung (bei den hier gewählten Klebstoffsystemen) abzusehen ist, da diese zu falschen Ergebnissen führt. Der Prozess der hydrothermalen Alterung erscheint extrem komplex und erfordert für das Erarbeiten sicherer Prognosen für die Langzeitstabilität von Haftklebeanwendungen weitere Untersuchungen.

Es läuft noch das Projekt „Vereinfachte Methoden zur Abschätzung des Brandverhaltens von Klebebändern und Haftklebverbindungen (Klebeb(r)and)". Auch hier geht es um Anforderungen aus der Fahrzeugindustrie, vor allem aus dem Bereich des öffentlichen Transportwesens und zwar um die Anforderungen an Klebebänder hinsichtlich des Brandschutzes, also Flammhemmung, Rauchgaseigenschaften etc. Das Projekt läuft seit dem 1. Dez. 2019 für 24 Monate. Ausführende Forschungsstellen sind das IFAM (Bremen) sowie die BAM (Berlin). Dieses Projekt hat besonders unter den coronabedingten Einschränkungen gelitten und ist deshalb um neun Monate bis Ende August 2022 verlängert worden.

Ziel ist eine Verringerung der Entflammbarkeit (Brandentstehung) und eine Erhöhung des Feuerwiderstandes haftgeklebter Produkte. Dazu soll besser verstanden werden, wie ein Haftklebeband (Masse und Träger) aufgebaut sein muss und wie ein Bauteil konstruiert sein muss, um diese Ziele zu erreichen.

Gesucht werden auch vereinfachte Messmethoden zur Vorprüfung des Brandverhaltens bei der Entwicklung von Haftklebebändern, welche auch KMU in die Lage versetzen sollen, steigende Brandschutzanforderungen zu erfüllen.

Im Rahmen des Projektes soll untersucht werden, welchen Einfluss das Brandverhalten des Haftklebstoffes, des Klebebandes mit Träger, der geklebten Materialien und der Konstruktion auf das Brandverhalten (Entflammbarkeit, Brandausbreitung und Feuerwiderstand) eines Bauteils hat.

Hierzu wird das Brandverhalten der Haftklebstoffe gezielt variiert, es werden Träger mit unterschiedlichem Brandverhalten und Klebsubstrate mit unterschiedlichem Brandverhalten und unterschiedlicher Wärmeleitfähigkeit eingesetzt sowie verschiedenen Konstruktionsvarianten verwendet.

Im Zuge des Projekts wurden unter anderem die Klebebänder auf ihr Brandverhalten unter verschiedenen Szenarien untersucht: als freistehendes Tape, im Klebverbund in den Szenarien Brandentstehung, Brandentwicklung und voll entwickelter Brand. Es hat sich gezeigt, dass die Ableitung einfacher Regeln zur Entwicklung brandgeschützter Tapes schwierig ist, da diese sehr individuell auf die Substrate und jeweilige Brandszenario abgestimmt werden müssen. Interessante Aspekt zum Einsatz von Schnellprüfmethoden konnten herausgearbeitet werden. Offen sind noch klebtechnische Untersuchungen an und Brandversuche mit Modellhaftklebstoffen des IFAM. Die Abschlusssitzung des Projekts ist für September geplant.

Ein Schwerpunkt der Arbeit der TKK ist weiterhin die Begleitung der Aktivitäten des VCI und der FEICA zu der kommenden Registrierungspflicht für bestimmte Polymere (Polymers Requiring Registration = PRR) unter REACH. Derzeit sind unter REACH nur die Monomere zu registrieren – nicht jedoch die Polymere. Gemäß Art. 138 Abs. 2 der REACH-Verordnung kann die Europäische Kommission jedoch unter definierten Bedingungen Legislativvorschläge zur Registrierung bestimmter Polymertypen vorlegen. Der aktuelle Zeitplan der EU-Kommission sieht vor, dass noch in 2022 ein solcher Legislativvorschlag erarbeitet sein soll.

Die außerordentlich komplexe Materie ist selbstverständlich für die gesamte Polymerindustrie von hoher Relevanz und nicht nur für Klebebandhersteller, aber für diese eben auch und zwar insbesondere für die Hersteller, die selber Polymere für ihre Produkte oder die ihrer Kunden, synthetisieren. Der Schwerpunkt liegt dabei zurzeit auf technisch-wissenschaftlichen Fragestellungen, wird aber zunehmend durch Fragen nach der regulatorischen Ausgestaltung von Prozessen ergänzt. Durch die enorme Vielfalt von Polymeren werden Fragen zum Beispiel nach Kategorisierung, Gleichheit oder Ähnlichkeit von Substanzen, die bei niedermolekularen Stoffen einfach zu beantworten sind, sehr schnell sehr komplex. Die TKK hat sich mit einem eigenen Beitrag an der Diskussion über die Auswirkung bestimmter Grenzen der Oligomeranteile in Polymeren, die über die Frage PRR oder Non-PRR entscheiden, eingebracht. Mit einer Simulation der radikalischen Polymerisation von Butylacrylat im Molmassenbereich von 1.000 – 10.000 Da konnte beispielhaft gezeigt werden, dass eine Engerfassung der Grenzwerte zu einem sehr deutlichen Anstieg der Anzahl von PRR führen würde. Die Untersuchungsergebnisse wurden der FEICA für weitere Diskussionen in den europäischen Gremien zur Verfügung gestellt.

Ein aktueller weiterer Schwerpunkt der Diskussion ist die Frage der Notifizierung von Polymeren. Es geht darum, dass für alle Polymere, unabhängig davon ob PRR oder nicht, der ECHA bestimmte Daten zur Verfügung gestellt werden. Hier muss zum einen die Art und der Umfang der beizubringenden Polymerdaten definiert werden, zum zweiten ist zu klären, an welcher Stelle des Gesamtprozesses der Polymerregistrierung die Notifizierung erfolgen soll.

Die Normung von Messverfahren sind ein weiteres Arbeitsfeld der TKK. Die TKK hat eine Anfrage des VDA mit der Bitte um Kommentierung der überarbeiteten Geruchsprüfungsnorm VDA 270 „Bestimmung des Geruchsverhaltens von Werkstoffen der Fahrzeug-Innenausstattung" bearbeitet. Es wurden eine Reihe von Vorschlägen zu Details der Prüfungsdurchführung und -auswertung erarbeitet und an den VDA übermittelt.

Die Arbeit an Normen geschieht weiter in enger Abstimmung mit der Afera (Europäischer Verband der Klebeband-Hersteller). In der Afera hat das Projekt zur Erarbeitung einer Prüfmethode zur Bestimmung der „dynamischen Scherfestigkeit" von Klebebändern an Fahrt aufgenommen. Nach einiger Diskussion wurde der Geltungsbereich der Methode auf doppelseitige Klebebänder – mit oder ohne Träger – festgelegt, also auf Klebebänder, die in Klebungen zur Anwendung kommen. Die Methode soll nicht die verschiedenen, bereits existierenden internen Prüfmethoden von Klebebandherstellern ersetzen, sondern eine Standardreferenz darstellen und kann als Ausgangspunkt für die Entwicklung weiterer, spezialisierterer Methoden dienen. Nach der theoretischen Erarbeitung eines Entwurfs wurden erste vergleichende Versuche durchgeführt. Kritischer Punkt ist die Frage der Einspannung bzw. Verbindung des Prüfkörpers mit den Klemmbacken der Prüfmaschine und die Frage, ob die verschiedenen Techniken signifikanten Einfluss auf die Ergebnisse haben. Ein erster Vergleichstest führte zu uneindeutigen Ergebnissen, er wird in einem größeren Rahmen wiederholt.

Des Weiteren wurde im Technischen Komitee der Afera eine Umfrage gestartet, in welchem Bereich Bedarfe für die Entwicklung neuer klebebandspezifischer Prüfmethoden gesehen werden. Vorschläge reichen von speziellen Methoden zur mechanischen Charakterisierung von Haftklebeprodukten bzw. Klebungen mit Haftklebeprodukten bis zu aktuellen Fragestellungen aus dem Bereich Bioabbaubarkeit. Die Priorisierung der Vorschläge läuft, es sind deutlich mehr Themen aufgerufen worden als Kapazität für ihre Bearbeitung vorhanden ist.

Ebenso geht die Überarbeitung des Afera Testmethoden Handbuchs weiter; sie soll in 2022 abgeschlossen werden.

Technische Kommission
Papier- und Verpackungsklebstoffe (TKPV)

Klebstoffe für Lebensmittelbedarfsgegenstände:
Das Thema „Klebstoffe für Lebensmittelbedarfsgegenstände" stand auch im Zeitraum 2020/2021 im Mittelpunkt der Aktivitäten der Technischen Kommission Papier- und Verpackungsklebstoffe. Nach wie vor gilt, dass Klebstoffe zur Herstellung von Lebensmittelbedarfsgegenständen in den EU-Verordnungen nicht speziell geregelt sind. Klebstoffe unterliegen als Teil von Bedarfsgegenständen dennoch der Verpflichtung einer lebensmittelrechtlichen Beurteilung (Rahmenverordnung (EG) Nr.1935/2004). Wenn Klebstoffe für Lebensmittelbedarfsgegenstände auf Basis von Stoffen formuliert sind, die zur Herstellung von Kunststoffen für Lebensmittelbedarfsgegenstände Verwendung finden, können für eine auf Artikel 3 der Verordnung (EU) Nr. 1935/2004 basierende Risikobewertung die Informationen aus der entsprechenden EU Regelung herangezogen werden. Seit Januar 2011 gilt hier die Verordnung (EU) Nr. 10/2011, welche die Richtlinie 2002/72/EG vom 6. August 2002 ablöst und alle Stofflisten der Anhänge aller Änderungen und Ergänzungen in einer Verordnung zusammenführte. Diese wird seit Ihrem Erscheinen etwa zweimal pro Jahr ergänzt und/oder korrigiert. Für Stoffe, die dort nicht genannt werden, können nach wie vor die nationalen europäischen Regelungen, wie z. B. die Empfehlungen des Bundesinstitutes für Risikobewertung (BfR) oder das königliche Dekret RD 847/2011 herangezogen werden. Die Verordnung (EU) Nr. 10/2011 verweist darauf, dass Klebstoffe auch aus Stoffen zusammengesetzt sein dürfen, die nicht in der EU für die Produktion von Kunststoffen zugelassen sind.

Mit der Verordnung (EG) Nr. 2023/2006 „über gute Herstellpraxis für Materialien und Gegenständen" gibt es mittlerweile eine Verordnung, die die Gedanken einer „Good Manufacturing Practice – GMP", wie sie im Artikel 3 der Verordnung (EU) Nr.1935/2004 (EU-Rahmenverordnung für Lebensmittelkontaktmaterialien und Gegenstände) gefordert wird, konkretisiert. Diese Verordnung gilt für alle im Anhang 1 genannten Gegenstände und Materialien, also auch für Klebstoffe. Für Rohstoffe, die in den entsprechenden Klebstoffen eingesetzt werden, gilt die GMP Verordnung streng genommen nicht, sehr wohl müssen diese Rohstoffe Spezifikationen erfüllen, die den Klebstoffhersteller in die Lage versetzen, nach GMP zu arbeiten. Zur Umsetzung der Verordnung in Klebstoff produzierenden Betrieben, steht der Leitfaden „Gute Herstellungspraxis" zur Verfügung.

Der Union Guidance on Regulation (EU) No 10/2011 wurde am 28.11.2013 vom services of the Directorate-General for Health and Consumers veröffenlicht. Er soll bei der Interpretation und Umsetzung von Fragestellungen bezüglich der Konformitätserklärungen, der Konformitätsarbeit und der Informationsweitergabe entlang der Lieferkette „Lebensmittelbedarfsgegenstände" helfen. Klebstoffe zur Herstellung von Lebensmittelbedarfsgegenständen aus Kunst-stoff/Kunststoffverbunden werden in diesem EU-Leitfaden als "non plastic intermediate material" bezeichnet. Punkt 4.3.2 führt alle relevanten Punkte auf, die ein Hersteller von „non plastic intermediate materials" innerhalb der Lieferkette weitergeben soll.Die TKPV Merkblätter 1 bis 4 wurden diesbezüglich überarbeitet. Inhaltlich deckten die Leitfäden bereits alle Aspekte des Union Guidance on Regulation (EU) No 10/2011 im Hinblick auf Klebstoffe ab. Eine formelle Überarbeitung unter Einbeziehung des Union Guidance und allen neuen Verordnungen und Richtlinien war dennoch unumgänglich. Auf der Homepage des Verbandes werden jeweils eine deutsche und eine englische Version bereitgestellt.

Das Thema Mineralöle in Lebensmitteln beschäftigt weiterhin den deutschen Gesetzgeber, der Lebensmittelverpackungen aus Recyclingkarton neu regeln möchte. Als Haupteintragsquelle wurden die mineralölbasierenden Druckfarben aus dem Zeitungsdruck identifiziert. Der vierte Entwurf einer „Mineralölverordnung" des Bundesministeriums für Ernährung, Landwirtschaft und Verbraucherschutz für Recyclingkarton wurde fertiggestellt und befindet und hat das europäische Notifizierungsverfahren (TRIS) durchlaufen. Der Bundesrat hat bislang nicht das Gesetzesvorhaben behandelt.

Der Entwurf besagt: Lebensmittelbedarfsgegenstände aus Papier, Pappe oder Karton dürfen unter Verwendung von Altpapierstoff nur hergestellt und in den Verkehr gebracht werden, wenn durch eine funktionelle Barriere sichergestellt ist, dass aus dem Lebensmittelbedarfsgegenstand keine aromatischen Mineralölkohlenwasserstoffe auf Lebensmittel übergehen. Bis zu einer Nachweisgrenze von 0,5 Milligramm der Summe an aromatischen Mineralölkohlenwasserstoffen je Kilogramm Lebensmittel oder Lebensmittelsimulanz gilt ein Übergang als nicht erfolgt. Die ursprünglich vorgeschlagenen Grenzwerte für aliphatische Mineralölkohlenwasserstoffe wurden, wie auch die Grenzkonzentrationen im Karton, gestrichen. Für die Klebstoffindustrie und alle anderen Zulieferindustrien der Lebensmittelverpackungsproduzenten bleibt das analytische Problem „falsch positiver" Befunde bestehen. So zeigen Bienenwachs, pflanzliche Öle oder Kolophonium ähnliche MOSH/MOAH Signale wie Mineralöl und sind nur schwer von diesen zu unterscheiden.

In der Verordnung 10/2011/EG sind Einsatzstoffe gelistet und für die Produktion von Lebensmittelbedarfsgegenständen aus Kunststoff zugelassen, die MOSH und/oder MOAH enthalten. Als Beispiel seien hier vollhydrierte Kohlenwasserstoff-Harze genannt, die auch in Polyolefinen für Kunststoffverpackungen Verwendung finden.

Das TKPV-Merkblatt 7 „Niedermolekulare Kohlenwasserstoffverbindungen in Papier- und Verpackungs-klebstoffen" informiert umfassend über Einsatzstoffe in Klebstoffen, die bei Migrationsanalysen als MOSH/MOAH detektiert werden könnten, aber für Lebensmittelverpackungen dennoch ausreichend bewertet sind und gibt Hinweise für die Auswahl geeigneter Rohstoffe.

Der Lebensmittelverband Deutschland veröffentlicht unregelmäßig Daten über üblicher Weise zu findende MOSH/MOAH-Gehalte in verschiedenen Lebensmittelgruppen. (Orientierungswerte). Dies hilft bei der Bewertung von MOSH/MOAH-Befunden und zeigt, ob die Belastung der Lebensmittel unüblich hoch ist.

Klebstoffe im Papierrecycling:
Ein weiteres wichtiges Thema der Arbeiten der TKPV war nach wie vor, wie die Einflüsse von Klebstoffapplikationen auf das Papierrecycling zu bewerten sind. Die aktuellen Forderungen der EU-Kommission und des Bundesumweltministeriums nach höheren Recyclingquoten im Papierbereich und der Wegfall des Exports von Altpapier „schlechter Qualität" nach China, bedingen neue Anstrengungen, den Recyclingprozess zu verbessern. Die TKPV steht in diesem Zusammenhang in einem intensiven Dialog mit der Papierindustrie und wissenschaftlichen Einrichtungen. Die internationale Forschungsgemeinschaft Deinking-Technik (INGEDE) hat mit Unterstützung der TKPV die Prüfmethode „INGEDE Methode 12 - Bewertung der Rezyklierbarkeit von Druckerzeugnissen – Prüfung des Fragmentierverhaltens von Klebstoffapplikationen" entwickelt, die Einzug in alle relevanten Öko-Labels auf nationalen und europäischen Ebenen gehalten hat. Diese Testmethode bewertet die Entfernbarkeit einer Klebstoffapplikation mittels eines Siebes aus dem Recyclingprozess. Anwendbar ist die Methode für alle Klebstoffapplikationen unter Verwendung von nicht wasserlöslichen und nicht reemulgierbaren Klebstoffen. Für alle anderen Klebstoffapplikationen liegen noch keine wissenschaftlichen Arbeiten vor, die es erlauben diese hinsichtlich des Recyclingprozesses zu bewerten.

In einem weiteren Schritt hat die TKPV in Zusammenarbeit mit der INGEDE ein Clusterprojekt erfolgreich abgeschlossen. Die Prüfung der Klebstoffapplikation nach INGEDE Methode 12 kann nun entfallen, sofern der Klebstoff einen Mindesterweichungspunkt besitzt und die Applikation eine Mindestfilmstärke und eine horizontale Mindestausdehnung berücksichtigt. Die Scorecard des EPRC (European Paper Recycling Council), die Vergaberichtlinien für den „Blauen Engel" RAL DE-UZ 195 und des EU Ecolabels wurden entsprechend angepasst.. Über die AFERA ist die TKPV-Vertretung im EPRC sichergestellt. Aktuell werden Dispersionsklebstoffapplikationen durch die TU Darmstadt mit Hilfe der CEPI Methode untersucht, als Weiterführung einer abgeschlossenen Bachelor Thesis im Auftrag der TKPV.

Die neu geschaffene Behörde Stiftung Zentrale Stelle Verpackungsregister, veröffentlicht regelmäßig überarbeitete Versionen des Mindeststandards recyclinggerechtes Design. Dieser beschreibt wie Verpackungen zu gestalten sind, damit eine möglichst hohe Recyclingquote erreicht werden kann. Dabei werden nur bestehende Recyclingprozesse betrachtet. Zur Bewertung von Klebstoffapplikationen im Bereich der PPK Verpackungen wird nur die Methode PTS-RH:021/97 angewandt. Alle Zulieferer der Verpackungsindustrie im BtoB Geschäft, mussten sich mit einer natürlichen Person im Verpackungsregister anmelden. Weitere Pflichten bestehen aktuell noch nicht.

Die CEPI hat bereits eine europaweit harmonisierte Testmethode, für Prüfung von Papierprodukten hinsichtlich Ihres Verhaltens im Recyclingprozess, veröffentlicht. Diese wird in Zukunft alle nationalen Methoden ersetzen. Aktuell fehlt allerdings noch die dazu passende Bewertungsmethode.

4evergreen versucht für alle Recyclingströme Regeln für ein recyclinggerechtes Design von Verpackungen zu erstellen. Die CEPI Methode wird weiterentwickelt und ein Katalog von Anwendungen mit Bewertungen hinsichtlich der Rezyklierbarkeit und Störstoffen entsteht.

REACH/CLP:
Einen weiteren Schwerpunkt der Arbeiten der TKPV bildeten und bilden nach wie vor die Aktivitäten zum neuen europäischen Chemikalienrecht „REACH" (Registrierung, Evaluation und Autorisierung von Chemikalien). Unter REACH werden neben Substanzdaten besonders auch Expositionsdaten benötigt, um einen sicheren Umgang mit den entsprechenden Stoffen zu gewährleisten. Um dies sicherzustellen, müssen nachgeschaltete Verwender von Stoffen ihre Verwendungen den Registranten mitteilen. Um diese Kommunikation sicher zu gewährleisten, wurde von der ECHA ein sogenanntes „Use Discriptoren"-Modell erarbeitet. Basierend auf diesem Modell hat die TKPV Verwendungsszenarien sowohl für die Herstellung als auch für die bekannten Anwendungen von Papier- und Verpackungsklebstoffen erarbeitet. Diese Verwendungsszenarien sind in das FEICA use-mapping für die Klebstoffherstellung und Anwendung aufgenommen worden.

Die Konzentrationsgrenze zur Gefahrstoffkennzeichnung nach der aktuellen CLP Verordnung für Benzisothiazolinon als Topfkonservierer wurde auf 360 ppm herabgesetzt.

Vernetzung:
Der IVK hat für die TKPV ein BfR Abo abgeschlossen, so dass Änderungen an Empfehlungen für Lebensmittelbedarfsgegenstände direkt an die TKPV gehen. Darüber hinaus ist der IVK nunmehr auf Wunsch der TKPV Mitglied im Lebensmittelverband Deutschland (früher BLL) Dies ermöglicht den schnellen Zugang zu einer Vielzahl an Informationsquellen. Die TKPV ist mit einer ständigen Vertretung im Gesprächskreis Lebensmittelbedarfsgegenstände aktiv. Die TKPV entsendet einen ständigen Vertreter in die SCRAPPA der FEICA.

FEICA:
Der europaweiten Bedeutung wegen werden die Themenkreise „Klebstoffe für Lebensmittelbedarfsgegenstände" und „Klebstoffapplikationen im Recyclingprozess (Papier & Kunststoff auch weiterhin sehr intensiv mit den europäischen Arbeitsgruppen „Paper and Packaging" und „TF SRAPPA" der FEICA erörtert. Ziel ist es, eine gesamteuropäische Position der Klebstoffindustrie sowie Lösungen zu diesen wichtigen Fragen zu finden. Auch die TWG PP beschäftigt sich mit dem Thema Mineralöle in Lebensmitteln und hat zu dem Thema entsprechende Merkblätter veröffentlicht. Es wurden von der Arbeitsgruppe eine Vielzahl an Rohstoffen aus dem Bereich der Schmelzklebstoffe für die Verpackungsindustrie hinsichtlich des Migrationspotentials von Mineralölkohlenwasserstoffen untersucht. Die Ergebnisse wurden bereits in 2021 in einem Webinar vorgestellt.

Weitere Themen der Bearbeitung waren:
• Arbeiten des Technischen Ausschusses Druckweiterverarbeitung der FOGRA
• Arbeiten des IVLV im Hinblick auf Lebensmittelverpackungen
• Mikroplastik
• Biozide als Topfkonservierer für wässrige Klebstoffe
• Green Deal EU

Technische Kommission Schuhklebstoffe (TKS)

Die TKS koordiniert die technische Öffentlichkeitsarbeit der deutschen Schuhklebstoffhersteller, unterstützt nationale und internationale Normungsaktivitäten und ist Ansprechpartner für marktsegmentspezifische technische Bewertungen und Informationen im Rahmen der Aktivitäten von IVK und VCI bzgl. regulativer Angelegenheiten.

Normung
Der wesentliche Schwerpunkt der Arbeit liegt in der Mitarbeit bei der Entwicklung nationaler und europäischer Normen zur Erfassung grundlegender Eigenschaften von Schuhklebstoffen.

Die Aktivitäten umfassen Normen zur
- Mindestanforderung von Schuhklebungen (Anforderung und Werkstoffe)
- Prüfungen zur Festigkeit von Schuhklebungen (Schälfestigkeitsprüfungen)
- Verarbeitung (Bestimmung der optimalen Aktivierbedingungen, Bestimmung des Sohlen-Setz-Tacks)
- Beständigkeit (Farbänderung durch Migration, Wärmebeständigkeit von Zwickklebstoff)

Unabdingbar für die Durchführung einer großen Anzahl von Prüfungen ist die Bereitstellung und Verfügbarkeit standardisierter Referenz-Prüfwerkstoffe und Referenz-Prüfklebstoffe. Entsprechend dem jeweiligen Stand der Technik werden Auswahl und Spezifikation der Referenzprüfwerkstoffe und -klebstoffe einer ständigen Überprüfung und Aktualisierung unterzogen. Die entsprechende Norm wurde im Verlauf der Jahre 2018/2019 überarbeitet und durchläuft nun den Abstimmungsprozeß in den europäischen Gremien.

Hilfestellung und Tipps bei auftretenden Not- und Servicefällen während des Einsatzes von Klebstoffen gibt das von der TKS erarbeitete Merkblatt „Problemlösung bei Fehlern in der Schuhherstellung". Diese Prüfliste kann auf der IVK-Website heruntergeladen werden.

Technische Kommission Strukturelles Kleben und Dichten (TKSKD)

Die Technische Kommission Strukturelles Kleben und Dichten (TKSKD) beschäftigt sich mit verschiedenen aktuellen technischen Fragestellungen zu strukturellen Kleb- und Dichtstoffen und unterstützt somit die, dem korrespondierenden Arbeitskreis (AKSKD) angehörenden Hersteller struktureller Kleb- und Dichtstoffe, Rohstoffhersteller und in diesem Bereich tätigen Forschungseinrichtungen mit wertvollen Informationen.

Aufgrund der vielfältigen Anwendungsgebiete von Strukturklebstoffen in den verschiedensten Industrien (z. B. Automobil-, Schienenfahrzeug-, Flugzeug-, Boots- und Schiffbau, Elektro- und

Elektronikindustrie, Hausgeräteindustrie, Medizintechnik, optische Industrie, Maschinen-, Anlagen- und Gerätebau und Wind- und Solarenergie), werden neben technische Themen von allgemeinem Interesse auch solche, die sich auf spezielle Marksegmente beziehenden bearbeitet.

Schwerpunkte der bisherigen Arbeiten waren u. a.:
- *Chemikalienrecht:* Wie schon in den vorherigen Berichtszeiträumen waren die Neuerungen im Chemikalienrecht mit den daraus resultierenden Anforderungen an die Hersteller von Klebstoffen und deren Kunden ein wesentlicher Themenschwerpunkt.

 Beispiele sind:
 - Substances of Very High Concern / SVHCs:
 Informationen über geplante und erfolgte Neuaufnahmen in die Liste der besonders Besorgnis erregenden Stoffe.
 - Beschränkung der Verwendung von Diisocyanaten:
 Mit dem Ziel, Atemwegssensibilisierungen durch Diisocyanate zu vermeiden und somit den gewerblichen bzw. industriellen Arbeitsschutz zu verbessern hat die Europäische Kommission (KOM) den Anhang XVII der REACH-Verordnung (EG) (neue Nr. 74) mit der Verordnung (EU) 2020/1149 geändert. Die daraus resultierenden Maßnahmen zielen nicht auf ein generelles Verbot der Chemikalien ab, stattdessen wurden verbindliche und überprüfbare Anforderungen an Schutzmaßnahmen und Schulungen für den sicheren Umgang mit Diisocyanaten eingeführt. Danach dürfen nach dem 24. Aug. 2023 Diiso-cyanate weder als Stoff noch als Bestandteil in anderen Stoffen oder Gemischen industriell oder gewerblich verwendet werden (Konsumentenprodukte werden von dieser Verordnung nicht) erfasst es sei denn, (a) die Konzentration von Diisocyanaten einzeln und in Kombi-nation beträgt weniger als 0,1 Gewichtsprozent oder (b) der Arbeitgeber oder Selbstständige stellt sicher, dass industrielle oder gewerbliche Anwender vor der Verwendung des Stoffes oder Gemisches erfolgreich eine Schulung zur sicheren Verwendung von Diisocyanaten abgeschlossen haben. Ab dem 24. Feb. 2022 muss auf der Verpackung ein entsprechender Hinweis angebracht sein.
 Bezüglich der Schulung hat sich der IVK mit der FEICA einer gemeinsamen Industriein-tiative verschiedener Downstream-User Verbände unter der Führung der Hersteller von Diisocyanaten angeschlossen. Mitglieder des IVK erhalten einen Voucher mit Codes zur kostenfreien, web-basierten Schulung von Mitarbeitern und Kunden.
 - Europaweit harmonisierter Arbeitsplatzgrenzwert für Diisocyanate.
 Anfang 2019 hat die Europäische Kommission der ECHA ein Mandat für die Erstellung eines harmonisierten Arbeitsplatzgrenzwerts (OEL) für Diisocyanate (DI) gegeben. Im November 2021 wurde von dem Advisory Committee on Safety and Health at Work (ACSH) ein Vorschlag zur 2-stufigen Reduzierung der OEL-Werte bis Januar 2029 beschlossen. Es steht zu erwarten, dass die in Deutschland derzeit noch geltenden Werte um den Faktor drei verringert werden. Die Umsetzung wird Investitionen in eine Messtechnik mit einer deutlich niedrigeren Nachweisgrenze zur Überwachung der Grenzwerte und ggf. weitere Investitionen in Anlagen (z.B. zusätzliche Absaugvorrichtungen) sowohl seitens der Klebstoffhersteller aber auch durch deren Kunden erfordern. Im Endeffekt bedeutet dies einen Wettbewerbsnachteil gegenüber Anbietern und Verwendern im außereuropäischen Raum.

- Registrierung von Polymeren unter REACH.
Derzeit sind unter REACH nur die jeweiligen Monomere, nicht aber die daraus resultierenden Polymere zu registrieren. Aufgrund der aktuellen Entwicklungen (u. a. Plastikstrategie, Mikroplastik) ist jedoch davon auszugehen, dass durch die EU ein Legislativvorschlag zur Registrierung von Polymeren vorlegt wird.
- Kreislaufwirtschaft und European Green Deal.
Im Berichtszeitraum waren Informationen zu diesen Themen und daraus resultierende Fragestellungen von hoher Bedeutung.

• *Klebtechnische Ausbildung:* Eine gute klebtechnische Ausbildung der Anwender von Klebstoffen und daraus resultierend ein gutes klebtechnisches Verständnis unterstützt eine erfolgreiche, korrekte und bedarfsgerechte Umsetzung der Klebtechnik und liegt somit im Interesse der Klebstoffhersteller. Die Anfang 2016 veröffentlichte und 2020 überarbeitete DIN 2304-1 unterstreicht dies, indem sie für sicherheitsrelevante, lastübertragende Klebungen entsprechend qualifiziertes Personal, sowohl für die Planung, als auch für die Durchführung von Klebungen fordert. Das dreistufige, auch international etablierte Ausbildungskonzept des DVS/EWF wurde genauso wie die Erstellung des auf der IVK-Internetseite aufrufbaren Leitfadens ‚Kleben – aber richtig' unterstützt.
Die COVID-19 bedingten Einschränkungen haben zu einem vorübergehenden Rückgang der Teilnehmerzahlen an den beiden Ausbildungsstätten aber auch zur Entwicklung neuer Konzepte wie zum Beispiel dem „Blended Learning", einer Kombination aus web-basierten Selbststudium und Präsenzlernens geführt. Nachdem die COVID-19 bedingten Beschränkungen nahezu vollständig aufgehoben wurden, ist die Nachfrage nach den Lehrgängen wieder sehr stark angestiegen und die Kurse sind weitegehend ausgebucht.

• *Forschungsförderung:* Die TKSKD versteht sich ebenfalls als Brücke zwischen Industrie und außerindustriellen, wissenschaftlichen Forschungsaktivitäten und informiert regelmäßig über strukturklebstoffrelevante, im Rahmen einer vorwettbewerblichen Klebstoffforschung laufende, bewilligte und geplante Forschungsprojekte. Bei einem entsprechenden Forschungsbedarf werden in enger Zusammenarbeit mit Forschungsstellen neue Projekt beantragt und nach deren Bewilligung aktiv durch eine Mitarbeit in dem jeweiligen Projektbegleitenden Ausschuss unterstützt.
So wird zum Beispiel das, durch das Fraunhofer IFAM und dem SKZ bearbeitete Projekt zum Thema „Wetting Envelope" durch die Mitwirkung mehrerer Mitgliedsunternehmen begleitet und in der AKSKD über den aktuellen Stand der Projektarbeit berichtet. Ziel des Projektes ist es die Übertragung des, unter anderen in der Beschichtungstechnik bereits mit Erfolg angewendeten Verfahrens auf Klebstoffe zu erweitern und somit eine bessere Vorhersage des Benetzungsverhaltens von Oberflächen (Fügeteile) durch Flüssigkeiten (Klebstoffen) und somit auch der Ausbildung von Adhäsionskräften zu ermöglichen. Da sich Klebstoffe jedoch in vielen ihrer Eigenschaften von üblichen Beschichtungsmaterialien unterscheiden müssen die bestehenden Methoden zur Ermittlung der benötigten Kennwerte auf Ihre Anwendbarkeit auf Klebstoffe überprüft und gegebenenfalls angepasst werden.

* *Normungsarbeit:* Die in den verschiedenen nationalen und internationalen Normenausschüssen tätigen Fachleute der IVK-Mitgliedsfirmen berichteten regelmäßig über strukturklebstoff-relevante Aktivitäten aus den folgenden nationalen und internationalen Arbeitsgruppen:

  - CEN/TC 193   „Adhesives"
  - ISO/TC 61/SC 11/WG5   „Polymeric Adhesives"
  - DIN NA 062-10-02 AA   „Prüfmetoden in der konstruktiven Klebtechnik"
  - NA 062-10-03 AA   „Klebstoffe für elektronische Anwendungen"
  - DIN NA 062-10 FBR   „Fachbereichsbeirat Klebstoffe"
  - DIN NA 087-05-06 AA   „Klebtechnik im Schienenfahrzeugbau"
  - DIN/DVS NAS 092-00-28 AA   „Arbeitsausschuss Klebtechnik"
  - DVS AG V 8   „Klebtechnik"
  - DVS AG W 4.14   „Fügen von FVK"

Der Schwerpunkt in den letzten Jahren war die Information über den aktuellen Stand der Internationalisierung sowohl der Schienenfahrzeugnorm (DIN 6701 „Kleben von Schienenfahrzeugen und -fahrzeugteilen"), als auch der allgemeinen klebtechnischen Qualitätsnorm DIN 2304-1 (Klebtechnik – Qualitätsanforderungen an Klebprozesse, Teil 1: Prozesskette Kleben).

Während die Veröffentlichung der, die DIN 6701 mit einer der-jährigen Übergangsfrist ersetzende EN 17460 (Bahnanwendungen – Schienenfahrzeuge – Kleben von Schienenfahrzeugen und Schienenfahrzeugteilen) für Ende 2022 vorgesehen ist, wurde mit der DIN ISO 21368 (Klebstoffe – Richtlinien für die Herstellung von vernetzten Klebstrukturen und Berichtsverfahren für deren Risikobewertung) bereits im März 2022 die internationalisierte Fassung der DIN 2304-1 veröffentlicht. Als nächster Schritt ist ihre Überführung in eine DIN EN ISO, ebenfalls mit einer drei-jährigen Übergangsfrist vorgesehen.

Beirat für Öffentlichkeitsarbeit (BeifÖ)

Die zentrale Aufgabe des Beirats für Öffentlichkeitsarbeit ist, den Industrieverband Klebstoffe und die Schlüsseltechnologie Kleben in seiner großen Vielschichtigkeit bzw. Anwendungstiefe positiv in der Öffentlichkeit und in den Medien darzustellen.

Die kontinuierliche Kommunikation des Industrieverbands Klebstoffe ist erfolgreich: Das Thema Kleben hat zwischenzeitlich einen festen Platz in klassischen Print- und Online-Medien gefunden. Entsprechend hoch ist die Medienresonanz. Im Jahresdurchschnitt generiert die Pressearbeit des Industrieverband Klebstoffe Auflagenzahlen von rund 120 Millionen im Jahr.

Aber auch in den einschlägigen Social-Media-Kanälen wie Facebook, LinkedIn, Twitter oder YouTube ist der IVK präsent – auf allen Kanälen wird geklebt.

Das Printmagazin „Kleben fürs Leben" hat sich in der PR-Arbeit des Industrieverbands Klebstoffe etabliert. Einmal jährlich herausgegeben, ist es ein wichtiger Baustein der Kommunikationsstrategie der deutschen Klebstoffindustrie und ein Multiplikator von großem Wert. Frei von jeder

Art von Produkt- bzw. Firmenwerbung zielt das Medium darauf ab, das positive Image der Klebstoffindustrie weiter zu stärken und die vielseitigen Vorteile der Verbindungstechnologie insbesondere im Bereich Nachhaltigkeit zu dokumentieren. In der diesjährigen Ausgabe werden wieder zahlreiche Klebstoffanwendungen aus den verschiedensten Bereichen unseres täglichen Lebens beleuchtet. Das Magazin wurde im Hinblick auf die Wahl des Papiers, das Druckverfahren und die Klebung erneut nachhaltig gestaltet und produziert.

Dass Klebstoffe in Haushalt, Handwerk und Industrie unverzichtbar sind und warum viele Zukunftstechnologien und die Produktion von Alltagsgegenständen nur mit Klebstoffen möglich sind, zeigt der IVK-Imagefilm „Faszination Kleben". In fünf Minuten erfährt der Zuschauer nicht nur Wissenswertes über die Chemie von Klebstoffen und wie sie funktionieren, sondern auch in welchen unterschiedlichen Bereichen Klebstoffe erfolgreich eingesetzt werden. Von der Automobil- über die Elektro- bis hin zur Textil- und Bekleidungsbranche – nahezu jeder Industriezweig setzt heute auf die Klebtechnik, um Produkte zu verbessern und Innovationen zu entwickeln. In Kooperation mit dem europäischen Kleb- und Dichtstoffverband (FEICA) wurde darüber hinaus der Videofilm „Was die Welt zusammenhält" produziert.

Vor dem Hintergrund der Digitalisierungsstrategie der deutschen Bundesregierung entwickelt der Verband gemeinsam mit dem Fonds der Chemischen Industrie (FCI) digitale Unterrichtsmaterialien. Gerade zu Zeiten des Homeschoolings wurde dieses innovative Lernmedium von Lehrern und Eltern gerne genutzt. Diverse interaktive Tafelbilder, die speziell für den Einsatz an Schulen auf Whiteboard, PC und Tablet konzipiert sind, sollen den Schülern das Thema Klebstoffe zeitgemäß mit modernen Lernmethoden vermitteln.

Zusätzlich wurde das Institut für Didaktik der Chemie der Universität Frankfurt damit beauftragt, ein Lehrerfortbildungsprogramm zum Thema „Kleben im Unterricht" zu entwickeln, um vertiefende Einblicke in die Klebchemie zu geben und Anknüpfungspunkte zum Lehrplan aufzuzeigen.

Das neue Material wurde zum Schuljahresbeginn 2018/2019 fertiggestellt und steht Lehrkräften in ganz Deutschland unter https://www.klebstoffe.com/informationen/unterrichtsmaterialien/kostenfrei zur Verfügung.

Geschäftsführung

Die Mitarbeiterinnen und Mitarbeiter der Geschäftsstelle des Industrieverbands Klebstoffe stellen innerhalb der Organisation die Koordinierung, die Bearbeitung und die Nachverfolgung der sich aus den verschiedenen Gremiensitzungen resultierenden vielfältigen Aufgaben sicher. Die Geschäftsstelle garantiert einen zeitnahen Informationsfluss im Hinblick auf die für die Industrie und seine Fachgremien wichtigen Themen. Die Geschäftsstelle dient u. a. als Informationsbörse und Ansprechpartner für die Mitglieder des Verbands in Bezug auf technische bzw. rechtlich relevante Informationen u. a. in den Bereichen Arbeits-, Umwelt- und Verbraucherschutz, Wettbewerbs-, Chemikalien-, Umwelt- und Lebensmittelrecht sowie Nachhaltigkeit.

Nach außen versteht sich die Geschäftsführung des IVK als Repräsentant und kompetenter Partner der Klebstoffindustrie. Im Rahmen ihres Aufgabenprofils vertritt die Geschäftsführung die technischen und wirtschaftspolitischen Interessen der Industrie gegenüber nationalen, europäischen und internationalen Institutionen. Darüber hinaus stehen die Mitarbeiterinnen und Mitarbeiter des Verbands im engen und pro-aktiven Dialog mit Kunden-, Handwerker- und Verbraucherverbänden, Systempartnern, wissenschaftlichen Einrichtungen und der Öffentlichkeit. Durch eine aktive Mitarbeit in Beiräten wichtiger Leitmessen und Fachmagazinen sowie Fachgremien verschiedener Bundes- und EU-Ministerien stellt die Geschäftsführung eine fachlich und inhaltlich adäquate Begleitung von klebstoffrelevanten Themen und Projekten auf allen Ebenen und entlang der Wertschöpfungskette „Kleben" sicher.

Dies gilt für auch für den Bereich der Forschung: als Mitglied des Beirats der ProcessNet-Fachgruppe Klebtechnik bzw. des Gemeinschaftsausschuss Kleben (GAK) begleitet die Geschäftsführung den wissenschaftlichen Forschungsbedarf sowie die Koordinierung öffentlich geförderter wissenschaftlicher Forschungsprojekte im Bereich der Klebtechnik.

In zahlreichen Publikationen, in Gesprächen mit fachinteressierten Kreisen und durch Fachvorträge kommuniziert die Geschäftsführung das hohe Leistungsspektrum und Innovationspotenzial der Klebstoffindustrie sowie das vorbildliche arbeits-, umwelt- und verbraucherschutzorientierte Bewusstsein seiner Mitglieder

PERSONALIA

Ehrenmitgliedschaften & Ehrenvorsitz

Arnd Picker wurde im Rahmen der Mitgliederversammlung 2012 zum Ehrenmitglied und gleichzeitig zum Ehrenvorsitzenden des Industrieverband Klebstoffe ernannt. Der Verband und seine Mitglieder würdigten damit die Verdienste von Arnd Picker um eine erfolgreiche Positionierung des Industrieverband Klebstoffe während seiner 16-jährigen Amtszeit als Vorsitzender des Vorstandes. Der Industrieverband Klebstoffe ist heute der weltweit größte und im Hinblick auf das für seine Mitglieder angebotene Service-Portfolio ebenfalls der weltweit führende nationale Verband im Bereich Klebtechnik.

Ehrenmitglieder
Arnd Picker, Ehrenvorsitzender
Dr. Johannes Dahs
Dr. Hannes Frank
Ansgar van Halteren
Dr. Rainer Vogel

Verdienstmedaille der deutschen Klebstoffindustrie

Personen, die sich im besonderen Maße um die Klebstoffindustrie und die Klebtechnik verdient gemacht haben, werden vom Industrieverband Klebstoffe mit der Verdienstmedaille der deutschen Klebstoffindustrie ausgezeichnet.

Verliehen wurde diese Auszeichnung an

Ansgar van Halteren * Juni 2022

für sein jahrzehntelanges Engagement für die deutsche Klebstoffindustrie. Als Geschäftsführer und späterer Hauptgeschäftsführer des Industrieverbands Klebstoffe e.V. hat er sich mehr als 30 Jahre unermüdlich im Interesse der Mitgliedsfirmen eingesetzt und mit höchstem persönlichem Engagement die Zukunft der Klebstoffbranche mitgestaltet. Er hat den Verband maßgeblich geprägt und mit Leidenschaft und persönlichem Einsatz zur Stimme der deutschen Klebstoffindustrie gemacht. Mit viel Weitblick ist es ihm gelungen, ein 360°-Netzwerk aufzubauen und die Services des Verbands stetig anzupassen und zu erweitern. Dadurch hat er maßgeblich dazu beigetragen, dass die deutsche Klebstoffindustrie eine große Gemeinschaft aus Mitgliedsfirmen, Institutionen und anderen Verbänden im In- und Ausland geworden ist.

Dr. Joachim Schulz – Juni 2022
für die Vertretung und Vernetzung kleiner und mittelständischer Unternehmen im Industrieverband Klebstoffe. Als Vorsitzender der Technischen Kommission Papier- und Verpackungsklebstoffe von 1992 bis 2000 und des gleichnamigen Arbeitskreises von 2002 bis 2006 hat er mit viel persönlichem Engagement die Vernetzung des Industrieverbands Klebstoffe mit nachgeschalteten Anwendern aus dem Schlüsselmarktsegment vorangetrieben. Kompetent und nachhaltig hat er in seiner Funktion als stellvertretender Verbandsvorsitzender von 2008 bis 2020 die Interessen der kleinen und mittelständischen Unternehmen im Vorstand des Industrieverbands Klebstoffe vertreten.

Dr. H. Werner Utz – Juni 2022
für seinen jahrzehntelangen erfolgreichen Einsatz, die Akteure der Bauindustrie im konstruktiven Dialog auf Augenhöhe zu vereinen.
Als Vorsitzender des Arbeitskreises Bauklebstoffe von 1986 bis 2006 hat er zwei Jahrzehnte Firmenvertreter auf Verbandsebene an einen Tisch gebracht und hat durch seine offene, faire und wertschätzende Art maßgeblich dazu beigetragen, dass Branchenlösungen gemeinschaftlich erarbeitet wurden, die dem Schlüsselmarktsegment Bauklebstoffe bis heute positiv zugutekommen. Dr. Utz hat als gewähltes Mitglied des Vorstands von 2008 bis 2020 die Interessen der Bauklebstoffindustrie kompetent, nachhaltig und stets mit hohem persönlichem Engagement vertreten.

Peter Rambusch – Mai 2018
für seinen maßgeblichen Beitrag, dass die bis in die 1990er Jahre hinein bestehende organisatorische Trennung zwischen Klebstoffherstellern und Herstellern von Selbstklebebändern überwunden wurde. Auf seine Initiative hin wurden 1995 die deutschen Klebebandhersteller mit einer eigenen kaufmännischen und technischen Repräsentanz in den Industrieverband Klebstoffe aufgenommen. Bis zum heutigen Tag hat Peter Rambusch die Interessen der Klebebandindustrie kompetent, nachhaltig und stets engagiert im Vorstand des Industrieverband Klebstoffe vertreten. Peter Rambusch hat sich damit nicht nur um die Förderung der Zusammenarbeit zweier eng miteinander verwandter Industrien verdient gemacht, sondern gleichzeitig das Kompetenzprofil des Industrieverband Klebstoffe in Fragen aller klebtechnischen Angelegenheiten maßgeblich erweitert.

Marlene Doobe – Juni 2017
für ihren jahrzehntelangen Einsatz für die deutsche Klebstoffindustrie. Als Chefredakteurin der Zeitschrift adhäsion KLEBEN + DICHTEN hat sie über 20 Jahre lang diese für die Klebstoffindustrie wichtige Fachzeitschrift mit Professionalität, höchstem persönlichen Engagement und sehr viel Herzblut erfolgreich geleitet und gemeinsam mit dem Industrieverband Klebstoffe zu einer interdisziplinären 360°-Kommunikationsplattform der Klebtechnik ausgebaut.
Marlene Doobe hat sich damit um die Förderung einer engen Zusammenarbeit von Forschung und Industrie auf dem Gebiet der Klebtechnik sehr verdient gemacht und das Image der Klebstoffindustrie in entscheidenden Dimensionen gefördert und geprägt.

Dr. Manfred Dollhausen – Mai 2010
für sein erfolgreiches Engagement im Bereich Normung, mit dem er im erheblichen Maße dazu beigetragen hat, Klebstofftechnologie „made in Germany" in
nationalen, europäischen und internationalen Standards zu dokumentieren und
zu manifestieren. Darüber hinaus hat Dr. Dollhausen bereits in den 60er-Jahren
des 20. Jahrhunderts den unschätzbaren Wert der technischen Zusammenarbeit
zwischen der Klebstoffindustrie und der Rohstoffindustrie erkannt, diese aktiv
forciert und damit das Fundament für die bis heute gültige erfolgreiche Systempartnerschaft beider
Industrien gelegt.

Dr. Hannes Frank – September 2007
für sein jahrzehntelanges Engagement für die deutsche Klebstoffindustrie. Als
Mitglied des Technischen Ausschusses hat er sowohl die Klebtechnik als auch
das Image der Klebstoffindustrie in entscheidenden Dimensionen gefördert und
geprägt. Hierzu zählt insbesondere sein Engagement für den Mittelstand und
dessen – für die technische und wirtschaftliche Entwicklung – unverzichtbaren
Innovationspotenzials. Auf dem Gebiet der Polyurethanklebstoff-Technologie
gilt Dr. Frank als erfolgreicher Pionier. Darüber hinaus hat er als Forderer und Förderer einer
branchenübergreifenden Kommunikations- und Ausbildungsstrategie maßgeblich dazu beigetragen, die Klebtechnik als Schlüsseltechnologie des 21. Jahrhunderts zu positionieren.

Prof. Dr. Otto-Diedrich Hennemann – Mai 2007
für seine wissenschaftlichen Arbeiten, durch die er vor allem das „System Kleben"
in entscheidenden Dimensionen gefördert und geprägt hat. Hierzu zählen
insbesondere die Erforschung der Langzeitbeständigkeit von Klebverbindungen
und die Implementierung geeigneter Simulationsprozesse in der Automobil- und
Luftfahrtindustrie. Die konkrete Anwendungsorientierung und Nutzenentwick-
lung bei den Systempartnern stand dabei stets im Mittelpunkt seiner Arbeiten.

Gremien des Industrieverband Klebstoffe e. V. (IVK)

Die jeweils aktuelle Zusammensetzung der Gremien finden Sie unter www.klebstoffe.com/organisation-und-struktur/

Vorstand

Vorsitzender: Dr. Boris Tasche	Henkel AG & Co. KGaA D-40191 Düsseldorf
Stellvertretender Vorsitzender: Dr. René Rambusch	certoplast Technische Klebebänder GmbH D-42285 Wuppertal

Weitere Mitglieder:

Dirk Brandenburger	Sika Automotive Hamburg GmbH D-22525 Hamburg
Mark Eslamlooy	ARDEX GmbH D-58453 Witten
Dr. Michael Frank	Henkel AG & Co. KGaA D-40191 Düsseldorf
Stephan Frischmuth	tesa SE D-22848 Norderstedt
Dr. Gert Heckmann	H.B. Fuller / Kömmerling Chemische Fabrik GmbH D-66954 Pirmasens
Timm Koepchen	EUKALIN Spezial-Klebstoff Fabrik GmbH D-52249 Eschweiler
Klaus Kullmann	Jowat SE D-32758 Detmold
Olaf Memmen	Bostik GmbH D-33829 Borgholzhausen

Dr. Thomas Pfeiffer	Türmerleim GmbH D-67061 Ludwigshafen
Dr. Christoph Riemer	Wacker Chemie AG D-81737 München
Leonhard Ritzhaupt	Klebchemie M. G. Becker GmbH & Co. KG D-76356 Weingarten
Philipp Utz	UZIN UTZ AG D-89079 Ulm

Technischer Ausschuss

Vorsitzender: Dr. Michael Frank	Henkel AG & Co. KGaA D-40191 Düsseldorf

Weitere Mitglieder:

Dr. Norbert Arnold	UZIN UTZ AG D-89079 Ulm
Dr. Rainer Buchholz	RENIA Ges. mbH chemische Fabrik D-51076 Köln
Dr. Torsten Funk	Sika Technology AG CH-8048 Zürich
Seda Gellings	UHU GmbH & Co. KG D-77815 Bühl
Prof. Dr. Andreas Groß	Fraunhofer-Institut für Fertigungstechnik und Angewandte Materialforschung (IFAM) D-28359 Bremen
Daniela Hardt	Celanese Services Germany GmbH D-65844 Sulzbach
Christoph Küsters	3M Deutschland GmbH D-41453 Neuss

Dr. Annett Linemann	H.B. Fuller Deutschland GmbH D-21335 Lüneburg
Dr. Hartwig Lohse	Klebtechnik Dr. Hartwig Lohse e. K. D-25524 Itzehoe
Dr. Michael Nitsche	Bostik GmbH D-33829 Borgholzhausen
Matthias Pfeiffer	Türmerleim GmbH D-67061 Ludwigshafen
Arno Prumbach	EUKALIN Spezial-Klebstoff Fabrik GmbH D-52249 Eschweiler
Leonhard Ritzhaupt	Klebchemie M. G. Becker GmbH & Co. KG D-76356 Weingarten
Dr. Karsten Seitz	tesa SE D-22848 Norderstedt
Dr. Christian Terfloth	Jowat SE D-32758 Detmold
Dr. Christoph Thiebes	Covestro Deutschland AG D-51365 Leverkusen
Dr. Axel Weiss	BASF SE D-67063 Ludwigshafen

Technische Kommission Bauklebstoffe

Vorsitzender: Dr. Norbert Arnold	UZIN UTZ AG D-89079 Ulm
Weitere Mitglieder:	
Dr. Thomas Brokamp	Bona GmbH Deutschland D-65549 Limburg
Manfred Friedrich	Sika Deutschland GmbH D-48720 Rosendahl

Dr. Frank Gahlmann	Stauf Klebstoffwerk GmbH D-57234 Wilnsdorf
Stefan Großmann	Sopro Bauchemie GmbH D-65203 Wiesbaden
Dr. Matthias Hirsch	Kiesel Bauchemie GmbH & Co. KG D-73730 Esslingen
Michael Illing	Forbo Eurocol Deutschland GmbH D-99091 Erfurt
Christopher Kupka	Celanese Services Germany GmbH D-65843 Sulzbach
Bernd Lesker	Mapei GmbH D-46236 Bottrop
Dr. Michael Müller	Bostik GmbH D-33829 Borgholzhausen
Dr. Maximilian Rüllmann	BASF SE D-67063 Ludwigshafen
Dr. Martin Schäfer	Wakol GmbH D-66954 Pirmasens
Dr. Jörg Sieksmeier	ARDEX GmbH D-58163 Witton
Hartmut Urbath	PCI Augsburg GmbH D-59071 Hamm
Dr. Steffen Wunderlich	Klebchemie M. G. Becker GmbH & Co. KG D-76356 Weingarten
Ute Zimmermann	WULFF GmbH & Co. KG D-49504 Lotte

Technische Kommission Holzklebstoffe

Vorsitzende: Daniela Hardt	Celanese Services Germany GmbH D-65844 Sulzbach

Weitere Mitglieder:

Wolfgang Arndt	Covestro Deutschland AG D-51365 Leverkusen
Holger Brandt	Follmann & Co. GmbH & Co. KG D-32423 Minden
Christoph Funke	Jowat SE D-32758 Detmold
Oliver Hartz	BASF SE D-67063 Ludwigshafen
Dr. Stephan Kaiser	Wacker Chemie AG 84489 Burghausen
Dr. Thomas Kotre	Planatol GmbH D-83101 Rohrdorf-Thansau
Jürgen Lotz	Henkel AG & Co. KGaA D-73442 Bopfingen
Martin Sauerland	H.B. Fuller Deutschland GmbH D-21335 Lüneburg
Holger Scherrenbacher	Klebchemie M. G. Becker GmbH & Co. KG D-76356 Weingarten

Technische Kommission Haushalt-, Hobby- & Büroklebstoffe

Vorsitzender: Seda Gellings	UHU GmbH & Co. KG D-77815 Bühl

Weitere Mitglieder:

Frank Avemaria	3M Deutschland GmbH D-41453 Neuss

Dr. Marc Bollmann	tesa SE D-22848 Norderstedt
Dr. Markus Halbherr	Henkel AG & Co. KGaA D-40191 Düsseldorf
Jens Ruderer	RUDERER KLEBETECHNIK GmbH NL-85604 Zorneding
Henning Voß	WEICON GmbH & Co. KG D-48157 Münster

Technische Kommission Klebebänder

Vorsitzender: Dr. Karsten Seitz	tesa SE D-22848 Norderstedt
Weitere Mitglieder:	
Dr. Achim Böhme	3M Deutschland GmbH D-41453 Neuss
Dr. Thomas Christ	BASF SE D-67063 Ludwigshafen
Dr. Ruben Friedland	Lohmann GmbH & Co. KG D-56567 Neuwied
Dr. Thomas Hanhörster	Sika Automotive Hamburg GmbH D-22525 Hamburg
Prof. Dr. Andreas Hartwig	Fraunhofer-Institut für Fertigungstechnik und Angewandte Materialforschung (IFAM) D-28359 Bremen
Lutz Jacob	RJ Consulting GbR D-87527 Altstaedten
Dr. Thorsten Meier	certoplast Technische Klebebänder GmbH D-42285 Wuppertal
Melanie Ott	H.B. Fuller Deutschland GmbH D-21335 Lüneburg

| Dr. Ralf Rönisch | COROPLAST Fritz Müller GmbH & Co. KG |
| | D-42279 Wuppertal |

| Michael Schürmann | Henkel AG & Co. KGaA |
| | D-40191 Düsseldorf |

Technische Kommission Papier-/Verpackungsklebstoffe

| Vorsitzender: | EUKALIN Spezial-Klebstoff Fabrik GmbH |
| Arno Prumbach | D-52249 Eschweiler |

Weitere Mitglieder:

| Dr. Elke Andresen | Bostik GmbH |
| | D-33829 Borgholzhausen |

| Dr. Olga Dulachyk | Gludan (Deutschland) GmbH |
| | D-21514 Büchen |

| Holger Hartmann | Celanese Services Germany GmbH |
| | D-65843 Sulzbach |

| Dr. Gerhard Kögler | Wacker Chemie AG |
| | D-84489 Burghausen |

| Dr. Thomas Kotre | Planatol GmbH |
| | D-83101 Rohrdorf-Thansau |

| Matthias Pfeiffer | Türmerleim GmbH |
| | D-67061 Ludwigshafen |

| Dr. Peter Preishuber-Pflügl | BASF SE |
| | D-67063 Ludwigshafen |

| Alexandra Ross | H.B. Fuller Deutschland GmbH |
| | D-21335 Lüneburg |

| Michael Schäfer | BCD Chemie GmbH |
| | D-21079 Hamburg |

| Dr. Christian Schmidt | Jowat SE |
| | D-32758 Detmold |

| Julia Szincsak | Follmann Chemie GmbH
D-32423 Minden |
| Dr. Monika Tönnießen | Henkel AG & Co. KGaA
D-40191 Düsseldorf |

Technische Kommission Schuhklebstoffe

| Vorsitzender:
Dr. Rainer Buchholz | RENIA Ges. mbH chemische Fabrik
D-51076 Köln |

Weitere Mitglieder:

Wolfgang Arndt	Covestro Deutschland AG D-51368 Leverkusen
Martin Breiner	H.B. Fuller/ Kömmerling Chemische Fabrik GmbH D-66929 Pirmasens
Andreas Ecker	H.B. FULLER Austria GmbH A-4600 Wels
Dr. Martin Schneider	ARLANXEO Deutschland GmbH D-41538 Dormagen

Technische Kommission Strukturelles Kleben & Dichten

| Vorsitzender:
Dr. Hartwig Lohse | Klebtechnik Dr. Hartwig Lohse e.K.
D-25524 Itzehoe |

Weitere Mitglieder:

Dr. Beate Baumbach	Covestro Deutschland AG D-51368 Leverkusen
Jürgen Fritz	Evonik Resource Efficiency GmbH D-79618 Rheinfelden
Dr. Oliver Glosch	Weiss Chemie + Technik GmbH & Co. KG D-35703 Haiger

Lars Hoyer	H.B. Fuller/ Kömmerling Chemische Fabrik GmbH D-66929 Pirmasens
Rosto Iosif	3M Deutschland GmbH D-41453 Neuss
Dr. Stefan Kreiling	Henkel AG & Co. KGaA D-69112 Heidelberg
Dr. Erik Meiß	IFAM Fraunhofer-Institut für Fertigungstechnik und Angewandte Materialforschung D-28359 Bremen
Michael Schäfer	BCD Chemie GmbH D-21079 Hamburg
Bernhard Schuck	Bostik GmbH D-33829 Borgholzhausen
Frank Steegmanns	Stockmeier Urethanes GmbH & Co. KG D-32657 Lemgo
Artur Zanotti	Sika Deutschland GmbH D-72574 Bad Urach

Beirat für Nachhaltigkeit

Sprecher: Jürgen Germann	3M Deutschland GmbH D-41453 Neuss

Weitere Mitglieder:

Dr. Norbert Arnold	UZIN UTZ AG D-89079 Ulm
Dr. Jörg Dietrich	POLY-CHEM GmbH D-06766 Bitterfeld-Wolfen
Uwe Düsterwald	BASF SE D-67063 Ludwigshafen

Dr. Ruben Friedland	Lohmann GmbH & Co. KG D-56567 Neuwied
Prof. Dr. Andreas Hartwig	Fraunhofer-Institut für Fertigungstechnik und Angewandte Materialforschung (IFAM) D-28359 Bremen
Ulla Hüppe	Henkel AG & Co. KGaA D-40191 Düsseldorf
Dr. Heinz Küppers	IMCD Deutschland GmbH & Co. KG D-50668 Köln
Dr. Mathias Matner	Covestro Deutschland AG D-51373 Leverkusen
Linn Mehnert	Wacker Chemie AG D-84489 Burghausen
Dr. Thomas Schubert	tesa SE D-22848 Norderstedt
Timm Schulze	Jowat SE D-32758 Detmold
Dr. Martin Weller	H.B. Fuller Deutschland GmbH D-21335 Lüneburg

Beirat für Öffentlichkeitsarbeit

Sprecher: Thorsten Krimphove	WEICON GmbH & Co. KG D-48157 Münster

Weitere Mitglieder:

Holger Bleich	Cyberbond Europe GmbH A H.B. Fuller Company D-31515 Wunstorf

Qiyong Cui	Wacker Chemie AG D-81737 München
Sebastian Hinz	Henkel AG & Co. KGaA D-40191 Düsseldorf
Oliver Jüntgen	Henkel AG & Co. KGaA D-40191 Düsseldorf
Jens Ruderer	RUDERER KLEBETECHNIK GmbH D-85600 Zorneding
Jan Schulz-Wachler	EUKALIN Spezial-Klebstoff Fabrik GmbH D-52249 Eschweiler
Dr. Christine Wagner	Wacker Chemie AG D-84489 Burghausen

Arbeitskreis Bauklebstoffe

Vorsitzender:
Olaf Memmen

Bostik GmbH
D-33829 Borgholzhausen

Arbeitskreis Holzklebstoffe

Vorsitzender:
Klaus Kullmann

Jowat SE
D-32758 Detmold

Arbeitskreis Industrieklebstoffe

Vorsitzender:
Dr. Boris Tasche

Henkel AG & Co. KGaA
D-40191 Düsseldorf

Arbeitskreis Klebebänder

Vorsitzender:
Dr. René Rambusch

certoplast Technische Klebebänder GmbH
D-42285 Wuppertal

Arbeitskreis Papier-/Verpackungsklebstoffe

Vorsitzender:
Dr. Thomas Pfeiffer

Türmerleim GmbH
D-67014 Ludwigshafen

Arbeitskreis Rohstoffe

Vorsitzender:
Dr. Christoph Riemer

Wacker Chemie AG
D-81737 München

Arbeitskreis Strukturelles Kleben & Dichten

Vorsitzender:
Dirk Brandenburger

Sika Automotive Hamburg GmbH
D-22525 Hamburg

Arbeitsgruppe Haushalt-, Hobby- & Büroklebstoffe

Vorsitzender:	UHU GmbH & Co. KG
Seda Gellings	D-77815 Bühl

Arbeitsgruppe Schaumklebstoffe

Vorsitzender:	Stockmeier Urethanes GmbH & Co. KG
Frank Steegmanns	D-32657 Lemgo

Arbeitsgruppe Schuhklebstoffe

Vorsitzender:	RENIA Ges. mbH chemische Fabrik
Dr. Rainer Buchholz	D-51076 Köln

Geschäftsstelle

Dr. Vera Haye	Hauptgeschäftsführerin
Dr. Axel Heßland	Geschäftsführer „Technik"
Klaus Winkels	Geschäftsführer „Recht"
Michaela Szkudlarek	Assistentin der Hauptgeschäftsführung/Finanzen
Jannik Bollé	Referent Nachhaltigkeit
Danuta Dworaczek	Referentin Technik & Recherche
Nathalie Schlößer	PR-Redakteurin
Martina Weinberg	Veranstaltungsmanagerin
Natascha Zapolowski	Referentin Umwelt & Technik

Ehrenvorsitzender

Arnd Picker	Rommerskirchen

Ehrenmitglieder

Dr. Johannes Dahs	Königswinter
Dr. Hannes Frank	Detmold
Ansgar van Halteren	Ratingen
Arnd Picker	Rommerskirchen
Dr. Rainer Vogel	Langenfeld

Träger der Verdienstmedaille der deutschen Klebstoffindustrie

Ansgar van Halteren	Ratingen
Dr. Joachim Schulz	Eschweiler
Dr. H. Werner Utz	Ulm
Peter Rambusch	Wuppertal
Marlene Doobe	Eltville
Dr. Manfred Dollhausen	Odenthal
Dr. Hannes Frank	Detmold
Prof. Dr. Otto-D. Hennemann	Osterholz-Scharmbeck

BERUFSGRUPPE
BAUKLEBSTOFFE

REPORT 2021/2022

FCIO – Österreich

FCIO – Österreich

Die Berufsgruppe Bauklebstoffe im Fachverband der Chemischen Industrie wurde 2008 als Nachfolger des aufgelösten Vereins „VÖK – Vereinigung österreichischer Klebstoffhersteller" gegründet. Die Berufsgruppe Bauklebstoffe arbeitet im Rahmen des Fachverbands der Chemischen Industrie – FCIO – als selbstständige Berufsgruppe.

Die Berufsgruppe Bauklebstoffe hat derzeit 11 Mitglieder.

Mission und Service-Leistungen

Die FCIO-Berufsgruppe Bauklebstoffe mit ihren 11 Mitgliedern ist eine auf dem Wirtschaftskammergesetz basierende Berufsgruppe innerhalb des Fachverbands der Chemischen Industrie. Hauptaufgabe der Berufsgruppe ist die Interessensvertretung und Mitgestaltung der wirtschaftspolitischen Rahmenbedingungen für unsere Industrie in Österreich. Als Körperschaft öffentlichen Rechts hat die Berufsgruppe Bauklebstoffe den gesetzlichen Auftrag, die Interessen der Industrie in allen Bereichen zu wahren und die Mitgliedsunternehmen in allen rechtlichen Belangen, insbesondere Umwelt- und Arbeitsrecht zu beraten. Die Berufsgruppe steht in permanentem Kontakt mit den zuständigen Behörden und auch den Gewerkschaften und arbeitet in vielen Arbeitsgruppen von wissenschaftlichen Institutionen und Ministerien, sowie nationalen Normen-Komitees mit. Aufgabe der Berufsgruppe ist es, die Mitgliedsunternehmen bei der Erfüllung der gesetzlich vorgeschriebenen Verpflichtungen, insbesondere im Bereich Sicherheit, Gesundheit und Umweltschutz zu beraten und zu unterstützen. Weiter engagiert sich die Berufsgruppe bei Ausbildungsprogrammen für Lehrlinge für das Fliesenleger- und Bodenleger-Handwerk in Österreich.

Organisation und Struktur

Die Berufsgruppe Bauklebstoffe ist Teil des Fachverbands der Chemischen Industrie – FCIO, der wiederum unter dem Dach der Wirtschaftskammer-Organisation – WKO organisiert ist.

Präsident: Mag. Bernhard Mucherl/Murexin GmbH
Geschäftsführer: Dr. Klaus Schaubmayr/FCIO

REPORT 2021/2022

FKS - Schweiz

FKS – Schweiz

Unsere Aufgabe

Der Verband fördert die Mitglieder bezüglich der Kleb- und Dichtstoff-Herstellung, insbesondere durch:

- Vertretung der Interessen der schweizerischen Kleb- und Dichtstoff-Industrie bei Behörden und Verbänden, einschließlich der Mitwirkung bei gesetzgeberischen Aufgaben
- Mitarbeit in Fachgremien, um die Zusammenarbeit mit Behörden, nationalen und internationalen Verbänden zu stärken
- Statistiken und Basisinformationen zum Klebstoffmarkt Schweiz, welche den Schweizer und europäischen Behörden für ihre Entscheidungsprozesse Grundlageninformationen liefern
- Technische Abklärungen und Expertisen, um das Vertrauen der Kunden zu Mitgliedern des Fachverbandes zu fördern
- Regelmässiger Informations- und Erfahrungsaustausch der Mitglieder, mit dem Ziel, die Qualität der Produkte weiterzuentwickeln
- Organisieren von fachspezifischen Vorträgen

Marktentwicklungen, Richtlinien und Maßnahmen

Die Beobachtung von Marktentwicklungen und die bestehenden Richtlinien sind die Basis für die Umsetzung von Maßnahmen bezüglich Umweltschutz und Sicherheit bei der Herstellung, Verpackung, Transport, Anwendung und Entsorgung. Die Maßnahmen tragen dazu bei, mit den erbrachten Dienstleistungen jederzeit den höchsten Ansprüchen des Marktes zu genügen.

Mitglied der FEICA

(Féderation Européenne des Industries de Colles et Adhésifs)
Der Fachverband ist Mitglied der FEICA. FEICA vertritt auf internationaler Ebene in Zusammenarbeit mit internationalen Organisationen die Interessen ihrer Landesverbände. Informationen über die Entwicklung im europäischen Raum werden durch FEICA regelmässig den Landesverbänden zur Verfügung gestellt.

Dienstleistungen
- Statistiken und Basisinformationen
- Nationale Normen
- Technische Abklärungen und Expertisen
- Informations- und Erfahrungsaustausch
- Informationen über regulatorische Entwicklungen
- Frühling- und Herbsttagung
- Zugang zu FKS-Informationen im Internet Memberbereich

Organisation & Struktur
• Präsident
  Toni Rüegg
• Vize-Präsident
  Dr. Michael Lang
• Sekretär
  Simon Bienz

Mitglieder

Alfa Klebstoffe AG	GYSO AG
APM Technica AG	H.B. Fuller Europe GmbH
Artimelt AG	Henkel & Cie. AG
ASTORtec AG	Jowat Swiss AG
Avery Dennison Materials Europe GmbH	Kisling AG
BFH Architektur, Holz und Bau	KDT AG
Collano AG	merz+benteli ag
Distona AG	nolax AG
DuPont Transportation & Industrial	Pontacol AG
Emerell AG	Sika Schweiz AG
EMS-Griltech	Uzin Utz Schweiz AG
ETH Zürich	Wakol GmbH
FHNW University of Applied Sciences Northwestern Switzerland	ZHAW – Zurich University of Applied Sciences

Kontaktinformationen

Präsident	Vize-Präsident	Sekretär	Sekretariat
Toni Rüegg	Dr. Michael Lang	Simon Bienz	Fachverband Klebstoff-Industrie Schweiz
JOWAT Swiss AG	Emerell AG	merz + benteli AG	Silvia Fasel
Schiltwaldstrasse 33	Neulandstrasse 3	Freiburgstrasse 616	Bahnhofplatz 2a
6033 Buchrain	6203 Sempach Station	3172 Niederwangen	5400 Baden
Tel.: +41 (0) 41 445 11 11	Tel.: +41 (0) 41 469 91 00	Tel.: +41 (0) 31 980 48 48	Telefon: +41 (0) 56 221 51 00
E-Mail:	E-Mail:	E-Mail:	E-Mail: info@fks.ch
toni.rueegg@jowat.ch	michael.lang@emerell.com	simon.bienz@merz-benteli.ch	www.fks.ch

vereniging lijmen en kitten

REPORT 2021/2022

VLK – Niederlande

VLK – Niederlande

Industrielle Organisation

Die Vereinigung Lijmen en Kitten (VLK) vertritt die Kleb- und Dichtstoffindustrie in den Niederlanden und ist dank ihrer technischen und wirtschaftlichen Interessen als wichtiger Spieler im europäischen *level playing field* bekannt.

Die Kleb- und Dichtstoffindustrie der Niederlande geht vor allem dem Business to Business Ansatz nach. Kleb- und Dichtstoffe werden vor allem im industriellen Sektor und für den Bau genutzt. Es wird geschätzt, dass der VLK ungefähr 75% des Umsatzes mit Kleb- und Dichtstoffen in den Niederlanden ausmacht.

Für die verbundenen Betriebe ist die VLK:
* *Ansprechpartner* für die Öffentlichkeit und öffentliche Einrichtungen, wie beispielsweise Inspektionen, Organisationen der Zivilgesellschaft, Verbraucher des Marktes und andere Beteiligte;
* *Sprecher* der Industrie für eine umsetzbare Gesetzgebung auf europäischer Ebene;
* *Quelle für Informationen* und Help-Desk für Rechtsvorschriften über Stoffe, wie beispielsweise REACH und CLP sowie Bauangelegenheiten, wie beispielsweise CPR und die CE-Kennzeichnung;
* *Schützer* des Images der Kleb- und Dichtstoffe, sowie der Kleb- und Dichtstoffindustrie;
* *Facilitator* von Wissensaustausch und Networking.

Die VLK ist Mitglied der FEICA (Association of the European Adhesive & Sealant Industry), die die Anliegen des Sektors auf europäischem Level vertritt.

Leistungen

Was können Mitglieder der VLK erwarten?

* Lobby
Die VLK strebt nach praktischen und realistischen Gesetz- und Regelgebungen bezüglich der Entwicklung, Produktion und des Verkaufs von Kleb- und Dichtstoffen in den Niederlanden. Die industrielle Organisation vertritt die Anliegen des Sektors durch die Kontakte mit der Öffentlichkeit und soziale Organisationen. Viele neue Entwicklungen kommen von europäischen Zusammenschlüssen aus Brüssel. Hierfür ist die VLK Mitglied der FEICA.

* Netzwerk
Als Spinne im Netz von VLK haben Sie eine wichtige Netzwerkfunktion und bringen Betriebe miteinander in Kontakt. Dies geht über die Kleb- und Dichtstoffindustrie hinaus. Die VLK stimuliert auch den Kontakt mit anderen Gliedern in der Kette sowie Wissenseinrichtungen.

* Wissen teilen
Die VLK filtert relevante Informationen und verbreitet diese unter den Mitgliedern via der Web-

seite und digitalen Newslettern. Mitgliedsbetriebe können auch handgefertigte Tutorials auf der Mitgliederseite nutzen. Die VLK besteht des Weiteren aus drei Abteilungen und zwei technischen Arbeitsgruppen, auf denen Mitglieder Informationen austauschen können. Mitgliedsbetriebe tauschen hier Informationen über Entwicklungen auf dem Gebiet der Gesetz- und Regelgebungen aus, der Gesundheit, der Sicherheit und der Umwelt sowie der Normen.

• Einsicht in die Marktentwicklung
Die Bereiche Bodenkleber und Fliesenkleber haben eine Benchmark für die Entwicklungen in den verschiedenen Märkten, in denen diese aktiv sind, gesetzt. Für jedes Quartal erhalten Sie einen Bericht über die Marktentwicklungen.

• Helpdesk
Die VLK verfügt über ein Helpdesk für die Gesetz- und Regelgebung bezüglich Kleb- und Dichtstoffen. Beispiele hierfür wären Fragen über REACH, CLP und die CE-Markierung. Hier werden nicht nur europäische Gesetz- und Regelgebungen besprochen, auch werden Fragen über die niederländische Gesetzgebung beantwortet.

• Positives Image und Vertrauen
Durch ihre verbindende Position ist die VLK ein Organ um Informationen über die Kleb- und Dichtstoffindustrie zu verbreiten. Die VLK trägt zur Konformität im Bereich der Kleb- und Dichtstoffindustrie bei.

Mitglieder

Die Mitglieder sind es, die die VLK ausmachen. Die industrielle Organisation besteht aus Direktoren, Managern und Experten, die Arbeiten im Namen des VLK-Büros ausführen. Die Kontaktdaten von allen Mitgliedern können auf der Webseite www.vlk.nu/leden aufgerufen werden. Die VLK ist nicht an kommerziellen Aktivitäten von individuellen Betrieben beteiligt.

Organisation

Die Verwaltung der VLK besteht aus:
• Wybren de Zwart (Saba Dinxperlo BV) – Vorsitzender
• Rob de Kruijff (Sika Nederland BV)
• Gertjan van Dinther (Soudal BV)
• Gerrit Jonker (Omnicol BV)
• Dirk Breeuwer (Forbo Eurocol)

Die VLK besteht aus den folgenden Abteilungen:
• Abteilung Bodenkleber und Ausgleichsmassen
• Abteilung Fliesenkleber
• Abteilung Dichtstoffe

Die VLK besteht aus den folgenden Arbeitsgruppen:
- Technische Kommission Gesetzgebung Stoffe
- Technische Kommission Dichtstoffe
- Technische Kommission Fliesenkleber
- Technische Kommission Fassadenplatte

Büro

Genau wie Lack- und Druckfarben sind Kleb- und Dichtstoffe Mischungen. Die VLK arbeitet auch eng mit der niederländischen Gesellschaft für die Lack- und Druckfarbenindustrie (VVVF) zusammen. Die VLK hat die Filialleitung in der VVVF untergebracht und nimmt an branchenweiten Arbeitsgruppen und Sitzungen der VVVF teil.

Weitere Informationen?

Nehmen Sie für weitere Informationen mit der VLK unter www.vlk.nu Kontakt auf.

VLK

Loire 150 2491 AK Den Haag Niederlande
Telefon: + 31 70 444 06 80
E-Mail: info@vlk.nu
www.vlk.nu

GEV

Gemeinschaft Emissionskontrollierte
Verlegewerkstoffe

EMICODE®

Sicherheit vor Raumluftbelastungen

Das Thema „Sicherheit vor Raumluftbelastungen" und die Forderungen kritischer Verbraucher emissionsarme Produkte bereitzustellen, haben im Februar 1997 zur zur Einrichtung des Kennzeichnungssystems EMICODE® geführt. Getragen wurde diese Initiative von den führenden Herstellern von Verlegewerkstoffen des Industrieverband Klebstoffe. Eigens hierfür wurde die Gemeinschaft Emissionskontrollierte Verlegewerkstoffe, Klebstoffe und Bauprodukte e. V. (GEV) gegründet.

Zunächst entwickelte die deutsche Klebstoffindustrie Anfang der 90er Jahre gemeinsam mit den Bauberufsgenossenschaften den sog. GISCODE, um Verarbeiter in der Auswahl des Verlegewerkstoffes zu unterstützen. Mit dem Kennzeichnungssystem GISCODE wird dem Verarbeiter der schnelle Überblick über arbeitsschutzrechtlich geeignete Produkte gegeben.

Nach dem Gefahrstoffrecht dürfen sich Parkett- und Fußbodenleger heute nur noch in Ausnahmefällen und unter Beachtung besonderer Schutzmaßnahmen hohen Konzentrationen flüchtiger Lösemittel aussetzen (TRGS 610). Die Verwendung von Ersatzstoffen mit weit geringerem Gefährdungspotential ist die Regel geworden. Dies trug zu einem erheblichen Rückzug lösemittelhaltiger Produkte in den vergangenen 25 Jahren bei.

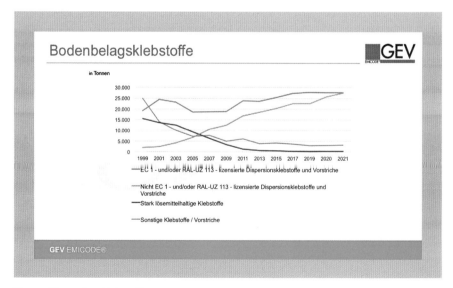

Einsatz Dispersionsklebstoffe

Neben Lösemitteln gibt es noch weitere organische Verbindungen. Es handelt sich dabei einerseits um technisch bedingte Verunreinigungen von Rohstoffen und andererseits um schwerflüchtige Verbindungen. Diese werden zwar nur in geringer Konzentration, dafür jedoch über längere Zeit aus den Produkten an die Raumluft abgegeben. Eine neue Generation lösemittelfreier und sehr emissionsarmer Verlegewerkstoffe wurde deshalb entwickelt, die aus raumlufthygienischer Sicht besonders empfehlenswert sind.

Um in der Vielzahl unterschiedlicher Messverfahren Verarbeitern und Verbrauchern eine verlässliche Orientierung zu geben, wurde das wettbewerbsneutrale Prüf- und Kennzeichnungssystem EMICODE® entwickelt. Durch EMICODE® wurde die Möglichkeit geschaffen, Verlegewerkstoffe und andere chemische Bauprodukte nach ihrem Emissionsverhalten vergleichend zu bewerten. Zugleich wurde ein starker Anreiz dafür gegeben, die Produkte ständig weiter zu verbessern.

Der Klasseneinteilung nach dem System EMICODE® liegen eine exakt definierte Prüfkammeruntersuchung und anspruchsvolle Einstufungskriterien zugrunde. Klebstoffe, Spachtelmassen, Grundierungen und andere Bauprodukte, die mit dem GEV-Zeichen EMICODE® EC 1 als „sehr emissionsarm" gekennzeichnet sind, bieten dabei größtmögliche Sicherheit vor Raumluftbelastungen.

Im Unterschied zu anderen Systemen erfolgt die Kennzeichnung eigenverantwortlich durch den Hersteller, während die GEV zur Kontrolle Stichproben am Markt durch unabhängige Institute durchführen lässt. Ein weiterer Unterschied ist, dass die GEV keine Qualitätskompromisse zulässt; technisch fragwürdige Öko-Kriterien werden im Sinne der Nachhaltigkeit nicht zugelassen.

Diese freiwillige Initiative ist eine konsequente Fortführung der Bemühungen um den Gesundheitsschutz von Verarbeitern und Verbrauchern. **EMICODE**® gibt ausschreibenden Stellen, Architekten, Planern, Handwerkern, Bauherren und Endverbrauchern eine transparente, wettbewerbsneutrale Orientierungshilfe bei der Auswahl „emissionsarmer" Verlegewerkstoffe. Videos in 13 Sprachen, Broschüren und technische Dokumente sowie weitere Unterlagen sind unter der Homepage *www.emicode.com* einsehbar.

Mit der Erweiterung der EMICODE®-Produkte um den Produktbereich der Fugendichtstoffe, Parkettlacke und -öle, Montageschäume, Estriche, reaktive Beschichtungen und Fensterfolien, Innenraumputze, etc. hat die GEV auf Marktanforderungen reagiert, weitere Produkte zu klassifizieren, die nicht den klassischen Verlegewerkstoffen zugehören. Hierdurch wird auf weitere Markt- und Industrieanforderungen reagiert, Produkte ökologisch zu differenzieren. Mittlerweile hat die GEV über 176 Mitglieder aus 22 Ländern und wächst stetig - vor allem in Deutschland und im europäischen Ausland.

Vorsitzender des Vorstands   Stefan Neuberger, Pallmann GmbH
Vorsitzender des Technischen Beirats   Hartmut Urbath, PCI GmbH
Geschäftsführer GEV   RA Klaus Winkels

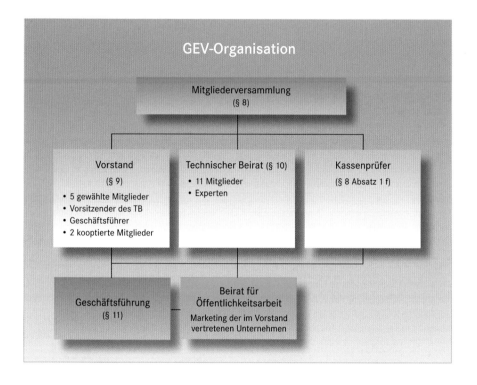

Gemeinschaft Emissionskontrollierte Verlegewerkstoffe, Klebstoffe und Bauprodukte (GEV)
RWI4-Haus
Völklinger Straße 4
D-40219 Düsseldorf
Telefon +49 (0) 2 11-6 79 31-20
Telefax +49 (0) 2 11-6 79 31-33
E-Mail: info@emicode.com
www.emicode.com

Seit 1972 – also genau 50 Jahren – vertritt der europäische Klebstoffverband FEICA - **F**édération **E**uropéenne des **I**ndustries de **C**olles et **A**dhésifs - die Interessen der europäischen Kleb- und Dichtstoffindustrie. Die FEICA ist der Dachverband für 16 nationale Klebstoffverbände in Europa und sie repräsentiert darüber hinaus die Interessen von derzeit 25 Einzelunternehmen – im Wesentlichen multinational operierende Klebstoffhersteller bzw. Produzenten von Montageschäumen sowie 23 angeschlossener Mitglieder.

Die Geschäftsstelle der FEICA hat ihren Sitz in Brüssel.

Die Leitung des europäischen Verbands obliegt Kristel Ons.

Die Ziele der FEICA

In Zusammenarbeit mit ihren Mitgliedern nimmt die FEICA die gemeinsamen europäischen Interessen der Klebstoffindustrie wahr. Ihr obliegt die Vertretung der Interessen ihrer Mitglieder gegenüber den Institutionen der Europäischen Union.

Außenkontakte

Um auf schnellstmöglichem Wege Informationen über die Vorhaben und Erlässe der Europäischen Institutionen (Europäisches Parlament, Europäischer Rat, Europäische Kommission, Generaldirektorate) zu erhalten, unterhält die FEICA u. a. einen engen Kontakt zum europäischen Chemieverband **CEFIC** (Europäischer Chemieverband) und zu anderen europäischen Verbänden, von denen sich viele der sogenannten DUCC-Gruppe (**D**ownstream **U**ser of **C**hemicals **C**o-ordination Group) angeschlossen haben.

Service für IVK-Mitglieder

Als National Association Mitglied (NAM) der FEICA vertritt der Industrieverband Klebstoffe die Interessen der deutschen Klebstoffhersteller im Direktorium, im technischen Vorstand sowie in zahlreichen Fachgremien des europäischen Verbands. Diese Konstellation sichert den Mitgliedern des Industrieverbands Klebstoffe einen entsprechenden, kostenfreien Service sowie alle notwendigen Informationen und regelmäßige Kontakte auf europäischer Ebene.

Kontaktadresse

FEICA - Rue Belliard 40 – 1040 Brussels – Belgium– www.feica.eu

DEUTSCHE UND EUROPÄISCHE GESETZGEBUNG UND VORSCHRIFTEN

Klebstoffrelevante Auflistung

Gefahrstoffrecht

Nationale Gesetze, Verordnungen und Verwaltungsvorschriften

- **Chemikaliengesetz** (ChemG) - Gesetz zum Schutz vor gefährlichen Stoffen
- **Gefahrstoffverordnung** (GefStoffV) - Verordnung zum Schutz vor Gefahrstoffen
- **Chemikalien-Verbotsverordnung** (ChemVerbotsV) - Verordnung über Verbote und Beschränkungen des Inverkehrbringens gefährlicher Stoffe, Zubereitungen und Erzeugnisse nach dem Chemikaliengesetz
- **Chemikalien-Sanktionsverordnung** (ChemSanktionsV) - Verordnung zur Sanktionsbewehrung gemeinschafts- oder unionsrechtlicher Verordnungen auf dem Gebiet der Chemikaliensicherheit
- **Giftinformationsverordnung** (ChemGiftinfoV) - Verordnung über die Mitteilungspflichten nach § 16 e des Chemikaliengesetzes zur Vorbeugung und Information bei Vergiftungen
- **Chemikalien-Klimaschutzverordnung** (ChemKlimaschutzV) - Verordnung zum Schutz des Klimas vor Veränderungen durch den Eintrag bestimmter fluorierter Treibhausgase
- **Chemikalien-Ozonschichtverordnung** - (ChemOzonSchichtV) - Verordnung über Stoffe, die die Ozonschicht schädigen
- **Lösemittelhaltige Farben- und Lack-Verordnung** (ChemVOCFarbV) – Chemikalienrechtliche Verordnung zur Begrenzung der Emissionen flüchtiger organischer Verbindungen (VOC) durch Beschränkung des Inverkehrbringens lösemittelhaltiger Farben und Lacke
- **Biozidrechts-Durchführungsverordnung** (ChemBiozidDV) - Verordnung über die Meldung und die Abgabe von Biozid-Produkten sowie zur Durchführung der Verordnung (EU) Nr. 528/2012 (Biozidrechts-Durchführungsverordnung - ChemBiozidDV)
- **Betriebssicherheitsverordnung** (BetrSichV) - Verordnung über Sicherheit und Gesundheitsschutz bei der Verwendung von Arbeitsmitteln
- **Technische Regeln für Gefahrstoffe TGRS**
  - ▸ TRGS 201, Einstufung und Kennzeichnung von Abfällen zur Beseitigung beim Umgang
  - ▸ TRGS 220, Nationale Aspekte beim Erstellen von Sicherheitsdatenblättern
  - ▸ TRGS 400, Gefährdungsbeurteilung für Tätigkeiten mit Gefahrstoffen
  - ▸ TRGS 401, Gefährdung durch Hautkontakt - Ermittlung, Beurteilung, Maßnahmen
  - ▸ TRGS 402, Ermitteln und Beurteilen der Gefährdungen bei Tätigkeiten mit Gefahrstoffen: Inhalative Exposition
  - ▸ TRBA/TRGS 406, Sensibilisierende Stoffe für die Atemwege
  - ▸ BekGS 409, Bekanntmachungen zu Gefahrstoffen - Nutzung der REACH-Informationen für den Arbeitsschutz
  - ▸ TRGS 410, Expositionsverzeichnis bei Gefährdung gegenüber krebserzeugenden oder keimzellmutagenen Gefahrstoffen der Kategorien 1A oder 1B
  - ▸ TRGS 420, Verfahrens- und stoffspezifische Kriterien (VSK) für die Ermittlung und Beurteilung der inhalativen Exposition
  - ▸ TRGS 430, Isocyanate – Exposition und Überwachung
  - ▸ TRGS 460, Handlungsempfehlung zur Ermittlung des Standes der Technik
  - ▸ TRGS 500, Schutzmaßnahmen
  - ▸ TRGS 507, Oberflächenbehandlung in Räumen und Behältern
  - ▸ TRGS 509 Lagern von flüssigen und festen Gefahrstoffen in ortsfesten Behältern sowie Füll- und Entleerstellen für ortsbewegliche Behälter

- ▸ TRGS 510, Lagerung von Gefahrstoffen in ortsbeweglichen Behältern
- ▸ TRGS 519, Asbest: Abbruch-, Sanierungs- oder Instandhaltungsarbeiten
- ▸ TRGS 520, Errichtung und Betrieb von Sammelstellen und zugehörigen Zwischenlagern für Kleinmengen gefährlicher Abfälle
- ▸ TRGS 526, Laboratorien
- ▸ TRGS 527 Tätigkeiten mit Nanomaterialien
- ▸ TRGS 555, Betriebsanweisung und Information der Beschäftigten
- ▸ TRGS 559, Quarzhaltiger Staub
- ▸ TRGS 600, Substitution
- ▸ TRGS 610, Ersatzstoffe und Ersatzverfahren für stark lösemittelhaltige Vorstriche und Klebstoffe für den Bodenbereich
- ▸ TRGS 617, Ersatzstoffe und Ersatzverfahren für stark lösemittelhaltige Oberflächenbehandlungsmittel für Parkett und andere Holzfußböden
- ▸ TRGS 800, Brandschutzmaßnahmen
- ▸ TRGS 900, Arbeitsplatzgrenzwerte
- ▸ BekGS 901 Kriterien zur Ableitung von Arbeitsplatzgrenzwerten
- ▸ TRGS 903, Biologische Grenzwerte
- ▸ TRGS 905, Verzeichnis krebserzeugender, erbgutverändernder und fortpflanzungsgefährdender Stoffe
- ▸ TRGS 906, Verzeichnis krebserzeugender Tätigkeiten oder Verfahren nach § 3 Abs. 2 Nr. 3 GefStoffV
- ▸ TRGS 907, Verzeichnis sensibilisierender Stoffe und von Tätigkeiten mit sensibilisierenden Stoffen
- ▸ TRGS 910, Risikobezogenes Maßnahmenkonzept für Tätigkeiten mit krebserzeugenden Gefahrstoffen

- • **Merkblätter der Berufsgenossenschaften**
  - ▸ A 002 – Gefahrgutbeauftragte
  - ▸ A 004 – Informationen für Sicherheitsbeauftragte
  - ▸ A 005 – Sicher arbeiten - Leitfaden für neue Mitarbeiter und Mitarbeiterinnen
  - ▸ A 006 – Verantwortung im Arbeitsschutz – Rechtspflichten, Rechtsfolgen, Rechtsgrundlagen
  - ▸ A 008 – Persönliche Schutzausrüstungen
  - ▸ A 008-1 – Chemikalienschutzhandschuhe
  - ▸ A 008-2 – Gehörschutz
  - ▸ A 010 – Betriebsanweisungen für Tätigkeiten mit Gefahrstoffen
  - ▸ A 013 – Beförderung gefährlicher Güter
  - ▸ A 014 – Gefahrgutbeförderung im PKW und in Kleintransportern
  - ▸ A 016 – Gefährdungsbeurteilung
  - ▸ A 017 – Gefährdungsbeurteilung – Gefährdungskatalog
  - ▸ A 023 – Hand- und Hautschutz
  - ▸ A 038 – Wegweiser Corona-Pandemie
  - ▸ A 040 - Sichere Lüftung in Zeiten der Corona-Pandemie -Stoßlüftung, Technische Lüftung, Luftreinigung
  - ▸ M 004 – Säuren und Laugen
  - ▸ M 017 – Lösemittel
  - ▸ M 044 – Polyurethane / Isocyanate

▸ M 050 – Tätigkeiten mit Gefahrstoffen
▸ M 053 – Arbeitsschutzmaßnahmen bei Tätigkeiten mit Gefahrstoffen
▸ M 054 – Styrol - Polyesterharze und andere styrolhaltige Gemische
▸ M 060 – Gefahrstoffe mit GHS-Kennzeichnung
▸ M 062 – Lagerung von Gefahrstoffen
▸ T 025 – Umfüllen von Flüssigkeiten – vom Kleingebinde bis zum Container
▸ T 053 – Entzündbare Flüssigkeiten
▸ BGI/GUV-I 790-15 – Verwendung von reaktiven PUR-Schmelzklebstoffen bei der Verarbeitung von Holz, Papier und Leder

Europäisches Gemeinschaftsrecht

- **REACH-Verordnung** (EG) Nr. 1907/2006 des Europäischen Parlaments und des Rates vom 18. Dezember 2006 zur Registrierung, Zulassung und Beschränkung chemischer Stoffe (REACH), zur Schaffung einer Europäischen Agentur für chemische Stoffe, zur Änderung der RL 1999/45/EG und zur Aufhebung der Verordnung (EWG) Nr. 793/93 des Rates, der Verordnung (EG) Nr. 1488/94 der Kommission, der RL 76/769/EWG des Rates sowie der Richtlinien 91/155/EWG, 93/67/EWG, 93/105/EWG und 2000/21/EG der Kommission
- **CLP-Verordnung** - Verordnung (EG) Nr. 1272/2008 des Europäischen Parlaments und des Rates vom 16. Dezember 2008 über die Einstufung, Kennzeichnung und Verpackung von Stoffen und Gemischen, zur Änderung und Aufhebung der Richtlinien 67/548/EWG und 1999/45/EG und zur Änderung der Verordnung (EG) Nr. 1907/2006
- **ECHA-Gebührenverordnung REACH** - Verordnung (EG) Nr. 340/2008 der Kommission vom 16. April 2008 über die an die Europäische Chemikalienagentur zu entrichtenden Gebühren und Entgelte gemäß der Verordnung (EG) Nr. 1907/2006 des Europäischen Parlaments und des Rates zur Registrierung, Bewertung, Zulassung und Beschränkung chemischer Stoffe (REACH)
- **ECHA-Gebührenverordnung CLP** - Verordnung (EU) Nr. 440/2010 der Kommission vom 21. Mai 2010 über die an die Europäische Chemikalienagentur zu entrichtenden Gebühren gemäß der Verordnung (EG) Nr. 1272/2008 des Europäischen Parlaments und des Rates über die Einstufung, Kennzeichnung und Verpackung von Stoffen und Gemischen
- **Chemikalien-Prüfmethodenverordnung Verordnung** (EG) Nr. 440/2008 der Kommission vom 30. Mai 2008 zur Festlegung von Prüfmethoden gemäß der Verordnung (EG) Nr. 1907/2006 des Europäischen Parlaments und des Rates zur Registrierung, Bewertung, Zulassung und Beschränkung chemischer Stoffe (REACH)
- **Biozidverordnung** (EU) Nr. 528/2012 (...) über die Bereitstellung auf dem Markt und die Verwendung von Biozidprodukten
- **Gebührenverordnung Biozide** - (EU) Nr. 564/2013 (...) über die an die Europäische Chemikalienagentur zu entrichtenden Gebühren und Abgaben gemäß der Verordnung (EU) Nr. 528/2012 des Europäischen Parlaments und des Rates über die Bereitstellung auf dem Markt und die Verwendung von Biozidprodukten
- **PIC-Verordnung** - Verordnung (EG) Nr. 649/2012 des Europäischen Parlaments und des Rates über die Aus- und Einfuhr gefährlicher Chemikalien
- **POP-Verordnung** - Verordnung (EU) 2019/1021 des Europäischen Parlaments und des Rates vom 20. Juni 2019 über persistente organische Schadstoffe

Abfallrecht

Nationale Gesetze, Verordnungen und Verwaltungsvorschriften

- **Kreislaufwirtschafts- und Abfallgesetz** – (KrW-/AbfG) Gesetz zur Förderung der Kreislaufwirtschaft und Sicherung der umweltverträglichen Beseitigung von Abfällen
- **Abfallbeauftragter** (AbfBetrBV) Verordnung über Betriebsbeauftragte für Abfall
- **Verpackungsgesetz** (VerpackG) – Gesetz über das Inverkehrbringen, die Rücknahme und die hochwertige Verwertung von Verpackungen
- **Gewerbeabfallverordnung** - (GewAbfV) Verordnung über die Entsorgung von gewerblichen Siedlungsabfällen und von bestimmten Bau- und Abbruchabfällen
- **Gewinnungsabfallverordnung** (GewinnungsAbfV) Verordnung zur Umsetzung der Richtlinie 2006/21/EG des Europäischen Parlaments und des Rates vom 15. März 2006 über die Bewirtschaftung von Abfällen aus der mineralgewinnenden Industrie und zur Änderung der Richtlinie 2004/35/EG
- **Nachweisverordnung** - (NachwV) - Verordnung über Verwertungs- und Beseitigungsnachweise
- **Abfallverzeichnis-Verordnung** (AVV) Verordnung über das Europäische Abfallverzeichnis
- **Altholzverordnung** - (AltholzV) Verordnung über Anforderungen an die Verwertung und Beseitigung von Altholz
- **Technische Regeln** für Gefahrstoffe
  - ▶ TRGS 520 Errichtung und Betrieb von Sammelstellen und zugehörigen Zwischenlagern für Kleinmengen gefährlicher Abfälle

Europäisches Gemeinschaftsrecht

- **Abfallrahmenrichtlinie** – Richtlinie 2008/98/EG des Europäischen Parlaments und des Rates vom 19. November 2008 über Abfälle und zur Aufhebung bestimmter Richtlinien
- **Abfallverzeichnis** – Entscheidung 2000/532/EG der Kommission vom 3. Mai 2000 zur Ersetzung der Entscheidung 94/3/EG über ein Abfallverzeichnis gemäß Artikel 1 Buchstabe a) der Richtlinie 75/442/EWG des Rates über Abfälle und der Entscheidung 94/904/EG des Rates über ein Verzeichnis gefährlicher Abfälle im Sinne von Artikel 1 Absatz 4 der Richtlinie 91/689/EWG über gefährliche Abfälle
- **Verpackungs-Richtlinie** Richtlinie 94/62/EG des Europäischen Parlaments und des Rates vom 20. Dezember 1994 über Verpackungen und Verpackungsabfälle

Circular Economy

- **Der europäische Grüne Deal** - Mitteilung der Kommission an das Europäische Parlament, den Europäischen Rat, den Rat, den Europäischen Wirtschafts- und Sozialausschuss und den Ausschuss der Regionen COM/2019/640 final
- **Ein neuer Aktionsplan für die Kreislaufwirtschaft Für ein saubereres und wettbewerbsfähigeres Europa** Mitteilung der Kommission an das Europäische Parlament, den Rat, den Europäischen Wirtschafts- und Sozialausschuss und den Ausschuss der Regionen COM/2020/98 final

- **Chemikalienstrategie für Nachhaltigkeit Für eine schadstofffreie Umwelt** Mitteilung der Kommission an das Europäische Parlament, den Europäischen Rat, den Rat, den Europäischen Wirtschafts- und Sozialausschuss und den Ausschuss der Regionen COM /2020/ 667 final
- **Eine europäische Strategie für Kunststoffe in der Kreislaufwirtschaft** - Mitteilung der Kommission an das Europäische Parlament, den Europäischen Rat, den Rat, den Europäischen Wirtschafts- und Sozialausschuss und den Ausschuss der Regionen - COM /2018/ 28 final
- **Ökodesign-Richtlinie** - Richtlinie 2009/125/EG des Europäischen Parlaments und des Rates vom 21. Oktober 2009 zur Schaffung eines Rahmens für die Festlegung von Anforderungen an die umweltgerechte Gestaltung energieverbrauchsrelevanter Produkte (Neufassung) (Text von Bedeutung für den EWR)

Immissionsschutzrecht

Nationale Gesetze, Verordnungen und Verwaltungsvorschriften

- **Bundes-Immissionsschutzgesetz** (BImSchG) Gesetz zum Schutz vor schädlichen Umwelteinwirkungen durch Luftverunreinigungen, Geräusche, Erschütterungen und ähnliche Vorgänge
  - ▸ 1. BImSchV - Erste Verordnung zur Durchführung des Bundes-Immissionsschutzgesetzes (Verordnung über kleine und mittlere Feuerungsanlagen)
  - ▸ 2. BImSchV - Zweite Verordnung zur Durchführung des Bundes-Immissionsschutzgesetzes, (Verordnung zur Emissionsbegrenzung von leichtflüchtigen halogenierten organischen Verbindungen)
  - ▸ 4. BImSchV - Vierte Verordnung zur Durchführung des Bundes-Immissionsschutzgesetzes (Verordnung über genehmigungsbedürftige Anlagen)
  - ▸ 5. BImSchV - Fünfte Verordnung zur Durchführung des Bundes-Immissionsschutzgesetzes (Verordnung über Immissionsschutz- und Störfallbeauftragte)
  - ▸ 9. BImSchV - Neunte Verordnung zur Durchführung des Bundes-Immissionsschutzgesetzes (Verordnung über das Genehmigungsverfahren).
  - ▸ 11. BImSchV - Elfte Verordnung zur Durchführung des Bundes-Immissionsschutzgesetzes (Emissionserklärungsverordnung)
  - ▸ 12. BImSchV - Zwölfte Verordnung zur Durchführung des Bundes-Immissionsschutzgesetzes (Störfallverordnung)
  - ▸ 13. BImSchV - Dreizehnte Verordnung zur Durchführung des Bundes-Immissionsschutzgesetzes (Verordnung über Großfeuerungs-, Gasturbinen- und Verbrennungsmotoranlagen)
  - ▸ 17. BImSchV - Siebzehnte Verordnung zur Durchführung des Bundes-Immissionsschutzgesetzes (Verordnung über Verbrennungsanlagen für Abfälle und ähnliche brennbare Stoffe)
  - ▸ 31. BImSchV - Einunddreißigste Verordnung zur Durchführung des Bundes-Immissionsschutzgesetzes (Verordnung zur Begrenzung der Emissionen flüchtiger organischer Verbindungen bei der Verwendung organischer Lösemittel in bestimmten Anlagen)
  - ▸ 39. BImSchV - Neununddreißigste Verordnung zur Durchführung des Bundes-Immissionsschutzgesetzes (Verordnung über Luftqualitätsstandards und Emissionshöchstmengen)
  - ▸ 42. BImSchV - Zweiundvierzigste Verordnung zur Durchführung des Bundes-Immissionsschutzgesetzes (Verordnung über Verdunstungskühlanlagen, Kühltürme und Nassabscheider)

- **Lösemittelhaltige Farben- und Lack-Verordnung** – (ChemVOCFarbV) Chemikalienrechtliche Verordnung zur Begrenzung der Emissionen flüchtiger organischer Verbindungen (VOC) durch Beschränkung des Inverkehrbringens lösemittelhaltiger Farben und Lacke
- **TA Luft** - Technische Anleitung zur Reinhaltung der Luft - Erste Allgemeine Verwaltungsvorschrift zum Bundes-Immissionsschutzgesetz

Europäisches Gemeinschaftsrecht

- **Luftqualitätsrichtlinie** – Richtlinie 2008/50/EG des Europäischen Parlaments und des Rates vom 21. Mai 2008 über Luftqualität und saubere Luft für Europa
- **Industrieemissionen-Richtlinie** - Richtlinie 2010/75/EU des Europäischen Parlaments und des Rates vom 24. November 2010 über Industrieemissionen (integrierte Vermeidung und Verminderung der Umweltverschmutzung)
- **VOC-Emissionen, Farben und Lacke** - Richtlinie 2004/42/EG des Europäischen Parlaments und des Rates vom 21. April 2004 über die Begrenzung der Emissionen flüchtiger organischer Verbindungen aufgrund Verwendung organischer Lösemittel in bestimmten Farben und Lacken und in Produkten der Fahrzeugreparaturlackierung sowie zur Änderung der Richtlinie 1999/13/EG
- **Emissionshandelsrichtlinie** – Richtlinie 2003/87/EG des Europäischen Parlaments und des Rates vom 13. Oktober 2003 über ein System für den Handel mit Treibhausgasemissionszertifikaten in der Gemeinschaft und zur Änderung der Richtlinie 96/61/EG des Rates
- **PRTR-Verordnung** - Verordnung (EG) Nr. 166/2006 des Europäischen Parlaments und des Rates vom 18. Januar 2006 über die Schaffung eines Europäischen Schadstofffreisetzungs- und -verbringungsregisters und zur Änderung der Richtlinien 91/689/EWG und 96/61/EG des Rates
- **F-Gase-Verordnung** - Verordnung (EU) Nr. 517/2014 des Europäischen Parlaments und des Rates vom 16. April 2014 über fluorierte Treibhausgase und zur Aufhebung der Verordnung (EG) Nr. 842/2006

Wasserrecht

Nationale Gesetze, Verordnungen und Verwaltungsvorschriften

- **Wasserhaushaltsgesetz** (WHG) – Gesetz zur Ordnung des Wasserhaushalts
- **Abwasserabgabengesetz** (AbwAG) – Gesetz über Abgaben für das Einleiten von Abwasser in Gewässer
- **Wassergefährdende Stoffe** (AwSV) - Verordnung über Anlagen zum Umgang mit wassergefährdenden Stoffen (AwSV)
- **Abwasserverordnung** (AbwV) – Verordnung über Anforderungen an das Einleiten von Abwasser in Gewässer
  - ▸ Anhang 15 – Herstellung von Hautleim, Gelatine und Knochenleim
  - ▸ Anhang 22 – Chemische Industrie

Europäisches Gemeinschaftsrecht

- **Wasser-Rahmenrichtlinie** Richtlinie 2000/60/EG des Europäischen Parlaments und des Rates vom 23. Oktober 2000 zur Schaffung eines Ordnungsrahmens für Maßnahmen der Gemeinschaft im Bereich der Wasserpolitik
- **Industrieemissionen-Richtlinie** – Richtlinie 2010/75/EU des Europäischen Parlaments und des Rates vom 24. November 2010 über Industrieemissionen (integrierte Vermeidung und Verminderung der Umweltverschmutzung)

Produktsicherheitsrecht

Nationale Gesetze, Verordnungen und Verwaltungsvorschriften

- **Produktsicherheitsgesetz** (ProdSG) – Gesetz über die Bereitstellung von Produkten auf dem Markt
- **Verordnung über die Sicherheit von Spielzeug** (2. ProdSV) – Zweite Verordnung zum Produktsicherheitsgesetz
- **Betriebssicherheitsverordnung** (BetrSichV) – Verordnung über Sicherheit und Gesundheitsschutz bei der Verwendung von Arbeitsmitteln
- **Produkthaftungsgesetz** (ProdHaftG) – Gesetz über die Haftung für fehlerhafte Produkte
- **Arbeitsstättenverordnung** (ArbStättV) – Verordnung über Arbeitsstätten
- **TRGS 509** „Lagern von flüssigen und festen Gefahrstoffen in ortsfesten Behältern sowie Füll- und Entleerstellen für ortsbewegliche Behälter"

Europäisches Gemeinschaftsrecht

- **Richtlinie 2001/95/EG** des Europäischen Parlaments und des Rates über die allgemeine Produktsicherheit
- **Verordnung (EU) 2016/426** des Europäischen Parlaments und des Rates über Geräte zur Verbrennung gasförmiger Brennstoffe und zur Aufhebung der Richtlinie 2009/142/EG
- **Verordnung (EU) 2016/425** des Europäischen Parlaments und des Rates über persönliche Schutzausrüstungen und zur Aufhebung der Richtlinie 89/686/EWG des Rates

Gefahrgut-Transportrecht

Nationale Gesetze, Verordnungen und Verwaltungsvorschriften

- **Gefahrgutbeförderungsgesetz** (GGbefG) – Gesetz über die Beförderung gefährlicher Güter
- **Gefahrgutverordnung See** (GGVSee) – Verordnung über die Beförderung gefährlicher Güter mit Seeschiffen
- **Gefahrgut-Kostenverordnung** (GGKostV) – Kostenverordnung für Maßnahmen bei der Beförderung gefährlicher Güter
- **Gefahrgutbeauftragtenverordnung** (GbV) – Verordnung über die Bestellung von Gefahrgutbeauftragten in Unternehmen

- **Gefahrgutverordnung Straße, Eisenbahn und Binnenschifffahrt** – (GGVSEB) Verordnung über die innerstaatliche und grenzüberschreitende Beförderung gefährlicher Güter auf der Straße, mit Eisenbahnen und auf Binnengewässern
- **Gefahrgut-Ausnahmeverordnung** (GGAV) – Verordnung über Ausnahmen von den Vorschriften über die Beförderung gefährlicher Güter

Europäisches Gemeinschaftsrecht

- **Verordnung (EU) Nr. 530/2012** des Europäischen Parlaments und des Rates vom 13. Juni 2012 zur beschleunigten Einführung von Doppelhüllen oder gleichwertigen Konstruktionsanforderungen für Einhüllen-Öltankschiffe
- **Richtlinie 2008/68/EG** des Europäischen Parlaments und des Rates vom 24. September 2008 über die Beförderung gefährlicher Güter im Binnenland
- **Richtlinie 2014/103/EU** der Kommission vom 21. November 2014 zur dritten Anpassung der Anhänge der Richtlinie 2008/68/EG des Europäischen Parlaments und des Rates über die Beförderung gefährlicher Güter im Binnenland an den wissenschaftlichen und technischen Fortschritt

Internationale Übereinkommen

- **GHS** – Globally Harmonized System of Classification and Labelling of Chemicals
- **ADR** – Gesetz – Europäisches Übereinkommen über die internationale Beförderung gefährlicher Güter auf der Straße
- **ADN** – Gesetz – Europäisches Übereinkommen über die Beförderung gefährlicher Güter auf Binnenwasserstraßen
- **RID** – Ordnung für die internationale Eisenbahnbeförderung gefährlicher Güter

Sonstige Rechtsbereiche

- **Bauproduktenverordnung** - Die Verordnung (EU) Nr. 305/2011 des Europäischen Parlaments und des Rates vom 9. März 2011 zur Festlegung harmonisierter Bedingungen für die Vermarktung von Bauprodukten (EU-BauPVO)
- **Lebensmittel-, Bedarfsgegenstände- und Futtermittelgesetzbuch** (Lebensmittel- und Futtermittelgesetzbuch – LFGB)
- **Verordnung über Fertigpackungen** (Fertigpackungsverordnung - FertigPackV)
- **Gesetz über die Umwelthaftung** (UmweltHG)
- **Strafgesetzbuch** (StGB) - Neunundzwanzigster Abschnitt. Straftaten gegen die Umwelt
- **Gesetz zur Regelung des Rechts der Allgemeinen Geschäftsbedingungen** (AGB-Gesetz)
- **Bürgerliches Gesetzbuch** (BGB)
- **Handelsgesetzbuch** (HGB)
- **Gesetz über das Mess- und Eichwesen** (Eichgesetz)
- **Gesetz gegen Wettbewerbsbeschränkungen**
- **Warenzeichengesetz** (WZG)
- **Gesetz gegen den unlauteren Wettbewerb** (UWG)

STATISTISCHE ÜBERSICHTEN

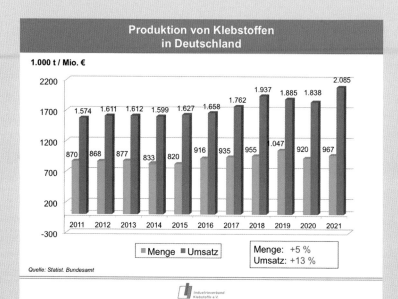

Produktion von Klebstoffen in Deutschland

1.000 t / Mio. €

	2011	2012	2013	2014	2015	2016	2017	2018	2019	2020	2021
Menge	870	868	877	833	820	916	935	955	1.047	920	967
Umsatz	1.574	1.611	1.612	1.599	1.627	1.658	1.762	1.937	1.885	1.838	2.085

■ Menge ■ Umsatz

Menge: +5 %
Umsatz: +13 %

Quelle: Statist. Bundesamt

Industrieverband Klebstoffe e.V.

Die deutsche Klebstoffindustrie 2022
Ausgebremst durch Krieg, Inflation und chinesische Lockdowns

Geopolitische Risiken
- Ukraine Krieg
- Lock-down in China
- Covid-19 Pandemie
- Anhaltende Störung von Lieferketten
- Anhaltend hohe Inflationsraten
- Mögliches Risiko einer Deflation

Regulatorisches Umfeld
- Green Deal
- Taxonomie

Industrie mit stagnierendem Auftragseingang
- Weiter rückläufiger Industrie-Produktions-Index (IPX)
- Wachstum in USA China und Europa schwach
- Automobilproduktion sogar unter Niveau 2020

Rohstoffe
- Energiepreise bleiben auf Rekord-Niveau
- Rohstoffpreise weiter auf historischen Höchstständen

Quellen: IHS World Economic Service April/Mai 2022; Bundesbank Monatsbericht April 2022; DIW Wochenbericht 19/2022

Industrieverband Klebstoffe e.V.

Ausblick 2022: Schnelle „V"-Erholung in 2021
Kleines „V" in 2022/23 nicht sicher

IHS Industrial Production Index (IPX):
Jährliche Wachstumsraten [in %]

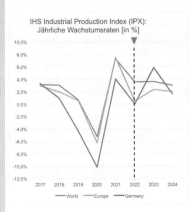

World — Europe — Germany

Quellen: IHS World Economic Service May 2022; Bundesbank Monatsbericht April 2022; DIW Wochenbericht 19/2022

➤ Globale Wirtschaft rückläufig -
Knappheiten bremsen weiteren
Aufschwung vermutlich bis ins Q3 2022

• Kurzfristige Preisentspannung wenig
wahrscheinlich

➤ Deutsche Wirtschaftsaktivität hinter
Europa und globaler Entwicklung

• Ukraine Krieg und China Lockdown
führen zu hohen Unsicherheiten

• Anhaltende Lieferketten Störungen
und Materialengpässe

• Automobilindustrie weiter unter
Produktion des Corona-Jahres 2020

• Nachholeffekte in Deutschland in
2023

Industrieverband
Klebstoffe e.V.

Die deutsche Klebstoffindustrie
- Entwicklung der Abnehmerbranchen -

Entwicklung ausgewählter Branchen in Deutschland
(Veränderung zum Vorjahr in %)

	Anteil der Produktion in %	2020	2021	Prognose 2022	Prognose 2023
Verarbeitendes Gewerbe	**100**	**− 9,6**	**− 4,3**	**2,9**	**3,8**
Transportmittel	18,1	− 21,1	− 4,3	3,0	4,8
Lebensmittel, Getränke & Tabak	10,1	− 2,4	− 0,7	0,3	3,1
Papier (inkl. Druck)	3,2	− 6,3	4,1	3,3	3,4
Metalle & Metall-Produkte	12,4	− 11,2	7,8	3,2	2,4
Maschinen & Anlagen	14,5	− 11,7	8,7	3,7	4,6
Elektronische, Elektrische & Optische Anlagen	6,2	− 5,7	10.3	5,0	4,3
Chemie	8,5	− 0,5	5,5	2,4	3,0
Holz (ohne Möbel)	1,4	6,1	− 1,8	0,6	3,0
Bauhauptgewerbe	**–**	**4,2**	**− 0,8**	**0,8**	**3,5**

Quellen: IHS World Industry Service April 2022

Industrieverband
Klebstoffe e.V.

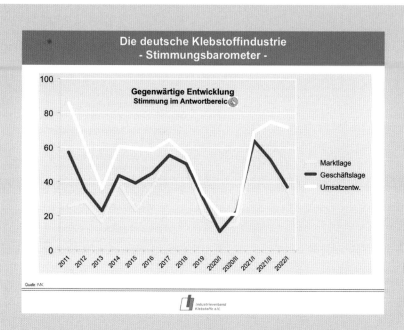

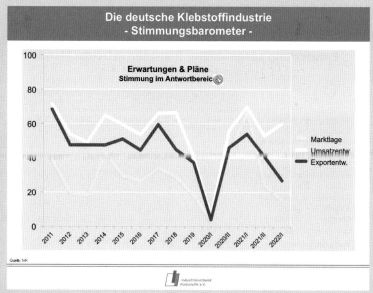

Klebstoff-Rohstoffe Trends Q2 2022
- Verfügbarkeit und Preisentwicklung -

Niedriger*	stabil *	höher*	deutlich höher*
Ethylacetat	Naturharze	Butadien	
		Ethylen	Propylen
		Acrylsäure	Aceton
		BIT**	Polyole
		Vinylacetat	MEK
		SBS	Styrol
		Essigsäure	TDI
		SIS	MDI
		CaCo3	
		Acrylester	
		VAE	
		PVAC	

kein Update: PO HM
MDI, TDI nach Kunststoff web

Preisentwicklung Q2 -2022*   Verfügbarkeit: Aktuell | Trend   ** Benzisothiazolinon

Industrieverband
Klebstoffe e.V.

NORMEN

Standards/Normen

Die fachgerechte Prüfung von Klebstoffen und Klebverbindungen ist eine wichtige Voraussetzung für erfolgreiche Klebungen. Um Anwender dabei zu unterstützen, hat der Industrieverband Klebstoffe e. V. (IVK) ein Online-Tool entwickelt, das auf www.klebstoffe. com zur Verfügung steht. Diese 2022 komplett überarbeitete Liste ist jetzt noch strukturierter, schneller und intuitiver.

Bei dem Tool handelt es sich um eine Datenbank, die klebtechnisch relevante Normen, Richtlinien und weitere wichtige Bestimmungen auf einen Blick zusammenfasst. Die Liste besteht derzeit aus mehr als 900 einzelnen Dokumenten. Aufgeführt werden nicht nur die einschlägigen deutschen, europäischen und internationalen Normen (DIN, EN, ISO), sondern auch solche, die nicht oder nicht allein für die Verwendung im Bereich Kleben erstellt wurden, sich aber mittlerweile hierfür etabliert haben.

Sämtliche Dokumente werden hinsichtlich der jeweiligen Klebstoffart, dem Anwendungsgebiet und der Aussage der Dokumente kategorisiert. So kann beispielsweise nach Marktsegmenten wie Bau, Medizin oder Papier- und Verpackung gefiltert werden, aber auch nach Klebstoffarten wie Schmelzklebstoffe, chemisch härtende Klebstoffe und viele andere. Alternativ kann mit Hilfe der Volltextsuche gezielt nach Stichworten oder einer konkreten Dokumentennummer gesucht werden. Eine Kurzbeschreibung des Dokumenteninhalts gibt erste wertvolle Hinweise zu der Relevanz für die jeweilige Fragestellung bzw. den konkreten Prüfanforderungen. Soweit das Dokument frei verfügbar ist, verweist ein Link zum Originaldokument. Bei kostenpflichtigen Dokumenten ist ein Link zu der entsprechenden Bezugsquelle angegeben.

Damit die Normentabelle stets auf dem neuesten Stand bleibt, wird sie vom Industrieverband Klebstoffe in Zusammenarbeit mit der DIN Software GmbH und dem Beratungsunternehmen KLEBTECHNIK Dr. Hartwig Lohse e. K. kontinuierlich aktualisiert. So haben Anwender jederzeit im Blick, welche Methoden zur Prüfung von Klebstoffen und Klebverbindungen für sie infrage kommen. https://normenliste.klebstoffe.com/

BEZUGSQUELLEN

- ▸ Rohstoffe
- ▸ Klebstoffe nach Typen
- ▸ Dichtstoffe
- ▸ Klebstoffe nach Abnehmerbranchen
- ▸ Geräte, Anlagen und Komponenten
- ▸ Klebtechnische Beratungsunternehmen
- ▸ Forschung und Entwicklung

Rohstoffe

Alberdingk Boley
ARLANXEO
Arakawa Europe
ASTORtec
Avebe Adhesives
BASF
BCD Chemie
Biesterfeld Spezialchemie
Bodo Möller Chemie
Brenntag
BYK
CHT Germany
CnP Polymer
Coim
Collall
Collano
Covestro
CSC JÄKLECHEMIE
CTA GmbH
DKSH GmbH
Dunlop Tech GmbH
EMS-Chemie
Evonik
Gustav Grolman
Hansetack
IMCD
Jobachem
KANEKA Belgium
Keyser & Mackay
Krahn Chemie
LANXESS
Morchem
Nordmann, Rassmann
Möller Chemie
Münzing
ORGANIK KIMYA
Poly-Chem
PolyU GmbH
Rain Carbon
Schill+Seilacher
SKZ – KFE
Synthopol Chemie
Ter Hell
versalis S.p.A.

Wacker Chemie
Worlée-Chemie

Klebstoffe

Schmelzklebstoffe
Adtracon
ALFA Klebstoffe AG
ARDEX
Artimelt
ASTORtec
Avery Dennison
BCD Chemie
Beardow Adams
Biesterfeld Spezialchemie
Bilgram Chemie
Bodo Möller Chemie
Bostik
BÜHNEN
CHT Germany
Collano
CSC JÄKLECHEMIE
Dupont
Drei Bond
Eluid Adhesive
EMS-Chemie
EUKALIN
Evonik
Follmann
GLUDAN
Gyso
H.B. Fuller
Fritz Häcker
Henkel
Jobachem
Jowat
Kleiberit
Kömmerling
L&L Products Europe
Morchem
Paramelt
Planatol
Poly-Chem
PRHO-CHEM
Rampf

Ruderer Klebtechnik
SABA Dinxperlo
Sika Automotive
Sika Deutschland
SKZ - KFE
Tremco illbruck
TSRC (Lux.) Corporation
Türmerleim
versalis S.p.A.
VITO Irmen
Weiss Chemie + Technik
Zelu

Reaktionsklebstoffe
Adtracon
ARDEX
ASTORtec
BCD Chemie
Biesterfeld Spezialchemie
Bona
Bodo Möller Chemie
Bostik
BÜHNEN
Chemetall
COIM Deutschland
Collano
CSC JÄKLECHEMIE
Cyberbond
DEKA
DELO
Drei Bond
Dupont
Dymax Europe
fischerwerke
H.B. Fuller
Henkel
Jobachem
Jowat
KDT
Kiesel Bauchemie
Kleiberit
Kömmerling
L&L Products Europe
Morchem
LORD

LOOP
LUGATO CHEMIE
Mapei
merz+benteli
Minova CarboTech
Otto-Chemie
Panacol-Elosol
Paramelt
PCI
Planatol
PolyU GmbH
Rampf
Ramsauer GmbH
Ruderer Klebtechnik
SABA Dinxperlo
Sika Automotive
Sika Deutschland
SKZ - KFE
Sonderhoff
STAUF
Stockmeier
Synthopol Chemie
Tremco illbruck
Unitech
Uzin Tyro
Uzin Utz
Vinavil
Wakol
Weicon
Weiss Chemie + Technik
Wöllner
ZELU CHEMIE

Dispersionsklebstoffe
ALFA Klebstoffe AG
ASTORtec
Avery Dennison
BCD Chemie
Beardow Adams
Biesterfeld Spezialchemie
Bilgram Chemie
Bison International
Bodo Möller Chemie
Bona
Bostik

BÜHNEN
CHT Germany
Coim
Collall
Collano
CSC JÄKLECHEMIE
CTA GmbH
DEKA
Drei Bond
Eluid Adhesive
EUKALIN
fischerwerke
Follmann
H.B. Fuller
GLUDAN
Grünig KG
Gyso
Fritz Häcker
Henkel
IMCD
Jobachem
Jowat
KDT
Kiesel Bauchemie
Kissel + Wolf
Kleiberit
Kömmerling
LORD
LUGATO CHEMIE
Mapei
Morchem
Murexin
ORGANIK KIMYA
Paramelt
PCI
Planatol
PRHO-CHEM
Ramsauer GmbH
Renia-Gesellschaft
Rilit Coatings
Ruderer Klebtechnik
Sika Automotive
SKZ - KFE
Sopro Bauchemie
STAUF

Synthopol Chemie
Tremco illbruck
Türmerleim
UHU
VITO Irmen
Wakol
Weiss Chemie & Technik
Wulff
ZELU CHEMIE

Pflanzliche Klebstoffe,
Dextrin- und Stärkeklebstoffe
BCD Chemie
Beardow Adams
Biesterfeld Spezialchemie
Bodo Möller Chemie
Collall
Distona AG
Eluid
EUKALIN
Grünig KG
H.B. Fuller
Henkel
Paramelt
Planatol
PRHO-CHEM
Ruderer Klebtechnik
SKZ - KFE
Türmerleim
Wöllner

Glutinleime
H.B. Fuller
Henkel
PRHO-CHEM

Lösemittelhaltige Klebstoffe
Adtracon
ASTORtec
Avery Dennison
BCD Chemie
Biesterfeld Spezialchemie
Bilgram Chemie
Bison International
Bodo Möller Chemie

Bona
Bostik
CHT Germany
COIM Deutschland
Collall
CSC JÄKLECHEMIE
CTA GmbH
DEKA
Distona AG
Fermit
fischerwerke
Gyso
H.B. Fuller
IMCD
Jobachem
Jowat
Kiesel Bauchemie
Kissel + Wolf
Kleiberit
Kömmerling
LANXESS
LORD
Mapei
Otto-Chemie
Paramelt
Planatol
Poly-Chem
Ramsauer GmbH
Renia-Gesellschaft
Rilit Coatings
Ruderer Klebtechnik
SABA Dinxperlo
Sika Automotive
STAUF
Synthopol Chemie
Tremco illbruck
TSRC (Lux.) Corporation
UHU
versalis S.p.A.
VITO Irmen
Wakol
Weiss Chemie + Technik
ZELU CHEMIE

Haftklebstoffe

ALFA Klebstoffe AG
ASTORtec
Avery Dennison
BCD Chemie
Beardow Adams
Biesterfeld Spezialchemie
Bostik
BÜHNEN
Collano
CSC JÄKLECHEMIE
CTA GmbH
DEKA
Dymax Europe
Eluid Adhesive
EUKALIN
H.B. Fuller
GLUDAN
Fritz Häcker
Henkel
IMCD
Jobachem
KDT
Kissel + Wolf
Kleiberit
L&L Products Europe
LANXESS
ORGANIK KIMYA
Paramelt
Planatol
Poly-Chem
PRHO-CHEM
Ruderer Klebtechnik

Dichtstoffe
ARDEX
Bodo Möller Chemie
Bison International
Bostik
Botament
CTA GmbH
Drei Bond
EMS-Chemie
Fermit
fischerwerke

Henkel
Jobachem
L&L Products Europe
Mapei
merz+benteli
Murexin
ORGANIK KIMYA
OTTO-Chemie
Paramelt
PCI
PolyU GmbH
Rampf
Ramsauer GmbH
Ruderer Klebtechnik
SKZ – KFE
Sonderhoff
Stockmeier
Synthopol Chemie
Tremco illbruck
Unitech
UHU
Wulff

Abnehmerbranchen
Klebebänder
Alberdingk Boley
Artimelt
Avebe Adhesives
Bodo Möller Chemie
BYK
certoplast Technische Klebebänder
CNP-Polymer
Coroplast
DKSH GmbH
Eluid Adhesive
Fritz Häcker
IMCD
LANXESS
Lohmann
Planatol
Synthopol Chemie
Tesa

Papier/Verpackung
Adtracon
Alberdingk Boley
ALFA Klebstoffe AG
Arakawa Europe
Artimelt
Avebe Adhesives
BCD Chemie
Beardow Adams
Biesterfeld Spezialchemie
Bilgram Chemie
Bison International
Bodo Möller Chemie
Bostik
Brenntag
BÜHNEN
BYK
certoplast Technische Klebebänder
CNP-Polymer
COIM Deutschland
Collano
Coroplast
CSC JÄKLECHEMIE
CTA GmbH
DEKA
DKSH GmbH
Eluid Adhesive
EMS-Chemie
EUKALIN
Evonik
Follmann
Gustav Grolman
Gyso
H.B. Fuller
GLUDAN
Grünig KG
Fritz Häcker
Hansetack
Henkel
IMCD
Jobachem
Jowat
LANXESS
Lohmann
Morchem

Möller Chemie
MÜNZING
Nordmann, Rassmann
ORGANIK KIMYA
Paramelt
Planatol
Poly-Chem
PRHO-CHEM
Rilit Coatings
Ruderer Klebtechnik
Synthopol Chemie
tesa
TSRC (Lux.) Corporation
Türmerleim
UHU
versalis S.p.A.
Wakol
Weicon
Weiss Chemie + Technik
Wöllner

Buchbinderei/Graphisches Gewerbe
ALFA Klebstoffe AG
Arakawa Europe
BCD Chemie
Biesterfeld Spezialchemie
Bodo Möller Chemie
Brenntag
BÜHNEN
BYK
CNP -Polymer
Coim
Collall
CSC JÄKLECHEMIE
DKSH GmbH
Eluid Adhesive
EUKALIN
Evonik
Gustav Grolman
H. B. Fuller
Fritz Häcker
Hansetack
Henkel
IMCD
Jobachem

Jowat
LANXESS
Lohmann
Möller Chemie
MÜNZING
Nordmann, Rassmann
ORGANIK KIMYA
Planatol
PRHO-CHEM
Sika Automotive
tesa
TSRC (Lux.) Corporation
Türmerleim
UHU
versalis S.p.A.
Vinavil

Holz-/Möbelindustrie
Adtracon
ALFA Klebstoffe AG
Arakawa Europe
BCD Chemie
Biesterfeld Spezialchemie
Bilgram Chemie
Bison International
Bodo Möller Chemie
Bostik
Brenntag
BÜHNEN
BYK
CNP-Polymer
Collall
Collano
Coroplast
CSC JÄKLECHEMIE
CTA GmbH
Cyberbond
DEKA
DKSH GmbH
Eluid Adhesive
EMS-Chemie
Evonik
fischerwerke
Follmann
Gustav Grolman

Grünig KG	Baugewerbe, inkl. Fußboden, Wand u. Decke
Gyso	ARDEX
Hansetack	artimelt
H.B. Fuller	ASTORtec
Henkel	BCD Chemie
Jobachem	Biesterfeld Spezialchemie
Jowat	Bilgram Chemie
KANEKA Belgium	Bodo Möller Chemie
Kissel + Wolf	Bona
Kleiberit	Bostik
Kömmerling	Botament
LANXESS	Brenntag
Lohmann	BÜHNEN
Minova CarboTech	BYK
Möller Chemie	certoplast Technische Klebebänder
Morchem	CnP Polymer
MÜNZING	Collano
Nordmann	Coroplast
ORGANIK KIMYA	CSC JÄKLECHEMIE
Otto-Chemie	CTA GmbH
Panacol-Elosol	DEKA
PolyU GmbH	DELO
Rampf	DKSH GmbH
Ramsauer GmbH	Dunlop Tech GmbH
Ruderer Klebtechnik	Emerell
SABA Dinxperlo	EMS-Chemie
Sika Automotive	Evonik
SKZ - KFE	Fermit
STAUF	fischerwerke
Stockmeier	Gustav Grolman
Synthopol Chemie	Gyso
tesa	H. B. Fuller
Tremco illbruck	GLUDAN
TSRC (Lux.) Corporation	Gyso
Türmerleim	Hansetack
versalis S.p.A.	Henkel
Vinavil	Jobachem
VITO Irmen	IMCD
Wakol	Kiesel Bauchemie
Weicon	Kleiberit
Weiss Chemie + Technik	Kömmerling
Wöllner	Lohmann
ZELU CHEMIE	LUGATO CHEMIE
	Mapei
	Minova CarboTech

Möller Chemie
Murexin
MÜNZING
Nordmann, Rassmann
ORGANIK KIMYA
Otto-Chemie
Paramelt
PCI
Planatol
Poly-Chem
PolyU GmbH
Rampf
Ramsauer GmbH
Sika Automotive
Sika Deutschland
SKZ - KFE
Sopro Bauchemie
STAUF
Synthopol Chemie
tesa
Tremco illbruck
TSRC (Lux.) Corporation
Uzin Tyro
Uzin Utz
Vinavil
Wakol
Weicon
Weiss Chemie + Technik
Wöllner
Wulff

Fahrzeug- und Luftfahrtindustrie
ALFA Klebstoffe AG
APM Technica
Arakawa Europe
ASTORtec
Beardow Adams
Bison International
Bodo Möller Chemie
Brenntag
BÜHNEN
certoplast Technische Klebebänder
Chemetall
CHT Germany
CNP-Polymer

Coroplast
CSC JÄKLECHEMIE
Cyberbond
DEKA
DELO
Drei Bond
Dunlop Tech GmbH
Dupont
Dymax Europe
Emerell
EMS-Chemie
Evonik
Gustav Grolman
H.B. Fuller
Hansetack
Henkel
Jobachem
KDT
Kissel + Wolf
Kleiberit
Kömmerling
L&L Products Europe
Lohmann
LORD
Möller Chemie
MÜNZING
Nordmann, Rassmann
Otto-Chemie
Panacol-Elosol
Planatol
Polytec
Rampf
Ramsauer GmbH
Ruderer Klebtechnik
Sika Automotive
Sika Deutschland
Sonderhoff
Synthopol Chemie
Tremco illbruck
tesa
TSRC (Lux.) Corporation
Unitech
VITO Irmen
Wakol
Weicon

Weiss Chemie + Technik
ZELU CHEMIE

Elektronik
APM Technica
ASTORtec
Bison International
Bodo Möller Chemie
Brenntag
BÜHNEN
certoplast Technische Klebebänder
Chemetall
CHT Germany
Collano
Coroplast
CSC JÄKLECHEMIE
CTA GmbH
Cyberbond
DELO
DKSH GmbH
Drei Bond
Dymax Europe
Emerell
EMS-Chemie
Evonik
Gustav Grolman
H.B. Fuller
Hansetack
Henkel
Jobachem
KANEKA Belgium
KDT
Kissel + Wolf
Kömmerling
L&L Products Europe
Lohmann
LORD
Möller Chemie
Morchem
MÜNZING
Nordmann, Rassmann
Otto-Chemie
Panacol-Elosol
Polytec
Rampf

Ruderer Klebtechnik
Sika Automotive
Sika Deutschland
SKZ - KFE
tesa
Tremco illbruck
Unitech
UHU
Weicon
Weiss Chemie + Technik

Hygienebereich
APM Technica
Arakawa Europe
Bilgram Chemie
CSC JÄKLECHEMIE
H.B. Fuller
GLUDAN
Gustav Grolman
Henkel
Jowat
Kömmerling
LANXESS
Lohmann
Nordmann, Rassmann
Prho-Chem
Sika Automotive
Türmerleim
Vito Irmen

Maschinen- und Apparatebau
ASTORtec
BCD Chemie
Diesterfeld Spezialchemie
Bodo Möller Chemie
BÜHNEN
certoplast Technische Klebebänder
Chemetall
CHT Germany
Coroplast
CSC JÄKLECHEMIE
Cyberbond
DEKA
DELO
Drei Bond

Dupont
Henkel
KANEKA Belgium
KDT
Kleiberit
Kömmerling
L&L Products Europe
Lohmann
Otto-Chemie
Panacol-Elosol
Paramelt
Renia-Gesellschaft
Ruderer Klebtechnik
SABA Dinxperlo
SKZ - KFE
Synthopol Chemie
tesa
Weicon

Textilindustrie
Adtracon
ASTORtec
BCD Chemie
Biesterfeld Spezialchemie
Bodo Möller Chemie
Bostik
Brenntag
BÜHNEN
CHT Germany
CNP-Polymer
Collano
CSC JÄKLECHEMIE
DEKA
Emerell
EMS-Chemie
EUKALIN
Evonik
Gustav Grolman
Hansetack
H.B. Fuller
Henkel
Jobachem
Jowat
Kissel + Wolf
Kleiberit

LANXESS
Möller Chemie
Morchem
MÜNZING
Nordmann, Rassmann
SABA Dinxperlo
Sika Automotive
Synthopol Chemie
tesa
Vito Irmen
Wakol
Wulff
Zelu

Klebebänder, Etiketten
artimelt
Arakawa Europe
ASTORtec
Avery Dennison
BCD Chemie
Biesterfeld Spezialchemie
Bodo Möller Chemie
Bostik
Brenntag
CNP-Polymer
Coim
Collano
EMS-Chemie
EUKALIN
Gustav Grolman
Gyso
Hansetack
H.B. Fuller
Henkel
IMCD
Jobachem
Jowat
KANEKA Belgium
KDT
LANXESS
Möller Chemie
MÜNZING
Nordmann, Rassmann
ORGANIK KIMYA
Paramelt

Planatol
PRHO-CHEM
Stauf
Sika Automotive
SKZ – KFE
Synthopol Chemie
TSRC (Lux.) Corporation
Türmerleim
versalis S.p.A.
Vito Irmen

Haushalt, Hobby und Büro
Arakawa Europe
Bodo Möller Chemie
Bison International
certoplast Technische Klebebänder
CNP-Polymer
Collall
Coroplast
CSC JÄKLECHEMIE
CTA GmbH
Cyberbond
EMS-Chemie
Fermit
fischerwerke
GLUDAN
Gustav Grolman
Gyso
Hansetack
Henkel
Jobachem
KANEKA Belgium
Kissel + Wolf
LUGATO Chemie
Möller Chemie
Nordmann, Rassmann
Panacol-Elosol
Rampf
Ramsauer GmbH
Renia-Gesellschaft
tesa
Tremco illbruck
TSRC (Lux.) Corporation
UHU
versalis S.p.A.

Weicon
Weiss Chemie + Technik

Schuh- und Lederindustrie
Adtracon
BÜHNEN
Cyberbond
H.B. Fuller
Henkel
Kömmerling
Renia-Gesellschaft
Ruderer Klebtechnik
Sika Automotive
Wakol
Zelu

Geräte, Anlagen und Komponenten
zum Fördern, Mischen, Dosieren und Klebstoffauftrag

Baumer hhs
bdtronic
Beinlich Pumpen
BÜHNEN
Drei Bond
Hardo
H&H Maschinenbau
Hönle
Hilger u. Kern
Innotech
KDT AG
Nordson
Plasmatreat
Poly-clip System
Reka Klebetechnik
Robatech
Rocholl
Scheugenpflug
SM Klebetechnik
Unitechnologies SA – mta
ViscoTec Pumpen- u. Dosiertechnik
VSE Volumentechnik
Walther

Klebtechnische Beratung

ChemQuest Europe INC.
Hinterwaldner Consulting
Klebtechnik Dr. Hartwig Lohse

Forschung und Entwicklung

BFH
IFAM
SKZ – KFE
ZHAW

Printed by Wilco bv, the Netherlands